无|师|自|通|学|电|脑|系|列

无师自通 学电脑

新手学
电脑操作入门

梁为民 编著

北京日报出版社

图书在版编目（CIP）数据

新手学电脑操作入门 / 梁为民编著. -- 北京：北京日报出版社, 2019.4
　（无师自通学电脑）
ISBN 978-7-5477-3257-1

Ⅰ. ①新… Ⅱ. ①梁… Ⅲ. ①电子计算机－基本知识
Ⅳ. ①TP3

中国版本图书馆 CIP 数据核字(2019)第 047247 号

新手学电脑操作入门

出版发行：北京日报出版社
地　　址：北京市东城区东单三条 8-16 号东方广场东配楼四层
邮　　编：100005
电　　话：发行部：（010）65255876
　　　　　总编室：（010）65252135
印　　刷：北京市燕山印刷厂
经　　销：各地新华书店
版　　次：2019 年 4 月第 1 版
　　　　　2019 年 4 月第 1 次印刷
开　　本：787 毫米×1092 毫米　1/16
印　　张：18
字　　数：460 千字
定　　价：68.00 元　（随书赠送光盘一张）

前 言

■ 写作目的

随着计算机技术的不断发展，电脑在我们日常工作和生活中的作用日益增大，熟练掌握电脑操作技能已成为每个人的必备本领。我们经过精心策划与编写，面向广大初级用户推出本套"无师自通学电脑"丛书。本套丛书集新颖性、易学性、实用性于一体，帮助读者轻松入门，并通过步步实战，让大家快速成为电脑应用高手。

■ 丛书内容

"无师自通学电脑"作为一套面向电脑初级用户、全彩印刷的电脑应用技能普及读物，第四批书目如下表所示：

序号	书名	配套资源
1	《无师自通学电脑——新手学 Excel 表格制作》	配多媒体光盘
2	《无师自通学电脑——新手学 Word 图文排版》	配多媒体光盘
3	《无师自通学电脑——新手学 Word/Excel/PPT 2016 办公应用与技巧》	配多媒体光盘
4	《无师自通学电脑——新手学拼音输入与五笔打字》	配多媒体光盘
5	《无师自通学电脑——新手学电脑操作入门》	配多媒体光盘

■ 丛书特色

"无师自通学电脑"丛书的主要特色如下：

- ❖ 从零开始，由浅入深
- ❖ 学以致用，全面上手
- ❖ 全程图解，实战精通
- ❖ 精心构思，重点突出
- ❖ 注解教学，通俗易懂
- ❖ 双栏排布，版式新颖
- ❖ 全彩印刷，简单直观
- ❖ 视频演示，书盘结合
- ❖ 书中扫码，观看视频

■ 本书内容

本书共分为十三章，内容包括：从零开始学电脑、输入汉字一点通、五笔字型输入法、Windows 10 上手、设置个性化系统、电脑休闲娱乐、Word 快速排版、Excel 轻松制表、软件程序管理、常用工具、Internet 网上冲浪、照片处理与相册制作、电脑的维护与安全防护等内容。

■ 超值赠送

本书随书赠送一张超值多媒体光盘，光盘中除了本书实例用到的素材与效果文件之外，还包括与本书配套的主体/核心内容的多媒体视频演示，并附送《最新五笔字型短训教程》的光盘教程和Office高效办公应用技巧案例视频教程，可谓物超所值。

■ 本书服务

本书是一本非常好的教学用书，既适合电脑操作初、中级用户阅读，又可作为大、中、专院校或者各种培训班的培训教材，同时对有一定经验的电脑操作使用者也有很高的参考价值。

本书由梁为民主编，刘利玲、梁玉萍为副主编，具体参编人员和字数分配：梁为民 1-6 章（约 20 万字）、刘利玲 7-8 章（约 8 万字）、梁玉萍 9-13 章（约 13 万字），由于编者水平有限，加之编写时间仓促，书中难免存在疏漏与不妥之处，欢迎广大读者来信咨询指正。

本书及光盘中所采用的图片、音频、视频和软件等素材，均为所属公司或个人所有，书中引用仅为说明（教学）之用，特此声明。

编 者

内 容 提 要

本书是"无师自通学电脑"丛书之一，针对初学者的需求，从零开始，系统全面地讲解了电脑操作的各项技能。

本书共分为十三章，内容包括：从零开始学电脑、输入汉字一点通、五笔字型输入法、Windows 10 上手、设置个性化系统、电脑休闲娱乐、Word 快速排版、Excel 轻松制表、软件程序管理、常用工具、Internet 网上冲浪、照片处理与相册制作、电脑的维护与安全防护。

本书是一本非常好的教学用书，结构清晰、语言简洁，适合于电脑操作的初、中级读者阅读，可作为大、中、专类院校或者企业的培训教材。

目 录

第一章

从零开始学电脑

随着科学技术的不断发展，熟练掌握电脑操作已经成为工作和生活中不可缺少的一项技能。学习电脑知识，应该首先从电脑的基本操作开始，本章将详细介绍电脑基本操作的入门知识。

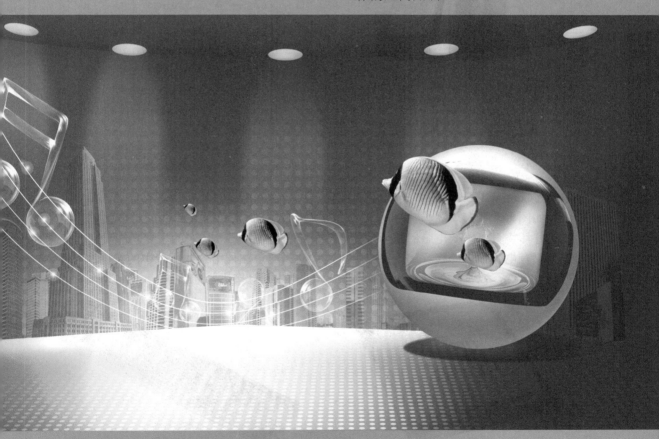

1.1 了解电脑的组成

电脑又称为计算机，它具有强大的运算能力、存储能力及数据处理能力，在当今社会的各领域都被广泛地应用。一台完整的电脑主要由硬件和软件两部分组成。硬件是指组成电脑的各种物理设备，是电脑的物质基础，即用户平常用眼睛看得见、用手能够触摸到的各种物理装置；软件是为指挥电脑执行任务而编写的一系列指令程序，电脑的一切操作都必须依靠软件来完成，它是电脑中不可或缺的构成要素。

1.1.1 了解电脑的主要硬件

硬件是软件的载体，由各种配件构成。它主要包括主机（内部包含 CPU、主板、内存、显卡、硬盘、光驱、声卡、网卡等）、显示器、键盘、鼠标和音箱等（如图 1-1 所示），下面将对这些硬件进行简单的介绍。

主机　　显示器　　键盘　　音箱　　鼠标

图 1-1　电脑的硬件组成

知识链接

1946 年世界上第一台计算机由美国宾夕法尼亚大学研制而成，取名为 Electronic Numerical Integrator And Computer（简称 ENIAC），意为电子数值积分计算机。当时研制电子计算机的目的主要是用于军事所需，随着时代的发展，计算机已经逐渐普及到了社会和生活中的各个领域。

1. CPU

CPU（Central Processing Unit）又称中央处理器（如图 1-2 所示），是电脑的核心部件，其性能的好坏将直接影响电脑的整体性能。它的功能主要有电脑指令的执行、计算应用、数据的存储与传送，以及输入与输出的控制。

2. 内存

内存就是计算机内部存储器（如图 1-3 所示），其容量、速度和性能对电脑整体性能的高低有很大影响。它的主要功能是暂时性地存储当前正在使用的或执行中的数据和程序，它与 CPU 直接进行通信。

图 1-2　CPU

图 1-3　内存

第一章

3．主板

主板又称为主机板、系统板或母板（如图 1-4 所示），是电脑部件的载体，它承载着 CPU、内存、显卡和声卡等硬件设备。主板是一块矩形的电路板，主要由各种电子元件和一些卡槽、开关、跳线和接口等组成。

图 1-4　主板

5．硬盘

硬盘是计算机最主要的外部存储器（如图 1-6 所示），它由涂有磁性材料的铝合金或玻璃圆盘组成，用于存放系统文件、应用程序及数据。它的主要性能指标包括硬盘的容量、平均寻道时间、内部传输速率和 Cache 的大小等。

图 1-6　硬盘

4．显卡

显卡也称为显示器适配卡或图形加速卡（如图 1-5 所示），它的主要功能是对电脑所需要的显示信息进行转换，并向显示器提供扫描信号，控制显示器显示的正确性。

图 1-5　显卡

6．光驱

光驱的全称是"光盘驱动器"（如图 1-7 所示），主要用于读取光盘中的数据信息，它是电脑系统用来读取物理介质上的数据的专用设备。它的主要性能指标包括读/写盘片的速度和缓存容量等。

图 1-7　光驱

1.1.2　了解电脑的外部设备

电脑的外部设备也是硬件系统重要的组成部分，它包括输入设备、输出设备、外存储器以及通信设备等。

1. 输入设备

输入设备有键盘、鼠标、光笔和扫描仪等。键盘和鼠标是电脑的重要输入设备，用户可以通过键盘输入文字和各种代码，通过鼠标可以完成大部分的选择确认操作。常用的鼠标根据工作原理的不同分为机械鼠标和光电鼠标，图1-8所示为光电鼠标。

图1-8　光电鼠标

2. 输出设备

输出设备有显示器、打印机和绘图仪等。显示器是电脑中重要的输出设备之一，显示器的质量对显示画面的效果有着直接的影响。目前显示器有CRT（阴极射线管）显示器、LCD（液晶）显示器和LED（发光二极管）显示器三种。图1-9所示为LCD液晶显示器。

图1-9　LCD液晶显示器

3. 外存储器

外存储器有移动硬盘、U盘和光盘等，它的主要功能是存放用户的系统文件、应用程序及数据，存放在外存储器的数据即使在关掉电源或发生断电的情况下也不会消失，因此外存储器是永久保存数据的好工具，图1-10所示为U盘。

图1-10　U盘

4. 通信设备

通信设备有网卡、调制解调器等，这些又可称为"适配卡"，配置一些适配卡，对于用户来说是有必要的。例如，拥有无线网卡便可以进行无线上网，这对常在户外工作或异地旅游的用户来说是一种不错的选择，图1-11所示为网卡。

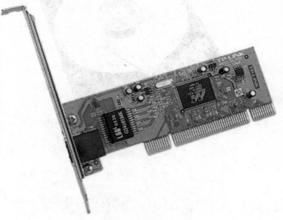

图1-11　网卡

1.1.3 认识电脑使用的软件

软件是指电脑运行所需要的各种程序、数据及其相关资料,由应用软件和系统软件两部分组成。计算机的所有工作都是由软件完成的,因此,软件是计算机的重要组成部分。

1. 系统软件

系统软件是用来控制、管理和维护电脑资源的软件,它的主要功能是协调电脑各部件有效地工作或使电脑具备解决某些问题的能力,它主要包括操作系统、数据库管理系统、解释和编译系统、程序设计语言等,如 Windows 10 操作系统、SQL Server 数据库系统、Basic 程序设计语言等。如今,微软公司开发的许多系统软件产品(如 Windows 10 操作系统)都遍及全球。

2. 应用软件

应用软件是利用计算机及其提供的系统软件为解决各种实际问题而编制的计算机程序。它的种类非常丰富,根据用途的不同,可分为文字处理软件、数据处理软件、绘图软件和多媒体制作软件(如文字处理软件 Word 和绘图软件 Photoshop)等。

系统软件与应用软件的区别在于:系统软件是在配置电脑时自带的,而应用软件则是在以后的应用过程中由用户安装的。电脑系统软件的稳定性会影响电脑的工作效率,而应用软件则要根据用户的需求来安装。

1.1.4 电脑硬件与软件的关系

电脑硬件对入门的读者来说是最基础的知识,而电脑的功能是需要由软件控制硬件才能发挥的。电脑软件与硬件之间是相互依赖、相辅相成的关系。电脑软件随着硬件的发展而发展,而软件的发展又促进了硬件的发展。如果没有硬件,软件就没有施展的平台;相反,如果没有软件,硬件就是失去灵魂的躯壳。

电脑硬件的好坏,直接影响到软件的运行速度,因此在选购电脑硬件时,应多注意硬件的性能。

1.2 正确启动与关闭电脑

学习电脑首先必须学会如何正确地开机与关机,这是使用电脑的基础。正确地启动和关闭电脑不仅可以延长电脑的使用寿命,还可以将电脑的性能更好地发挥出来,否则有可能对电脑的硬件或软件造成损害。

扫码观看本节视频

1.2.1 启动电脑

启动电脑就是指开机,启动电脑要按照正确的步骤进行。正确开机的具体操作步骤如下:

1. 检查电脑的电源线是否连接好,再打开外部电源插线板的开关。

2. 打开显示器、音箱等外部设备的电源开关。

③ 按一下主机箱的电源开关按钮。

④ 电脑进行自检，完成后将自动进入 Windows 操作系统。

专家提醒

电脑在关机的情况下正常启动称为冷启动。除此之外，还有热启动和复位启动两种，这两种方法通常是在电脑运行出现异常情况（如死机）时使用。热启动的方法是按【Ctrl＋Alt＋Delete】组合键；复位启动一般是在热启动无效时使用，其方法是按下主机箱上的 Reset（复位）按钮，重新启动。

1.2.2 关闭电脑

关闭电脑就是关闭电脑中运行的程序及操作系统，也称关机。正确的关机应该在操作系统的控制下进行，而不是直接按电源开关按钮、拔掉插头或切断电源，这样会对硬件或软件造成损坏。正确关机的具体操作步骤如下：

① 在桌面下方的任务栏上单击⊞按钮，如图 1-12 所示。

② 单击"电源"，弹出"电源"菜单（如图 1-13 所示），单击"关机"按钮，即可关闭电脑。

图 1-12 单击"开始"按钮

图 1-13 "电源"菜单

专家提醒

用户也可以按【Alt+F4】组合键，弹出"关闭 Windows"对话框，在"希望计算机做什么"下拉列表框中选择"关机"选项，然后单击"确定"按钮进行关机操作。

专家提醒

关闭电脑时，一定要注意先将正在运行的程序关闭，否则会丢失数据，同时对硬盘也会造成损伤。关机后不要立刻开机，如果确实要重新开机，也应稍等片刻之后再打开（一般是 1 分钟后），否则容易损伤硬盘等部件。

1.2.3 注销电脑

注销也是电脑使用过程中的一项基本操作，注销当前登录的用户将释放当前用户所使用的所有资源，清除当前用户对于系统的所有状态设置。这对于多个用户使用同一台计算机时非常有意义。注销的具体操作步骤如下：

1. 按【Alt+F4】组合键，弹出"关闭Windows"对话框，如图1-14所示。

2. 在"希望计算机做什么"下拉列表框中选择"注销"选项，单击"确定"按钮，即可注销当前登录的用户，如图1-15所示。

图1-14　"关闭Windows"对话框

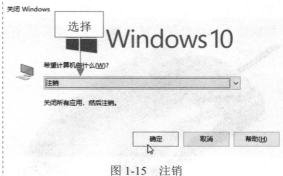

图1-15　注销

1.2.4　重启电脑

下面介绍重启电脑的方法，其具体操作步骤如下：

1. 按【Alt+F4】组合键，弹出"关闭Windows"对话框，在"希望计算机做什么"下拉列表框中选择"重启"选项，如图1-16所示。

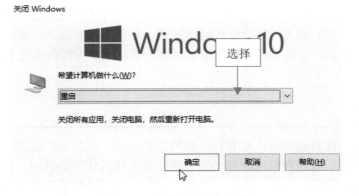

图1-16　选择"重启"选项

2. 单击"确定"按钮，即可重启电脑。

知识链接

在电脑启动过程中，通常会遇到非正常的启动的情况，这是因为用户为了方便，没有按照正确的关机操作步骤进行关机而引起的,非正常关机对电脑的损害是很大的。在正确关闭主机后，需将显示器关闭，并切断电源，这样不仅可以节省电能，而且可以延长电脑的使用寿命。

1.3　学会正确使用鼠标

鼠标是因为外形与老鼠相像而得名，如图 1-17 所示。它是电脑最基本且最重要的输入设备之一，鼠标是使用 Windows 操作系统的用户必不可少的外部设备。自 DOS 系统之后，图形界面操作系统的出现，使外观小巧、操作灵活的鼠标，越来越受到用户的青睐。

专家提醒

在使用鼠标时，要掌握正确的持握姿势，然后根据实际操作需要，迅速点击左键或右键，执行操作。握鼠标时，手部的力量要适当，不能过大也不能太小，如果力量过大就会造成对鼠标的损害。

图 1-17　鼠标

1.3.1　正确姿势

以正确的姿势操作鼠标，是灵活操作鼠标的前提。使用鼠标的正确姿势是：食指和中指分别放置在鼠标的左键和右键上，拇指放在鼠标左侧，无名指和小指放在鼠标右侧，拇指和无名指及小指轻轻握住鼠标，手掌心轻轻贴住鼠标后部，手腕自然垂放在桌面上，操作时带动鼠标作平面运动即可。

知识链接

鼠标的种类有很多，随着计算机的更新换代，鼠标的功能和外观也在不断地改进。常用的鼠标有机械鼠标、光电鼠标和无线鼠标等。其中，光电鼠标是通过光电反射来进行定位的，它的定位较为精确，特别适用于绘图专业领域，光电鼠标要比其他种类的鼠标操作更为灵活

1.3.2　操作方法

用户可以使用鼠标进行不同的操作，在电脑启动完成时，系统桌面上会显示出一个小箭头图标，这就是鼠标的指针。用户在操作时，可以通过移动鼠标来控制鼠标指针的位置，它的目的就是为了操作电脑。下面将介绍鼠标常用的 5 种基本操作：

1. 移动

移动鼠标就是使鼠标左右、前后平稳地移动，这样就能使得鼠标指针在显示器上按照用户的操作方向移动。

1. 进入 Windows 10 系统桌面，此时鼠标指针的位置如图 1-18 所示。

图 1-18　鼠标指针的位置

2. 将鼠标指针移至"网络"图标上（如图 1-19 所示），即可查看移动鼠标指针后的效果。

图 1-19　移动鼠标指针至相应的位置

2．单击

单击也称为"点击"，就是将鼠标指针指向选中的对象、确定对象或将指针定位在某个位置后，快速地用食指按下鼠标左键，并立即释放左键。

单击鼠标的具体操作步骤如下：

1. 将鼠标指针移至"此电脑"图标上，如图 1-20 所示。

图 1-20　鼠标指针移至"此电脑"图标

2. 单击鼠标左键，即可选中"此电脑"图标，如图 1-21 所示。

图 1-21　单击鼠标后的效果

3．双击

双击是指用食指或中指快速单击鼠标左键或右键两下，此操作用于发出命令，表示运行、执行或者打开文件、程序的操作。双击鼠标的具体操作步骤如下：

1₅ 将鼠标指针移至用户文档图标上，如图 1-22 所示。

图 1-22 鼠标指针移至用户文档图标

2₅ 双击鼠标左键，即可打开用户文档窗口，如图 1-23 所示。

图 1-23 用户文档窗口

4．右击

右击是选定某一对象后，用中指单击鼠标右键，该操作常用于打开选定对象的快捷菜单，以便用户快速选择并执行相关操作。右击鼠标的具体操作步骤如下：

1₅ 将鼠标指针移至"此电脑"窗口的"本地磁盘（E：）"图标上，如图 1-24 所示。

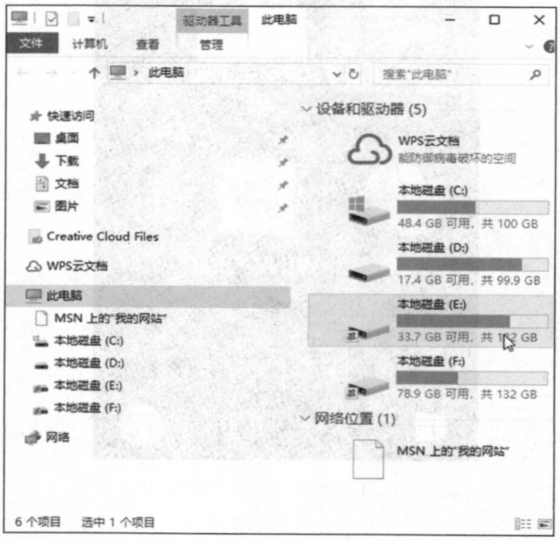

2₅ 单击鼠标右键，弹出快捷菜单（如图 1-25 所示），选择相应的选项后，即可执行相应的命令。

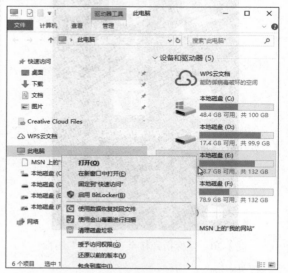

图 1-24 鼠标指针移至"本地磁盘（E：）"图标

图 1-25 快捷菜单

5．拖曳

拖曳主要是用于将选定的对象拖曳到另一个位置，或者用于选定多个对象。拖曳鼠标的具体操作步骤如下：

1. 将鼠标指针移至"网络"图标上（如图 1-26 所示），按住鼠标左键。

2. 将"网络"图标拖曳至另一个位置后，释放鼠标左键，即可使用拖曳的方法移动"网络"图标，效果如图 1-27 所示。

图 1-26　在"网络"图标上按住鼠标左键

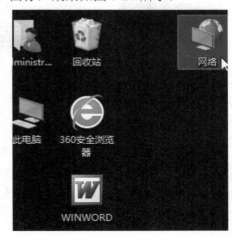

图 1-27　移动后的"网络"图标

知识链接

拖曳鼠标时，按住鼠标左键，手腕移动，将指针移至合适的位置后，再释放鼠标左键即可。在拖曳过程中，食指要按住鼠标左键不要松开，一旦松开鼠标左键，就要重新操作。

1.3.3　鼠标指针的几种状态

使用鼠标时，不同情况下鼠标指针将显示不同的形状。下面是这些指针形状所代表的含义：

▷：(正常操作)鼠标指针进行选择的基本形状。

▷⧖：系统正执行操作，后台运行，要求用户等待。

○：系统忙。

＋：鼠标精确定位。

⊘：不可用，当前操作为非法操作。

↕：调整窗口或对象的垂直大小。

↔：调整窗口或对象的水平大小。

⤡：从对角方向按比例调整窗口或对象的大小。

⤢：从对角方向按比例调整窗口或对象的大小。

✥：移动对象，这种指针在移动窗口时出现,使用它可以移动整个窗口。

🖑：链接选择，可进行链接跳转)。

Ｉ：编辑光标，可以在此处输入文本，文本选择或插入光标。

1.4　键盘的组成

键盘的种类繁多、功能不一。按照键盘上键位的多少，可以将键盘分为 84 键、101 键、104 键和 107 键等，目前主流键盘是 104 键盘与 107 键盘。图 1-28 所示即为不同特点的键盘外形。

图 1-28　不同特点的键盘外形

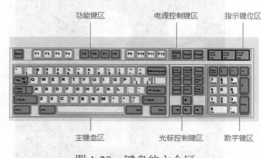

能键区、主键盘区、光标控制键区、数字键区、电源控制键区和指示键位区，如图 1-29 所示。

图 1-29　键盘的六个区

无论键盘的外形有多大变化，其基本功能都大致相同。按照键盘上各键的不同功能和特点，可以将键盘分成六个区，分别是功

1.4.1　主键盘区

主键盘区也称为打字键区，是键盘上使用最频繁的一个区域，它的主要功能是用于输入文字和符号。主键盘区包括字母键、数字符号键、控制键和 Windows 功能键。

1．字母键

字母键的键面印有英文字母，如图 1-30 所示。字母键的功能是用于输入 26 个英文字母。通过【Caps Lock】或【Shift】键，可以对字母进行大小写的切换。

图 1-30　字母键

2．数字符号键

数字符号键由上下排两种字符组成，又称双字符键，如图 1-31 所示。数字符号键上排的符号称为上档符号，下排的数字称为下档符号。直接按数字键，可输入相应的数字；按住【Shift】键的同时再按数字键，将输入上档符号。

图 1-31　数字符号键

3．符号键

主键盘区中的符号键用于输入标点、运算符以及其他一些符号，每个键位由上下两种不同的符号组成，如图 1-32 所示。

图 1-32　符号键

4．控制键

控制键包括【Shift】【Ctrl】【Alt】和"开始"菜单键，它们各有两个，分别位于主键盘区的两侧。此外还有【Caps Lock】【Tab】【Back Space】【Enter】空格键和快捷菜单键。其功能分别如下：

❀　【Shift】键：上档键，专门用于输入双字符键的上档字符。例如，如果想输入符号"%"，在按住【Shift】键的同时按【5】键即可。

　　❀　【Alt】键：转换键。Alt 是英文 Alternation（转换）的缩写，它也是一个特殊控制键，一般与其他键配合使用。

　　❀　【Ctrl】键：控制键。Ctrl 是英文 Control（控制）的缩写，此键通常和其他键组合使用，是一个供发布指令用的特殊控制键。

　　❀　【Enter】键：回车键。其作用有二：一是确认并执行输入的命令；二是在录入文字时，按一下此键可使光标移至下一行行首（换行）。

　　❀　【Back Space】键：退格键。位于主键盘区的右上角，按一下此键可使光标向左移动一个字符，并将原位置上的原有字符删除。

　　❀　【Tab】键：制表位键。每按一下此键，光标向右移动 8 个字符，多用于文字处理，也可以在文本框之间进行切换。

　　❀　【Caps Lock】键：大/小写字母锁定键。系统默认状态下，输入的字母为小写，按该键后即将字母键锁定为大写状态，此后输入的字母为大写字母，再次按此键可取消锁定。

　　❀　空格键：空格键位于主键盘区的下方，是键盘上最长的键，键面上无标记符号。每按一次空格键，光标会向右移动一个字符，产生一个空字符；如果光标后有字符，光标后的字符将自动向后移动一个位置。

　　❀　⊞键："开始"菜单键。"开始"菜单键位于【Ctrl】键和【Alt】键之间，此键面上印有 Windows 标志性的视窗图案。在 Windows 操作系统中，按一下此键后会弹出"开始"菜单。

　　❀　▤键：文本操作快捷菜单键。按一下此键后弹出相应的快捷菜单，其功能和单击鼠标右键类似。

1.4.2　功能键区

　　功能键区位于主键盘区的正上方，由【Esc】【F1】～【F12】共 13 个键组成，如图 1-33 所示。

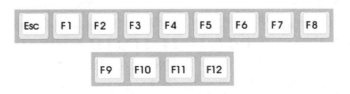

图 1-33　功能键区

　　功能键区各键的功能如下：

　　❀　【Esc】键：强行退出键。Esc 是英文 Escape（退出）的缩写，它的功能是取消输入的指令，退出当前操作界面，返回原菜单。

　　❀　【F1】～【F12】键：在不同的程序中，【F1】～【F12】各键的功能不尽相同，同时它们还可以和其他功能键结合使用。

专家提醒

　　在不同的软件中，功能键的定义也不同，因此，功能键的作用并不是固定的。通常情况下，按【Esc】键表示取消当前正在运行的程序，按【F1】键则表示打开帮助文档。

1.4.3 光标控制键区

图 1-34 所示即为光标控制键区，它位于主键盘和数字键区之间，共有 13 个键。各键的功能如下：

🔅 【Print Screen/Sys Rq】键：按一下此键可对当前屏幕执行复制操作。

🔅 【Scroll Lock】键：锁定键。按一下此键屏幕停止滚动，再次按此键将取消操作。

🔅 【Pause Break】键：按此键可使屏幕显示暂停，按【Enter】键后屏幕继续显示，按【Ctrl+Pause Break】组合键，可强行中止运行的程序。

图 1-34 光标控制键区

🔅 【Insert】键：插入键。此键用于进行插入和改写的切换，切换为插入状态，输入字符时会在光标处插入所输字符，若切换为改写状态，则输入的字符将覆盖光标后的字符。

🔅 【Home】键：起始键。按一下此键，光标快速移至当前行的行首。按【Ctrl+Home】组合键，可将光标移至首行的行首。

🔅 【End】键：终点键。按一下此键，光标快速移至当前行的行尾。按【Ctrl+End】组合键，可将光标移至最后一行的行尾。

🔅 【Page Up】键：向前翻页键。按一下此键，屏幕将显示前一页内容。

🔅 【Page Down】键：向后翻页键。按一下此键，屏幕将显示后一页内容。

🔅 【Delete】键：删除键。每按一下此键，将删除选中的文字或光标右侧的一个字符，删除后光标右侧的所有文字自动向左移动。

🔅 【↑】【↓】【←】【→】键：光标键。按其中的某个键将控制光标相应地向上、下、左或右移动，并且不会移动文字。

1.4.4 数字键区

数字键区位于键盘的右下角，共有 17 个键，如图 1-35 所示。数字键区又称为小键盘区和辅助键盘区，由数字键、符号键、数字锁定键【Num Lock】以及【Enter】键组成。除【0】【1】【3】【5】【7】【9】键以外，每一个数字键上都标有一个光标控制符。按一下【Num Lock】键，Num Lock 指示灯亮，表示进入数字输入状态；再次按一下【Num Lock】键，则指示灯灭，此时数字键用于光标控制。符号键和【Enter】键与主键盘区中的相应键功能相同。

图 1-35 数字键区

1.4.5 电源控制键区

为了更加方便地控制计算机，键盘设计师们在 107 键盘上设计了【Power】（关机键）、【Sleep】（睡眠键）和【Wake Up】（唤醒键）三个电源控制键，这三个功能键都需要操作系统和计算机主板的支持才能生效。

三个电源控制键的作用如下：

🔅 【Power】键：快速关机。

🔅 【Sleep】键：将计算机转入睡眠状态。

🔅 【Wake Up】键：将转入睡眠状态的计算机唤醒。

第一章

1.4.6 指示键位区

指示键位区位于键盘右上角的位置，普通键盘共有三个指示灯，分别对应【Num Lock】键、【Caps Lock】键和【Scroll Lock】键。

⚙ 当 Caps Lock 指示灯亮时，表示此时处于大写锁定状态，输入的字母将会自动转换为大写。Caps Lock 指示灯由主键盘区的【Caps Lock】键控制。

⚙ 当 Num Lock 指示灯亮时，表示此时数字小键盘处于打开状态；指示灯灭，则表示数字小键盘处于关闭状态。Num Lock 指示灯由数字小键盘区的【Num Lock】键控制。

⚙ 当 Scroll Lock 指示灯亮时，表示此时激活了屏幕滚动锁定功能。Scroll Lock 指示灯由光标控制键盘区的【Scroll Lock】键控制。

1.5 学会正确使用键盘

键盘是电脑应用中最基本且重要的输入设备，也是文字输入最主要的工具。正确掌握键盘操作是学好电脑文字输入的前提。

1.5.1 十指分工

十指分工指的是手指和键盘的键位合理搭配，将键盘上的所有键位合理地分配给十个手指，让每一个手指在键盘上都有明确的分工。因为标准的键盘按键非常多，只有采用合理的、明确的打字方法，才能快速而准确地输入文字与字符，以提高输入操作的效率，图 1-36 所示为键盘。

图 1-36 键盘

1. 基准键位

主键盘区第二排的按键都称为基准键。其中【F】键和【J】键上面都有一个小突起，起定位作用。使用键盘时，应将左手的食指和右手的食指分别放在【F】键和【J】键上，然后按顺序将左、右手的其他手指分别放在【D】【S】【A】和【K】【L】【;】键上。

2. 上排键

上排键是基准键位上面一排的按键。其中【T】【R】【E】【W】和【Q】键分别由左手负责；【Y】【U】【I】【O】和【P】键分别由右手负责。在击键时，手指从基准键出发，分别向

上方移动，到相应的键位上击键即可。

3. 下排键

下排键是基准键位下面一排的按键。其中【B】【V】【C】【X】和【Z】键分别由左手负责；【N】【M】【,】【。】和【/】键分别由右手负责。在击键时，手指从基准键出发，分别向下方移动，到相应的键位上击键即可。击键时，手指要有力键后手指应立即返回到基准键位上。

> **专家提醒**
>
> 使用键盘进行操作时，手指位置如下：手腕尽量保持水平，手指自然下垂，轻放在基准键位上，左右手拇指轻放在空格键上。

1.5.2　正确姿势

在操作电脑时，保持正确的打字姿势很重要，正确的打字姿势，不仅会提高输入信息的速度和正确率，对用户的身体来说也是非常有益的。正确的键盘操作姿势要求如下：

✿　坐姿：平坐且将身体的重心置于椅子上，上半身保持正直，使头部得到支撑，下半身腰部挺直，膝盖自然弯曲约成90°，并保持双脚着地。整个身体稍微偏向键盘左侧并微微向前倾斜，身体与键盘应该保持约20cm的距离，眼睛与显示器的距离为30cm左右。

✿　手指：手指微微弯曲并放在键盘的基准键上，左、右手的拇指轻放在空格键上，要求平稳、快速、准确地击键。

✿　手臂：上臂自然下垂并贴近身体，手肘弯曲约90°，肘与腰部的距离为5～10cm。手腕平直并与键盘下边框保持1cm左右的距离。

✿　书稿：输入文字时，将书稿斜放在键盘左侧，使视线和书稿处于平行状态。打字时，尽量不看键盘，只看书稿和显示屏，养成盲打的习惯。

✿　桌椅：椅子的高度要适当，尽量使用标准的电脑桌。

1.5.3　击键方法

使用键盘输入信息时，注意击键方法是非常重要的，正确的击键方法可以使输入速度得到最大限度的提高。击键时应注意的规则如下：

✿　击键前，将双手的手指轻放于基准键上，左、右拇指轻放在空格键上。

✿　手掌以手腕为支点，略向上抬起，手指保持弯曲，微微抬起，以手指击键，击键动作需平稳、轻快、干脆，且不能过度用力，注意一定不要用指尖击键。

✿　击键时，只有击键的手指做动作，其他的手指应放在基准键位上不动。

✿　手指击键完毕后，应立即回到基准键区相应的位置，随时准备下一次的击键。

1.6　指法练习

正确的指法是打字的基础，只有指法练好了，才可能有快速的录入速度和较高的准确率。而标准的指法是长期刻苦练习的结果，要学好打字，首先要静下心来练习指法。

1.6.1　指法练习要点

初学打字时，人们常犯的错误是手指分工不明确，怎么方便怎么操作，长此以往，录入速度会很受影响，而且养成习惯后再想改正也是非常困难的。因此，初学打字时就要严格按正确的方法进行练习。练习指法要注意以下几点：

（1）各个手指必须严格遵守手指指法的规定，分工明确，各守岗位。任何不按指法要点的操作都会造成指法混乱，影响录入速度和准确率。

（2）一开始就要严格要求，否则，一旦养成了错误的输入习惯，再想纠正就非常困难了。开始训练时，有些手指（如无名指）会击键不到位，但只要坚持练习，就可以获得很好的效果。

（3）每一个手指离开相应的基准键位击键后，只要时间允许，一定要回到各自的基准键位上。这样再击其他键时，由于平均移动距离较短，才有利于提高击键速度。

（4）击键时，要依靠手指和手腕的灵活运动，不要靠整个手臂的运动来查找键位。

（5）击键不要过重，过重不但易损坏键盘，声音太响，而且易疲劳。另外，手指击键幅度较大时，击键与恢复都需要较长时间，也会影响录入速度。当然，击键也不能太轻，击键不到位是不可能正确输出的。

1.6.2 基准键位的练习

【A】【S】【D】【F】【J】【K】【L】【;】是 8 个基准键位，练习时，应按规定把手指分布在基准键位上，有规律地练习每个手指的指法和键感。现在从左手至右手，按从左到右的顺序，每个手指连击四次手指对应的键，拇指击一次空格键，最后的屏幕显示如下：

aaaa ssss dddd ffff jjjj kkkk llll ; ; ; ;

然后，按着屏幕上的每组字符，再用相应的手指击键。击键时，眼看屏幕，手指盲打，字字校对，直到这八个字符都能够正确输入为止。

输入基准键位上的字符时要注意以下两个问题：

（1）在练习过程中，要始终保持正确的姿势，以便把重点转移到新内容的练习上。经过多次重复练习后，即可形成深刻的键位印象并使动作协调。

（2）击键过程中不要看键盘，要将 90% 的注意力放在阅读原稿上，10% 的注意力放在屏幕上，检查输入正确与否。输入后，将原稿与显示器屏幕上的内容进行比较，如有错误，要找出出错的原因，反复练习，直到正确为止。

接着，再按上述方法进行下面的练习。

1. 【A】【S】【L】【;】键位的练习

操作要点：

（1）左、右手手指自然下垂，轻放在基准键位上。

（2）【A】键和【;】键分别由左、右手小指敲击，【S】键和【L】键分别由左、右手无名指敲击。

（3）两眼专注原稿，两手手指要稳、准、快地击键，敲击完毕及时回归基准键位。

注意事项：

（1）防止手指变形。由于小指敲击缺乏力量，其伸缩性很差，故小指击键时，其他手指会翘得很高。应保持手指的自然下垂。

（2）防止按键现象。击键的动作应该是"击"而不是"按"，击键时手指就像弹簧一样，要有弹性。

2. 【D】【F】【J】【K】键位的练习

操作要点：

（1）将左、右手手指轻放在对应的基准键位上，手指位置如前所述。基准键位的位置不可混乱，也不可跨越。固定手指位置后，就不要再看键盘，视线应集中在原稿上。

（2）两手击键要稳、准、快。

注意事项：

（1）由于指法生疏，容易使小指和无名指向上翘起。发现手指变形时应及时纠正，使小指和无名指自然下垂。

（2）单手拇指击空格键。这是初学者常见的错误，空格键必须按规则敲击，即当左手敲完字符需按空格时，用右手大拇指击空格键；反之，则用左手大拇指击空格键。

（3）初学者操作时，两手比较累，容易把手腕放在桌边或键盘上，这是不允许的，必须悬腕。

（4）打字要有节奏，用力轻重要均匀。

3．小练习

（1）食指练习

fjf fjf fjf fjf fjf fjf fjf fjf fjf
jfj jfj jfj jfj jfj jfj jfj jfj jfj

（2）中指练习

dkd dkd dkd dkd dkd dkd dkd
kdk kdk kdk kdk kdk kdk kdk

（3）无名指练习

sls sls sls sls sls sls sls sls sls
lsl lsl lsl lsl lsl lsl lsl lsl lsl

（4）小指练习

a;a a;a a;a a;a a;a a;a a;a a;a
;a; ;a; ;a; ;a; ;a; ;a; ;a; ;a;

（5）综合练习

到此为止，读者应该能熟练准确地敲击八个基准键了。基准键位的练习是键盘练习的基础练习，只有打好基础，键盘录入水平才能逐步提高。

lkj ;lkj ;lkj ;lkj asdf fdsa jkl; ;lkj
sfk adjl sfk adjl sfk; adjl sfk; adjl
s;la dajs s;la dflk dflk dflk dflk dflk
ksaf dl;j ja;d k;ld ksaf fall alas kadf
fak; fak; fak; fak; fak; fak; fak; fak;
add add add add add add add add
ask all lad sad lad sad lad sad
fall fall fall fall kadf kadf kadf kadf
jafl lask jafl flask jadl flask jadl flask
flask jadlf flask jadlf jadlf flask jadlf
ssss ffff jjjj llll dddd kkkk aaaa ;;;;
kkaa dd;; ssff jjll sjfl ka;d jlfs dl;j
asdf fdsa jkl; asdf fdsa jkl; ;lkj asdf
ksaf dl;j ja;d k;ld ksaf fall alas kadf
add add dad dad all all ask as
dad ala flasj flasj jadlf jadlf flask fl

1.6.3 【G】【H】键的练习

【G】和【H】两键夹在八个基准键位的中央，根据键盘规则，【G】键由左手食指击键，【H】键由右手食指击键。输入 G 时，用击【F】键的左手食指向右偏移一个键位的距离敲击【G】键，手指击键完毕立即回到原来位置。同样，输入 H 时，用击【J】键的右手食指向左偏移一个键位的距离敲击。

对于初学者，在练习时需要注意以下两点：

（1）初学者由于键位感差，容易敲击在两个键位之间，打出另一个字符或同时打出这两个字符，因此练习时必须找准键位。

（2）手指击键时，不要打在字符键的边角上，指尖应击在字符键的中心位置。

小练习

ghg ghg ghg ghg ghg ghg ghg
ghg ghg ghg ghg ghg ghg ghg
hgh hgh hgh hgh hgh hgh hgh
hgh hgh hgh hgh hgh hgh hgh
had had glad glad glad high high
glass glass glass glass glass glass
glass glass glass glass glass glass
has has has has has has has
has has has has has has has

lhj lhj lhj lhj lhj lhj lhj
lhj lhj lhj lhj lhj lhj lhj
hat hat hat hat hat hat hat
hat hat hat hat hat hat hat
uhj uhj uhj uhj uhj uhj uhj
uhj uhj uhj uhj uhj uhj uhj
tgf tgf tgf tgf tgf tgf tgf
tgf tgf tgf tgf tgf tgf tgf
drf drf drf drf drf drf drf

1.6.4　【R】【T】【U】和【Y】键的练习

这四个键的键位由左右手的食指负责。在输入 R 时，用击【F】键的左手食指微偏左向前伸出击【R】键，敲击完毕立即缩回至基准键位上；若该手指微偏右向前伸出，即可敲击【T】键，输入 T；输入 U 时，用击【J】键的右手食指微偏左向前击【U】键；输入 Y 时，右手食指向 U 的左方移动一个键位的距离。【Y】键是 26 个英文字母中两个击键难度较大的键位之一，要反复多次的练习，仔细体会键感、出手及距离的控制等。

小练习

rtyu rtyu rtyu rtyu rtyu rtyu	flat flat flat flat flat full
rtyu rtyu rtyu rtyu rtyu rtyu	full full full full full fury
yurt yurt yurt yurt yurt yurt	fury fury fury dust dust dust
yurt yurt yurt yurt yurt yurt	dust duty duty duty duty duty
ally ally ally salt salt salt	duty flag flag flag flat flat
salt shut shut shut star star	flat flat flat flat flat flat
star star stay stay stay dual	full full full full full full
dual dual dual dual dual dusk	fury fury fury fury fury fury
dusk dusk dusk dust dust dust	dust duty duty duty duty duty
dust duty duty duty duty duty	duty flag flag flag flat flat

1.6.5　【V】【B】【M】和【N】键的练习

【V】【B】【M】和【N】键位于基准键位下方。按指法分区，分别由两手的食指控制。

输入 V 时，用击【F】键的左手食指微偏右向内屈伸击【V】键；输入 B 时，左手食指比输入 V 时再向右移一个键位的距离击【B】键。

输入 M 时，用击【J】键的右手食指微偏右向内屈伸击【M】键；输入 N 时，右手食指比输入 M 时向左移一个键位的距离击【N】键。

和【Y】键一样，【B】键较难击准，敲击后回归基准键位的过程也较难控制。因此，在进行练习前应先熟悉键位。其方法为：眼睛注视屏幕，按照上述击键方法，先练习击【V】键并细心体会动作。在【V】键的输入正确无误后，再练习击【B】键，反复练习【F】到【B】再到【F】键的敲击，直到击准为止。

这四个键不易敲击准确，应通过多次练习体会食指移动的角度和距离，并熟练回归基准键位动作。

小练习

vnm vnm vnm vnm vnm vnm vnm	vnm vnm vnm vnm vnm vnm vnm
vbm vbm vbm vbm vbm vbm vbm	vbm vbm vbm vbm vbm vbm vbm
nvb nvb nvb nvb nvb nvb nvb	nvb nvb nvb nvb nvb nvb nvb
nmb nmb nmb nmb nmb nmb nmb	nmb nmb nmb nmb nmb nmb nmb
fbf fbf fbf fbf fbf fbf fbf	fbf fbf fbf fbf fbf fbf fbf
fbf fbf fbf fbf fbf fbf fbf	fbf fbf fbf fbf fbf fbf fbf
jnj jnj jnj jnj jnj jnj jnj	jnj jnj jnj jnj jnj jnj jnj

```
fvf  fvf  fvf  fvf  fvf  fvf  fvf
fvf  fvf  fvf  fvf  fvf  fvf  fvf
jmj  jmj  jmj  jmj  jmj  jmj  jmj
jmj  jmj  jmj  jmj  jmj  jmj  jmj
vrf  vrf  vrf  vrf  vrf  vrf  vrf
trf  trf  trf  trf  trf  trf  trf
near  near  back  back  name  name
burn  burn  base  base  need  best
ness  ness  able  able  knee  knee
rain  mine  mine  abet  abet  mean
rain  mine  mine  abet  abet  mean
```

```
yuj  yuj  yuj  yuj  yuj  yuj  yuj
ynj  ynj  ynj  ynj  ynj  ynj  ynj
btf  btf  btf  btf  btf  btf  btf
btf  btf  btf  btf  btf  btf  btf
nuj  nuj  nuj  nuj  nuj  nuj  nuj
nuj  nuj  nuj  nuj  nuj  nuj  nuj
and  and  bad  bad  end  end  bed
bus  bus  but  but  ten  ten  big
baby  baby  and  bad  end  bed  can
main  main  sink  sink  sent  sent
```

1.6.6 【E】【I】键的练习

【E】键和【I】键的键位在字母键最上排，根据键盘分区规则，输入 E 时，由左手中指击【E】键。其指法是：左手竖直抬高 1cm 左右，中指微偏左方向向前伸出击【E】键。输入 I 时，用击【K】键的右手中指微偏右方向向前伸出击【I】键。

每次击键过程中，因为手需抬起，故除要击键的那个手指外，其余手指仍然要保持原状，不得随意屈伸，而击键的手指伸出击键后，应立即回归至基准键位。

小练习

```
eie  eie  eie  eie  eie  eie  eie  eie
eie  eie  eie  eie  eie  eie  eie  eie
iei  iei  iei  iei  iei  iei  iei  iei
fed  fed  fed  ill  ill  ill  kld  kld
sail  sail  kill  kill  kill  jail  jail  jail
lake  lake  lake  jell  jell  jell  less  less
sell  aeal  deal  deal  all  all  ailk  sell
his  his  ice  ice  yes  yes  the  the
his  his  ice  ice  yes  yes  the  the
```

```
they  they  call  call  hive  hive  each  eac
them  them  much  film  much  film  city
they  they  much  film  much  film  city
ever  ever  like  like  face  face  file  file
else  else  side  side  ride  ride  high  ever
case  this  else  side  ride  head  head
fire  fire  cast  have  have  care  care  live
mile  very  very  idea  idea  meet  meet
nigh  field  early  third  first  carry  teach
```

1.6.7 【W】【Q】【O】【P】键的练习

输入 W 时，抬左手，用击【S】键的无名指微偏左向前伸出击【W】键；输入 Q 时，改用该手小指击【Q】键即可。

输入 O 时，抬右手，用击【L】键的无名指微偏左向前伸出击【O】键；输入 P 时，改用该手小指击【P】键即可。

小指因为缺乏灵活性，击键准确度差，且在回归基准键位时容易产生错误，因此，应在桌面或其他较硬的板面上练习分解动作。另外，当手处于基准键位时，小指也应触摸到键，否则，应该加大其他手指的弯曲程度。

小练习

```
qwop    qwop    qwop    qwop    qwop   qwop   qwop    qwop    qwop    qwop
qwop    qwop    qwop    qwop    qwop   qwop   qwop    qwop    qwop    qwop
```

第一章

sws sws lol lol apa apa apa;
will will hold hold pass pass pass

puit puit look look park park pull
wqop wopo loow qlok qaow worp

1.6.8 【C】【X】【Z】键的练习

由键盘分区可知，输入 C 时，用击【D】键的左手中指向手心方向（微偏右）屈伸击【C】键；输入 X 和 Z 时的手法、方向和距离与输入 C 时相同，只是输入 X 时用左手无名指击【X】键，输入 Z 时，用左手小指击【Z】键。

小练习

zxc zxc zxc zxc zxc zxc zxc zxc
zxc zxc zxc zxc zxc zxc zxc zxc
cxz cxz cxz cxz cxz cxz cxz cxz
cxz cxz cxz cxz cxz cxz cxz cxz
xzc xzc xzc xzc xzc xzc xzc xzc
xzc xzc xzc xzc xzc xzc xzc xzc
car car six six size size cold cold
zoo zoo next next zeal zeal zero zero

taxes taxes taxes shall shall shsll shsll
sxit sxit sxit seize seize who is zoom
zero above zero tax exper how old
size six much size six much bvcz
swsxs lill   ded kik frfvfjum ftbf
ject puot puo tato npuo tato nyou wrong
six check calk side size mix fox stron
xccz xuxo xcez xwcw xczo xczd zcxv

1.6.9 【,】【.】【/】键的练习

输入逗号","时，用基准键位【K】键上的右手中指微偏右朝手心方向弯曲击此键，击毕迅速回归。

一般在西文文章一整句之后或缩写字之后使用句点"."。在数字数据中，句点也做小数点用。输入时用右手无名指向下击。

输入斜杠"/"时，用右手小指向下击。

小练习

...,,, ...,,, ...,,,,,,,,
...,,,/// ..,,// ..,,//,,..,/
She left kyushu yesterday.

e has three sisters,she has eight sisters.
 They laughed at his large red shirt.
I left all the keys at the stage.

1.6.10 【<】【>】【?】【:】键的练习

小于号"<"与逗号在同一键上。输入小于号时，左手小指按住【Shift】键，右手的动作与输入逗号时相同。

大于号">"与句号在同一键上。输入大于号时，左手小指按住【Shift】键，右手的动作与输入句号时相同。

问号"?"与斜杠在同一键上。输入问号时，左手小指按住【Shift】键，右手的动作与输入斜杠时相同。

冒号":"与分号在同一键上。输入冒号时，左手小指按住【Shift】键，右手小指击【;】键。

小练习

< < < > > > ? ? ? : : :
?:<> ?:<> ?:<> ?:<> ?:<> ?:<>

<>?: <>?: <>?: <>?: <>?: <>?:
?:<> ?:<> ?:<> ?:<> ?:<> ?:<>

1.6.11　数字键、特殊符号键的练习

　　　纯数字录入指法分两种：一是将手直接放在键盘第一排的数字键上，与基准键位相对应，即：【A】【S】【D】【F】对应【1】【2】【3】【4】，【J】【K】【L】【;】对应【7】【8】【9】【0】；二是用右手敲击小键盘上的数字键：将右手食指放在【4】键上，中指放在【5】键上，无名指放在【6】键上，食指击键范围是【7】【4】【1】；无名指击键范围是【9】【6】【3】；中指击键范围是【8】【5】【2】。【0】键用右手大拇指敲击。

　　　西文、数字的混合录入是将手指放在基准键位上，按常规指法录入，这里主要介绍此种方法。

1.【4】【5】【6】【7】键的练习

　　　【4】【5】键在基准键【F】键的左上方和右上方，【6】【7】键在基准键【J】键的左上方。这四个数字键，以敲击【6】键难度最大，容易敲击在【6】和【7】键之间，故应加强对【6】键的训练。另外，由于这四个键离基准键位较远，因此要注意手指返回基本键位时的准确性。

　　　敲击这四个数字键时的操作要点如下：

　　　（1）数字键离基准键位较远，敲击时必须遵守以基准键位为中心的原则，依靠左右手手指的敏锐度和准确的键位感，来衡量数字键与基准键位的距离和方位。

　　　（2）敲击【4】键时，左手食指微偏左向上移动，越过【R】键；敲击【5】键时，左手食指偏右向上移动，越过第二排键；敲击【7】键时，右手食指偏左向上移动，越过【U】键；敲击【6】键时，右手食指向左上方移动，越过第二排键。

　　　（3）击键时，掌心略抬高，手指要伸直。

　　　（4）加强键位感，迅速击键，击键后立即回归基准键位。

　　　小练习：

4575 4575 4575 4575 4575 4575	f5f　f5f　f5f　f5f　f5f　f5f　f5f
6745 6745 6745 6745 6745 6745	j7j　j7j　j7j　j7j　j7j　j7j　j7j
7465 7465 7465 7465 7465	j6j　j6j　j6j　j6j　j6j　j6j　j6j
4657 4657 4657 4657 4657	f4f　f5f　f4f　f5f　j6j　j7j　j6j
5577 5577 5577 5577 5577	f4f　j6j　j7j　j6j　f4f　f5f　j7j
f4 df4f df4f df4f df4d	g6g　h7h　g6g　h7h　g6g　h7h　g6g
64 bits 64 bits 64 bits 64	h7h　j5j　d4d　h7h　j5j　d4d　h7h
on the 65 on the 65 on	data 756　data 756　data 756　data

2.【1】【2】【3】【8】【9】【0】键的练习

　　　【1】【2】【3】键分别在基准键【A】键、【S】键、【D】键的左上方，【8】【9】【0】键分别在基准键【K】键、【L】键、【;】键的左上方。

　　　敲击这六个键的操作要点如下：

　　　（1）击【1】键时，左手小指向上偏左移动，越过【Q】键。依照前一动作，用左手无名指敲击【2】键，用左手中指敲击【3】键，用右手中指敲击【8】键，用右手无名指敲击【9】键，用右手小指敲击【0】键。

　　　（2）敲击这些数字键时，所使用的手指都要向上偏左伸展，敲击时要迅速果断。

（3）由于小指的力度和伸展幅度小，不易击准【1】键和【0】键，因此要多加练习。

小练习：

1089 1089 1089 1089 1089 1089
1089 1089 1029 8891 1089 8919
1029 1029 1029 1029 1938 1938
1938 8919 8891 8891 1089 8891
696 970 707 181 818 292 343 434
778 787 889 898 990 909 101 101
505 161 616 272 727 383 849 494
869 696 970 707 181 818 292 830
898 990 909 101 121 212 232 323
707 181 818 292 930 303 141 414
sws s2s ded d3d sws s2s ded d3d
s2s ded d3d sws s2s ded d3d sws
;p; ;0; aqa ala ;p; ;0; aqa ;ala
;0; aqa ala ;p; ;0; aqa ala ;p;
It is just 5 o'clock.

8891 8891 8891 8891 3008
3008 3008 3008 3008 3008
292 930 303 141 414 252 525 363
696 383 849 950 505 161 616 272
161 616 272 727 383 252 525 363
434 454 545 464 667 676 778 787
252 525 363 603 474 758 585 869
676 778 787 889 898 990 909 101
ded d3d sws s2s ded d3d sws s2s
d3d sws s2s ded d3d sws s2s ded
d3d k8k s2s l9l ala ;0; d3d k8k
k8k s2s l9l ala ;0; d3d k8k s2s
PLEDGE Sciense since 1500,Harper.
That chapter occupies about 30 pages.
We cannot sell it under 100 yuan.

3. 特殊符号键的练习

【!】【@】【#】【＄】【%】【＾】【&】【*】【(】【)】这十个特殊符号键分布在键盘第一排数字键 1～0 上，每个键都是一个双字符键，其操作要点如下：

击【＄】键时，右手小指按右侧的【Shift】键，同时用左手食指微向左上方敲击【＄】键，击毕立即回归基准键位。击【#】键用左手中指，击【@】键用左手无名指，击【!】键用左手小指，击【%】键用左手食指向右上方伸展。击【＾】键用左手小指按左侧的【Shift】键，同时右手食指要大幅度向左上方伸展，击毕立即回归基准键位。击【&】键时，用右手食键指微向左上方伸展。同样，【*】键用右手中指敲击，左括号【(】键用右手无名指敲击，右括号【)】键用右手小指敲击。

对于初学者，在输入特殊符号键时，需要注意以下事项：

（1）左右手的无名指和小指敲击符号键的节奏感和键位感不好掌握，在击键时应注意无名指和小指的力度和伸展幅度，以减少错误。

（2）【Shift】键不容易按准确，导致想敲击的是符号键，而实际击出的却是数字键，故应注意双手的配合。

小练习：

$$ ### @@ !! %% ^^& ** &^)
%ff f5ff frff f%ff f5ff frff f%ff f5ff
jujj j7jj J&jj jujj j7jj j&jj jujj j7jj
j^jj j6jj jyjj j^jj j6jj jyyj j^jj j6jj
kikk k8kkk*kkikk k8kkk*k k8k kmb
@a! k*1 (;)k*f$s s@a k*1 (;) d#h

oll l9ll l(ll loll l9ll l)ll loll l9ll
s@ss s2ss swsss@ss s2ss swsss@ss s2ss
d#ddd 3dddeddd# ddd3 ddded dd#dd d3dd
;p; ;0; ;;) ;; ;p;; ;0;; ;）; ;;p
a! aa alaa aqaa! aa alaa aqaa
f$G h^j d#s @s a! k*1 (;)k* f$s@

1.7 键盘和鼠标的配合使用

键盘和鼠标都各有优势，键盘功能强大，而鼠标的灵活性高。在电脑操作过程中，如果能将两者配合起来使用，就会使用户更加方便地操作电脑，同时也提高了操作效率。下面将介绍3种常用的键盘和鼠标结合使用的方法。

1.7.1 【Alt】键配合鼠标使用

在 Word 文档中，按住【Alt】键的同时拖曳鼠标，可以选取一个矩形文本区域（如图 1-37 所示）；按住【Alt】键的同时拖动一个对象，可以为该对象创建一个快捷方式，如图 1-38 所示。

图 1-37 选取的矩形文本区域　　　　图 1-38 "网络"快捷方式图标

1.7.2 【Ctrl】键配合鼠标使用

【Ctrl】键配合鼠标使用的具体操作步骤如下：

1. 打开"用户文档"窗口，在其中选择一个文件夹，如图 1-39 所示。

2. 按住【Ctrl】键的同时，在其他文件夹上单击鼠标左键，即可选择多个不连续的文件夹，如图 1-40 所示。

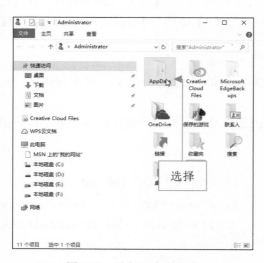

图 1-39 选择一个文件夹

图 1-40 选中多个不连续的文件夹

1.7.3 【Shift】键配合鼠标使用

在 Windows 系统中，单击了第一个对象后，按住【Shift】键的同时，用鼠标单击另一个对象，则两个对象及其之间的所有对象都会被选中。

【Shift】键配合鼠标使用的具体操作步骤如下：

1. 打开"用户文档"窗口，在其中选择一个文件夹，如图 1-41 所示。

2. 按住【Shift】键的同时，选择最后一个文件夹，则两个文件夹及其之间的所有对象均被选中，如图 1-42 所示。

图 1-41 选中一个文件夹

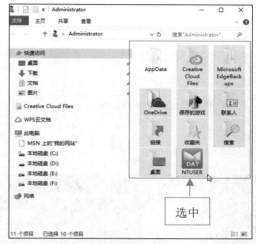

图 1-42 两个对象及其之间的所有对象均被选中

●学习笔记

第一章

第二章

输入汉字一点通

汉字输入是使用电脑的基本功,只有掌握好汉字的输入方法,才能更好地输入汉字。输入汉字的方法有很多种,本章将简单介绍输入法的相关内容及各种输入法的使用技巧。

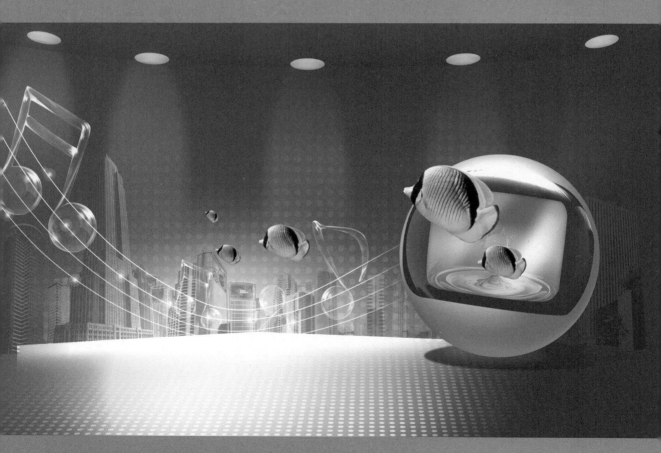

2.1　输入法的设置与切换

在 Windows 10 操作系统下，默认的输入法有微软拼音输入法，美式英语输入法等。但由于每个人的输入习惯不同，使用的输入法也不同，因此还需要打开或安装适合自己的输入法，本节将讲述输入法的启动、设置与切换操作。

扫码观看本节视频

2.1.1　启动输入法

输入汉字前，首先需要启动电脑中的输入法，其具体操作步骤如下：

1 在桌面右下方的任务栏中，单击中文输入法图标 **S**，如图 2-1 所示。

2 弹出输入法列表（如图 2-2 所示），选择一种汉字输入法即可。

图 2-1　语言栏

图 2-2　弹出输入法列表

知识链接

　　根据用户日常输入的内容，输入法可以分为英文输入法和中文输入法。下面将分别对英文输入法和中文输入法进行简单的介绍。

　　⚙　英文输入法输入的主要是英文字母、数字和其他特殊符号。只要掌握键盘的正确使用方法，就可以很好地运用英文输入法。

　　⚙　中文输入法与英文输入法不同，中文输入法有多种输入形式，大致分为拼音输入法和笔画输入法。

2.1.2　认识输入法状态条

　　启动相应的输入法后，就会出现相应的输入法状态条，状态条上的图标都是用来对输入法进行操作和设置的。图 2-3 所示为 QQ 五笔输入法的状态条；图 2-4 所示为搜狗拼音输入法的状态条。

　　输入法状态条上的图标各有其用，下面将对这些图标进行简单的介绍。

图 2-3　QQ 五笔输入法状态条 　　　　　　　图 2-4　搜狗拼音输入法状态条

1. 中/英文切换图标

　　单击"中/英文切换"图标**中**，可以在中文输入状态和英文输入状态之间进行切换，当该图标显示为**英**时，表示只能输入英文；当该图标显示为**中**时，表示可以输入中文，按【Caps Lock】键，也可以进行大小写切换。图 2-5 所示为英文输入状态条；图 2-6 所示为中文输入状态条。

图 2-5　QQ 五笔英文输入状态条

图 2-6　QQ 五笔中文输入状态条

2．全/半角切换图标

单击"全/半角切换"图标 ⤵ 后，即可在全/半角之间进行切换，如图 2-7 和图 2-8 所示。在全角输入状态下，输入的字母、字符和数字均占一个汉字的位置（即两个半角字符的位置）；在半角输入状态下，输入的字母、字符和数字只占半个汉字的位置，且标点符号为英文标点符号。按【Shift＋空格】组合键，也可以进行全角和半角之间的切换操作。

图 2-7　QQ 五笔全角输入状态条

图 2-8　QQ 五笔半角输入状态条

3．中/英文标点符号切换图标

单击"中/英文标点"图标 。,，即可进行中/英文标点符号之间的切换，当该图标显示为 。, 时（如图 2-9 所示），输入的是中文标点符号；当该图标显示为 ., 时（如图 2-10 所示），输入的则是英文标点符号。

图 2-9　QQ 五笔中文标点符号输入状态条

图 2-10　QQ 五笔英文标点符号输入状态条

4．软键盘开关图标

软键盘开关图标 ⌨ 常用于打开或关闭软键盘，以及输入键盘上不能直接输入的各种特殊符号。用鼠标左键单击输入法状态条上的软键盘图标 ⌨，即可打开软键盘或关闭软键盘（如图 2-11 所示），如果在软键盘图标上单击鼠标右键，则会弹出快捷菜单（如图 2-12 所示），选择相应的选项即可切换至相应的软键盘。

专 家 提 醒

打开软键盘，可以输入各种特殊符号和标点符号，还可以输入一些其他国家语言的字母。同时需要注意，选择不同的选项，打开的软键盘也会有所不同。

图 2-11　软键盘

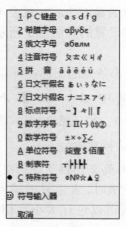

图 2-12　快捷菜单

2.1.3　添加和删除语言

为了更加快速、便捷地选择和使用汉字输入法，用户可以根据自己的需要添加或删除相应的输入法。下面介绍添加和删除输入法的方法。

1. 添加语言

添加输入法是让用户自行在"添加语言"窗口中添加没有且需要使用的输入法。添加输入法的具体操作步骤如下：

1 将鼠标指针移至桌面任务栏的输入法图标 **S** 上（如图 2-13 所示），单击鼠标左键。

图 2-13　鼠标指针移至相应的位置

2 弹出快捷菜单，选择"语言首选项"，如图 2-14 所示。

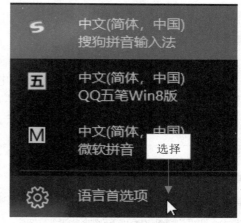

图 2-14　选择相应的选项

3 弹出"设置"窗口，在"区域和语言"选项区中单击"添加语言"按钮，如图 2-15 所示。

图 2-15　"设置"窗口

4 切换至"添加语言"窗口，在列表框中选择所需的输入法（如图 2-16 所示）。

图 2-16　"添加语言"窗口

⑤ 在弹出的窗口中选择所需要的语言即可，如图 2-17 所示。

图 2-17　选择所需语言

2. 删除语言

系统中自带了多种语言，但是有些语言用户基本上不使用，这时可以将不使用的语言删除，以便节省查找语言的时间及不必要的电脑资源占用。删除语言的具体操作步骤如下：

① 参照添加语言的方法，在"设置"窗口中选择需要删除的语言，如图 2-18 所示。

② 单击"删除"按钮，即可将选择的语言删除如图 2-19 所示。

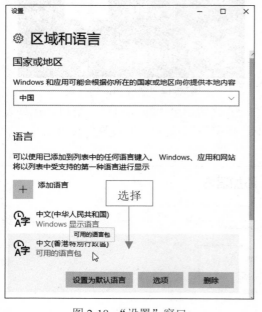

图 2-18　"设置"窗口

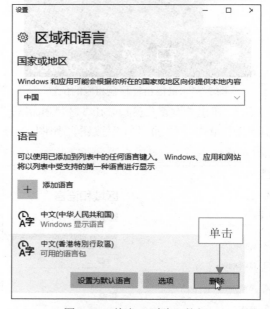

图 2-19　单击"删除"按钮

2.2　使用微软拼音输入法

微软拼音输入法是 Windows 操作系统自带的输入法，随着 Windows 操作系统的不断升级，该输入法也越来越完善。本节将以 Windows 10 系统为例，讲述微软拼音输入法的使用方法。

2.2.1　打字前的准备

微软拼音输入法是 Windows 操作系统中自带的一种输入法，它的输入要求不高，只要用户熟悉拼音就可选用该输入法。下面将对微软拼音输入法状态条上的图标进行简单介绍。

1．"输入风格"图标

微软拼音输入法的"输入风格"图标为 **M̄**，图 2-20 所示为 Windows 10 的风格。

图 2-20　微软拼音新体验风格

3．"中文/英文切换"图标

单击"中文/英文切换"图标 **中**，即可对中文输入法和英文输入法进行切换。

2．"选项"图标

"选项"图标 **▾**，用于对输入法的一些扩展功能进行设置,选中之后即可添加到状态条。例如，当设置繁体中文输入时，则选词框中所显示的是繁体字，如图 2-21 所示。

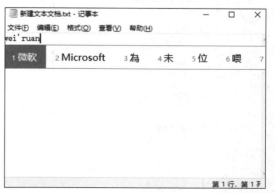

图 2-21　繁体中文

4．"中文/英文标点符号切换"图标

单击"中文/英文标点符号切换"图标 **°,**，即可在中/英文标点符号之间进行切换。

2.2.2　汉字输入基本方法

微软拼音输入法自带的"自动校正文字"功能，是该输入法的最大特色。如果用户要输入汉字或词组，将汉字或词组的拼音依次输入即可；若输入的是一句话，也可以依次将该句话各单字的拼音输入，该输入法会根据上下文的词意，智能地将输入的拼音转换为正确的汉字。例如：输入词组"理所当然"，只需输入拼音 li suo dang ran，按空格键确认即可。

2.2.3　用简拼和混拼快速输入

在微软中文拼音输入法中，有多种输入模式，如全拼输入、简拼输入、双拼输入和中/英文混合输入等，下面将对简拼输入和中/英文混合输入进行简单的介绍。

1．简拼输入

在简拼输入模式下，用户可以只用汉字的声母来作为输入拼音，如：湖南(hn)、资金(zj)等。使用简拼输入可以减少击键次数，但候选词较多、转换准确率较低。设置简拼输入模式的具体操作步骤如下：

① 将输入法切换至微软拼音，在状态条上单击"输入法设置"图标 **⚙**，如图 2-22 所示。

图 2-22　单击"输入法设置"图标

2. 弹出"设置"窗口，选择"常规"选项，如图 2-23 所示。

3. 切换至"常规"页面，在"选择拼音设置"列表中选择"全拼"选项，再把"超级简拼"设置为开即可，如图 2-24 所示。

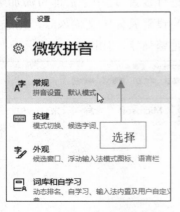

图 2-23　"设置"窗口

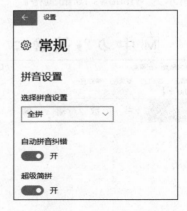

图 2-24　"常规"页面

2. 中/英文混合输入

在中/英文混合输入模式下，用户不必切换中/英文输入状态，就可以连续地输入英文单词或汉语拼音。这种输入模式适用于混有少量英文单词的中文文本。设置中/英文混合输入模式的具体操作步骤如下：

1. 将输入法切换至微软拼音，在状态条上单击"输入法设置"图标◎，如图 2-25 所示。

2. 弹出"设置"窗口，选择"按键"选项，切换至"按键"页面，在"中/英文模式切换"下选择"Shift"单选按钮即可，如图 2-26 所示。

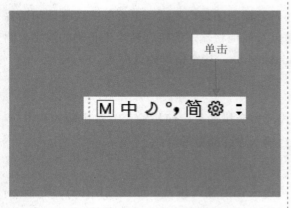

图 2-25　单击"输入法设置"选项

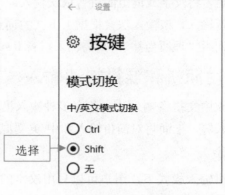

图 2-26　"按键"页面

2.2.4　中/英文输入及标点切换

切换中/英文输入及标点符号输入的方式，是为了适用既有中文又有英文输入的文本。在输入中英文结合的文本中，单击"微软拼音输入法"状态条上的"中文/英文切换"图标中及"中文/英文标点符号切换"图标，即可进行切换，或按【Shift】键进行切换。中/英文输入及标点符号切换的具体操作步骤如下：

1. 按【Ctrl＋Shift】组合键，将输入法切换至微软拼音输入法，如图 2-27 所示。

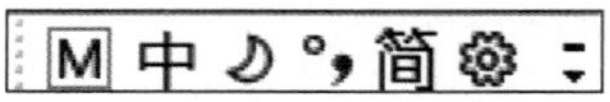

2. 单击"中文/英文切换"图标**中**和"中文/英文标点符号切换"图标**°,**，即可在中/英文输入及标点符号之间进行切换，如图 2-28 所示。

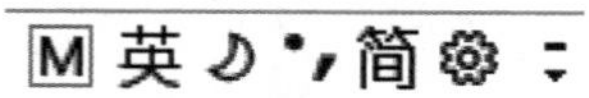

图 2-27 "微软拼音输入法"状态条

图 2-28 切换后的"微软拼音输入法"状态条

2.3 使用搜狗拼音输入法

搜狗拼音输入法是当前最流行、好评率最高的输入法之一。搜狗拼音输入法采用搜索引擎技术，使得输入速度与传统输入法相比有了质的飞跃，搜狗输入法不论在词库的广度上，还是在词语的准确度上，都远远领先于其他输入法。

2.3.1 安装搜狗拼音输入法

安装搜狗拼音输入法的操作步骤如下：

1. 在搜狗拼音输入法安装程序文件夹中，双击搜狗拼音输入法的安装程序图标，弹出"搜狗拼音输入法 9.0 正式版 安装向导"对话框，如图 2-29 所示。

2. 单击"自定义安装"|"浏览"按钮，如图 2-30 所示。

图 2-29 "安装"对话框

图 2-30 单击"浏览"按钮

3. 弹出"选择安装目录"界面，在其中选择软件安装的位置，如图 2-31 所示。

4. 单击"确定"按钮，返回"选择安装位置"界面，其中显示了软件的安装位置，单击"立即安装"按钮，如图 2-32 所示。

图 2-31 选择安装目录

图 2-32 单击"立即安装"按钮

5. 进入正在安装界面，并显示安装进度，如图 2-33 所示。

6. 安装完毕后，进入安装完成界面（如图 2-34 所示），单击"立即体验"按钮即可完成搜狗拼音输入法的安装。

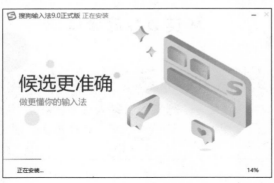

图 2-33 "正在安装"界面

图 2-34 安装完成

专 家 提 醒

搜狗拼音输入法是由搜狐公司推出的，它综合了目前比较常用的拼音输入法的优势，并且采用了搜索引擎技术，使搜狗拼音输入法在各种拼音输入法中更占优势。

2.3.2 使用搜狗拼音输入法输入汉字

搜狗拼音输入法拥有超多的互联网用词，不论用户输入何种名词，它都可以一次完成输入，还能在简体中文和繁体中文之间快速地进行切换，使用搜狗拼音既可以进行全拼输入，也可以进行简拼输入。

⚙ 全拼输入

全拼输入是拼音输入中最基本的输入方式，只需将汉字的拼音依次输入。如：输入词组"让子弹飞"，则输入这些词的拼音即可，如图 2-35 所示。

⚙ 简拼输入

简拼输入只需输入汉字的声母或声母的第一个字母，即可得到用户所需的汉字。例如，输入动画片名"蜡笔小新"，只要输入该动画片名的声母即可，如图 2-36 所示。

图 2-35 全拼输入

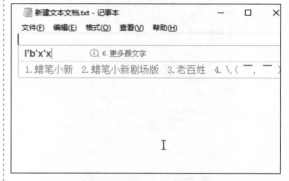

图 2-36 简拼输入

⚙ 繁体汉字输入

　　使用搜狗拼音输入法不仅可以输入简体中文，还可以输入繁体中文，单击搜狗拼音输入法状态条上的"工具箱"图标，在弹出的菜单中选择"属性设置"选项（如图2-37所示），弹出"属性设置"对话框，切换到"常用"选项卡，在"默认状态"选项区中，选中"简体"或"繁体"单选按钮（如图2-38所示），单击"应用"按钮和"确定"按钮，即可在简体和繁体之间进行切换了。

图 2-37　快捷菜单

图 2-38　设置对话框

2.3.3　定义搜狗拼音输入法候选词的个数

　　在搜狗拼音输入法中，默认的候选词是 5 个，用户可根据自身的需要设置候选词的个数。设置候选词个数的具体操作步骤如下：

1 在搜狗拼音输入法状态条上单击鼠标右键，弹出快捷菜单，选择"属性设置"选项，弹出"属性设置"对话框，切换至"外观"选项卡，如图2-39所示。

2 在"显示设置"选项区中，单击"候选项数"右侧的下拉按钮，在弹出的下拉列表中选择所需的候选词个数（如图2-40所示），单击"确定"按钮即可。

图 2-39　切换至"外观"选项卡

图 2-40　设置候选词个数

2.3.4 输入框、字体及皮肤设置

搜狗拼音输入法中有许多好的功能及设置选项，如果用户对输入框大小、字体，或是对皮肤设置不满意，则在"属性设置"对话框中都可以进行设置，输入框、字体及皮肤设置的具体操作步骤如下：

1. 在搜狗拼音输入法状态条上单击鼠标右键，弹出快捷菜单，选择"属性设置"选项，打开"属性设置"对话框，切换至"外观"选项卡，如图 2-41 所示。

2. 在"皮肤设置"选项区中，设置"使用皮肤"为"抱抱"、"字体大小"为 24、"更换字体：中文"为"方正书宋简体"（如图 2-42 所示），单击"确定"按钮即可，将输入法设置为用户满意的状态。

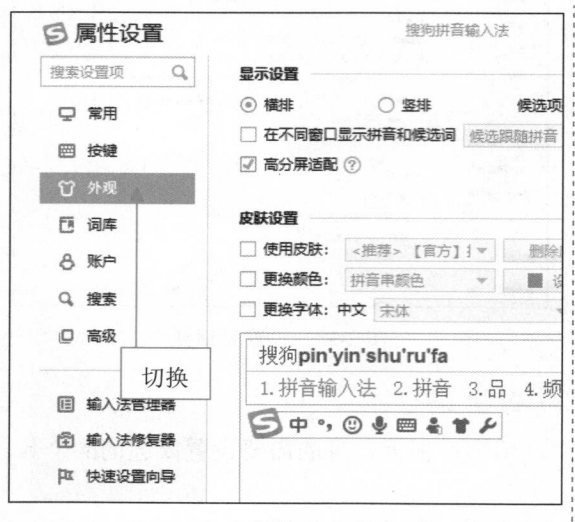

图 2-41 切换至"外观"选项卡

图 2-42 "皮肤设置"选项区

2.4 字体的安装与删除

用电脑制作各种报版或进行设计时，可能需要添加一些特殊字体或艺术字体，同时也可以删除多余的字体，节省磁盘空间。下面将介绍字体的安装与删除。

扫码观看本节视频

2.4.1 安装字体

在设计工作中，Windows 系统自带的字体是不能完全满足工作需求的，因此，用户需从网上下载一些特殊字体，并将其添加到计算机中，以满足设计工作的需求。添加字体的具体操作步骤如下：

1. 从网上下载字体后，打开文件夹窗口，打开字体所在文件夹，选中需要安装的字体并右击，在弹出的快捷菜单中选择"复制"选项，如图 2-43 所示。

2. 单击"开始"按钮，打开"开始"菜单，选择"控制面板"选项，打开"控制面板"窗口，单击"字体"图标，如图 2-44 所示。

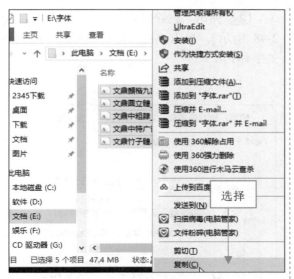

图 2-43 选择 "复制" 选项

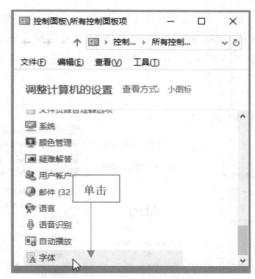

图 2-44 单击 "字体" 图标

3 打开 "字体" 窗口，右击字体列表中空白处，在弹出的快捷菜单中选择 "粘贴" 选项，如图 2-45 所示。

4 弹出 "正在安装字体" 提示信息框（如图 2-46 所示），安装完毕后该对话框将自动消失，所选择的字体即可添加成功。

图 2-45 选择 "粘贴" 选项

图 2-46 "正在安装字体" 提示信息框

2.4.2 删除字体

删除不需要的字体，可以节省磁盘空间，删除字体的方法很简单，只需在 "字体" 文件夹中删除即可，其具体操作步骤如下：

1. 在"控制面板"窗口中，打开"字体"窗口，选择需要删除的字体，单击鼠标右键，在弹出的快捷菜单中选择"删除"选项，如图2-47 所示。

2. 弹出"删除字体"提示信息框（如图2-48 所示），单击"是"按钮即可删除所选的字体。

图 2-47 选择"删除"选项

图 2-48 "删除字体"提示信息框

● 学习笔记

第三章

五笔字型输入法

五笔字型的汉字编码方案及输入技术是由王永民等人研制开发的。其编码以汉字的字形为基础，与汉字的语音无关。通过长期的实践证明，这种编码方案较其他汉字编码方案有着显著的优点，它构思巧妙、形象生动、易学好用，经过指法训练，可实现盲打，是目前专业录入人员输入速度最快、效率最高的一种汉字输入法。

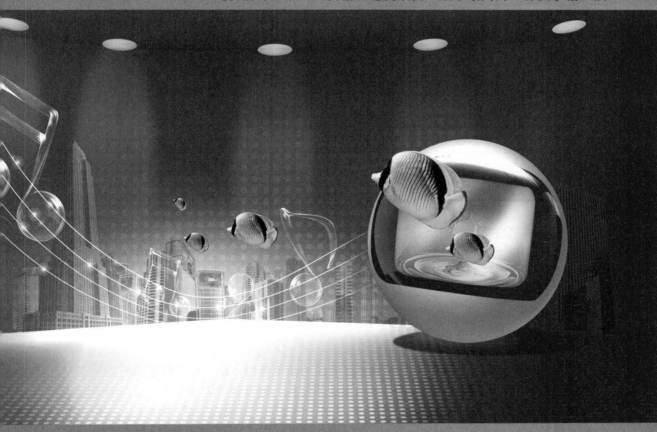

3.1 汉字字型结构

汉字是一种意形结合的象形文字，形体复杂，笔画繁多。汉字最基本的成分是笔画，由基本笔画构成汉字的偏旁部首，再由基本笔画及偏旁部首组成有形有意的汉字。下面在学习五笔字型输入法之前，首先对汉字的字型结构进行分析，从而找出汉字结构的特点。

3.1.1 汉字的五种笔画

汉字笔画的形态变化很多，如果按其长短、曲直和笔势走向来分，能够分出几十种之多。为了便于被接受和掌握，很有必要对笔画进行科学的分类。

五笔字型中所谓的"笔画"，是指在书写汉字时，一次写成的一个连续不断的线段。

由笔画的定义可推知：

（1）多个笔画写成的，如"十、口、山"等，只能是笔画结构不能叫笔画。

（2）一个连贯的笔画，不能断开成几段来处理。例如：不能把"申"分解为"丨、田、丨"，也不能把"里"拆成"田、土"等。

经科学归纳，汉字的基本笔画可归结为五种，即：横、竖、撇、捺、折。为了便于编码，将这五种单笔画根据它们使用频率的高低分别以数字1、2、3、4、5作为代号，详见下表所示。

代　号	笔　画	笔画走向	笔画变形	说　明
1	横（一）	左→右	✓	提笔视为横
2	竖（丨）	上→下	亅	左竖钩视为竖
3	撇（丿）	右上→左下	亅	
4	捺（㇏）	左上→右下	、	点均视为捺
5	折（乙）	带转折	㇈ 乙 乚	带折的编码均为5，左竖钩除外

由基本笔画变形的笔画，与基本笔画属同一类笔画。这是因为：

（1）由"现"字的偏旁部首为"王"可知，提笔"✓"实际是横的变形。

（2）由"村"字的偏旁部首为"木"可知，点笔"、"实际是捺的变形。

（3）由旧体的"木"字其竖笔带左钩可知，竖钩"亅"应属于竖。

（4）其余带转折、拐弯的笔画，都归"折"一类。

3.1.2 汉字的三个层次

一个完整的汉字，既不是一系列不同笔画的简单排列，也不是各种笔画的任意堆积，而是由若干笔画复合连接交叉所形成的相对不变的结构。通常说"木子李"、"立早章"是说"李"字由"木"和"子"组成，"章"字是由"立"和"早"组成，"木"、"子"、"立"、"早"都是基本字根。

五笔字型输入法中，构成汉字的笔画结构被称为字根，如"日"、"月"、"金"、"木"、"水"和"火"等。

一般说来，字根是有形有意的，是构成汉字的基本单位。字根像搭积木一样，经过拼形结合，就组成了汉字，如"明"、"林"、"森"、"吕"、"晶"和"能"等。

由此可见，汉字从结构上讲，可分为三个层次，即笔画、字根、汉字。

3.1.3 汉字的三种字型

汉字是一种平面形文字。同样几个字根，摆放位置不同，就可能成为不同的字。例如，用"口"和"木"两个字根，既可组成汉字"杏"，也可组成汉字"呆"。

可见，字根的位置关系也是汉字的一种重要特征信息。这个"字型"信息，就是在用计算机输入汉字时，告诉计算机所输入字根的排列组合方式，以方便计算机识别。

根据汉字字根之间的位置关系，可以把成千上万的方块汉字分为三种字型：左右型、上下型、杂合型，并依次用代号1、2、3表示，详见下表所示。

代 号	字 型	图 示	字 例	特 征
1	左右型	▯▯ ▥ ▤ ▤	汉、湖、张	字根之间可有间距，总体左右排列
2	上下型	▤ ▤ ▤ ▤ ▤	字、莫、花	字根之间可有间距，总体上下排列
3	杂合型	▣ ▣ ▢ ▢ ▨ ▨	国、我、还	字根之间虽有间距，总体不分上下左右，或者浑然一体，不分块

1. 左右型汉字

如果一个汉字能从整体上分为左右两部分或左、中、右三部分，那么这个汉字就称为左右型汉字。左右型汉字主要包括以下两种情况：

（1）双合字

一个字分左右两个部分，两部分之间有一定的距离，每一部分可以是基本字根，也可以是由几个基本字根组合而成，如"胜"、"标"等。

（2）三合字

一个字可以分成三个部分，由左向右排列，或者是可以分成左右两部分，其中一部分又可分为上下两部分，并且各部分之间必须要有一定的距离，如"鸿"、"昭"等。

2. 上下型汉字

上下型汉字是指从整体上能分成上下两部分或上、中、下三部分的汉字。上下型汉字可分以下两种情况：

（1）双合字

一个字分成上下两个部分，其间有一定的距离，如"奋"、"穷"等。

奋→▨   穷→▨

（2）三合字

一个字可以分成上、中、下三部分，或分为上、下两部分，其中的一部分又可分为左右两部分，并且各部分之间存在一定的距离，如"想"、"森"等。

想—想　　　森—森

3. 杂合型汉字

杂合型汉字是指组成一个汉字的各部分之间没有明确的左右或上下关系，主要包括以下几种情况：

❀ 汉字结构为半包围结构，如"匹"、"赴"等。

匹—匹　　　赴—赴

❀ 汉字结构为全包围结构，如"圆"、"囚"等。

圆—圆　　　囚—囚

❀ 独体字，如"大"、"九"等。

大—大　　　九—九

3.1.4　字根的四种关系

一切汉字都是由基本字根组成的，即由基本字根与基本字根或者基本字根与单笔画按照一定的关系组成的。因此，基本字根在组成汉字时，字根间的结构形态可以分为单、散、连、交四种关系。

1. 单

一个字根本身就是一个汉字，无需拆分，这种成字方式称为"单"。在五笔字型中，通常把这种结构的汉字称为键名字根或成字字根，它们有自己单独的编码规则，如"白"、"田"、"月"、"日"、"五"、"由"、"西"、"人"等。

2. 散

一个汉字由两个或两个以上的字根构成，且字根间存在一定的距离，这种成字方式称为"散"，如"现"、"村"、"撇"、"品"、"音"等。

3. 连

组成一个汉字的若干个字根之间有一定的相连关系，这种成字方式称为"连"。在五笔字型中，"连"通常特指下列两种情况：

（1）一个基本字根连一单笔画，如"丿"下连"目"构成汉字"自"；"月"下连"一"构成汉字"且"等。

专家提醒

单笔画可连前也可连后，这种情况下，字根与单笔画之间的关系不能当作散的关系。单笔画与基本字根之间有明显的距离，不视为相连，如"个"、"少"、"么"、"旦"、"旧"、"鱼"等。

（2）带点结构的汉字，认为字根相连，如"勺"、"术"、"太"、"义"、"斗"、"头"、"主"等。

4．交

构成汉字的字根交叉套叠在一起，这种成字方式称为"交"，如"申"、"里"、"必"等。

所有由基本字根相交叉构成的汉字，基本字根间没有距离，因此，这类汉字字型一般为杂合型。

专家提醒

在五笔字型中，汉字字型结构的划分需要注意以下几个约定：

（1）凡单笔画与字根相连或带点的结构，都视为杂合型，如"干"、"乡"、"太"、"勺"等。

（2）汉字结构划分时，应按"能散不连、能连不交"的原则进行。

（3）包含两个字根并且相交的字属杂合型，如"电"、"本"、"无"等。

（4）包含"辶"、"廴"字根的字为杂合型，如"进"、"过"、"廷"等。

（5）"司、床、厅、龙、尼、式、后、及、处、办、皮、习、疗、疖、压、过"等字应视为杂合型，而相似结构的"左、右、有、看、者、布、灰、冬、备"等字则应视为上下型。

（6）属于"散"的汉字，可以分为左右型和上下型。

（7）属于"连"的汉字，一律视为杂合型。

（8）不分上下、左右的汉字一律视为杂合型。

3.2 字根及其分布

了解了汉字的结构后，接下来学习五笔字型输入法中最基本的组成部分——字根。要掌握五笔字型输入法，需要对字根有更深入的了解。

3.2.1 汉字的字根

汉字的字根是由若干笔画组合而形成的相对不变的结构，但是字根不像汉字那样有公认的标准和一定的数量。哪些结构算字根，哪些结构不算字根，历来没有严格的界限。研究者不同，应用的目的不同，其筛选的标准和选定的数量差异也很大。

在五笔字型方案中，字根的选取主要基于以下两个标准：

（1）选择组字能力强、使用频率高的偏旁部首（注：某些偏旁部首本身即是一个汉字），如"王"、"日"、"山"、"木"、"口"、"目"、"氵"、"乡"、"禾"、"亻"、"阝"、"宀"等。

（2）某些组字能力不强，但组成的字在常用汉字中出现次数很多的偏旁部首。例如，"白"组成的"的"字是全部汉字中使用频率最高的。

所有被选中的偏旁部首可称作基本字根，所有没被选中的偏旁部首都可拆分成几个基本字根。例如，平时说的"弓长张"，是指"张"字由"弓"、"长"组成，"弓"字是五笔字型基本字根，但"长"还需要分解成基本字根。可以说，一切汉字都是由基本字根组成的。

3.2.2 五笔字根的区和位

在五笔字型输入法中，把组字能力强、且在日常汉语文字中出现次数较多的字根进行优选，得出 130 个基本字根，其中包括 125 个基本字根和 5 个单笔画。

五笔字型把 130 个基本字根及这些基本字根的一些变形字根共 200 个左右的字根，按照起笔笔画的不同分为五大类，每类字根又分为五组。将这些字根对应于标准键盘的键位时，每类字根占据键盘上相邻的键位，称为"区"。键盘的具体分区如下：

- 横起笔属于第一区，从字母键【G】到【A】。
- 竖起笔属于第二区，从字母键【H】到【L】，再加上【M】。
- 撇起笔属于第三区，从字母键【T】到【Q】。
- 捺起笔属于第四区，从字母键【Y】到【P】。
- 折起笔属于第五区，从字母键【N】到【X】。

每一区占 5 个键位，也就是一共有 25 个字根键位，如图 3-1 所示。其中 Z 键为万能键，它不用于定义字根，只用于五笔字型的学习。

图 3-1　25 个字根键位

将每个键的区号作为第一个数字，位号作为第二个数字，两个数字的组合表示一个键，即五笔字型中的"区位号"。各键位的代码既可以用区位号表示，也可以用英文字母表示，如 11 和 G 意义相同。在五笔字型中，键盘分区及键位排列情况如图 3-2 所示。

3区（撇起笔字根） ←					4区（点、捺起笔字根） →				
金	人	月	白	禾	言	立	水	火	之
35 Q	34 W	33 E	32 R	31 T	41 Y	42 U	43 I	44 O	45 P
1区（横起笔字根） ←					2区（竖起笔字根） →				
工	木	大	土	王	目	日	口	田	：
15 A	14 S	13 D	12 F	11 G	21 H	22 J	23 K	24 L	；
5区（折起笔字根） ←									
Z	纟	又	女	子	已	山	＜	＞	？
	55 X	54 C	53 V	52 B	51 N	25 M	，	。	／

图 3-2　五笔字型键盘分区

3.2.3　五笔字根的分布

　　五笔字型字根键盘布局如图 3-3 所示。由图可见，基本字根在键盘上的排列是井然有序的。其排列规律可归纳为如下几点：

　　（1）一般字根的首笔笔画代码与其所在的区号一致，次笔笔画的代码与其所在的位号一致。例如：

　　土、士、干：首笔均为横（1 区），次笔均为竖（2 位），故区位代码为 12（F）。

　　大、石、厂：首笔均为横（1 区），次笔均为撇（3 位），故区位代码为 13（D）。

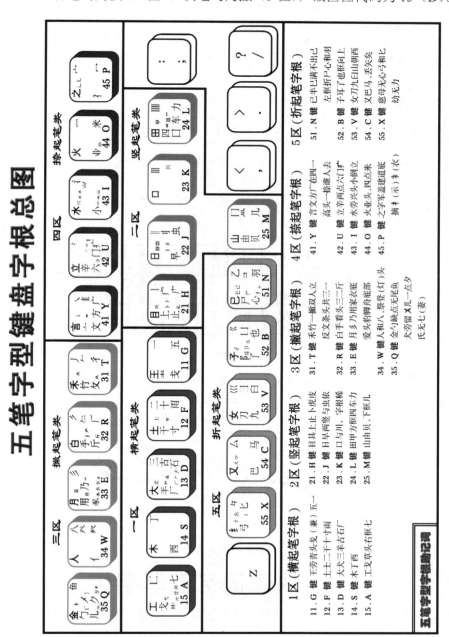

图 3-3　五笔字型字根键盘布局

（2）笔画字根的首笔笔画代号与区号一致，笔画数与位号一致。例如：

一、二、三：首笔均为横，笔画数分别为 1、2、3，则区位代码分别为 11、12、13。

丨、刂、川：首笔均为竖，笔画数分别为 1、2、3，则区位代码分别为 21、22、23。

（3）形态相似或渊源一致的字根在同一键位上。例如：

"氵"、"氺"、"ㄍ"等都与"水"在同一键位上，"了"与"子"在同一键位上，"用"与"月"在同一键位上。

（4）特殊字根：五笔字型中有四个特殊字根，即"力"、"车"、"几"、"心"，它们既不在首笔画所对应的"区"中，也不在次笔画所对应的"位"中，因为将它们置于对应的区位里会引起大量的重码，故安排如下：

力：放在【L】键上（2 区 4 位）

车：放在【L】键上（2 区 4 位）

几：放在【M】键上（2 区 5 位）

心：放在【N】键上（5 区 1 位）

3.2.4　键名汉字和成字字根

由五笔字型字根键盘分布图上可以看出，每个键位上都有一个字体较大的黑体字，被称为键名汉字（简称"键名字"），如"金"、"禾"、"王"、"山"等。

键名字是该键位上的所有字根中最具代表性的字根，并且其本身也是一个汉字（【X】键上的"纟"除外）。键名字共有 25 个，如图 3-4 所示。

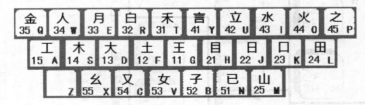

图 3-4　键名汉字

五笔字型中的键盘字根，除键名字外，凡是由单个字根组成的汉字都被称为成字字根。

例如，【G】键中包含"王、一、五、戋、丰"等字根。其中，既为汉字又为字根的有"王、一、五、戋"，由于"王"是键名字，所以该键位上的成字字根为"一、五、戋"，如图 3-5 所示。

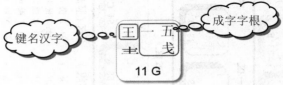

图 3-5　【G】键上的键名字与成字字根

3.3　快速记忆五笔字根

利用五笔字型输入法输入汉字的首要任务是记忆字根。为了快速记住字根，五笔字型输入法为每个键位上的字根都配有一句助记口诀，通过口诀就可以得到字根的信息。这样不仅增强了学习的趣味性，也能帮助读者更好地记忆。

3.3.1　五笔字根助记口诀

86 版五笔字型输入法提供的 25 句字根助记口诀如下：

王旁青头兼五一　　　　　　　　　人和八，三四里
土士二干十寸雨　　　　　　　　　金勺缺点无尾鱼，犬旁留乂儿一点夕，氏无七
大犬三羊古石厂
木丁西　　　　　　　　　　　　　言文方广在四一，高头一捺谁人去
工戈草头右框七　　　　　　　　　立辛两点六门病
　　　　　　　　　　　　　　　　水旁兴头小倒立
目具上止卜虎皮　　　　　　　　　火业头，四点米
日早两竖与虫依　　　　　　　　　之字军盖建道底　摘礻（示）衤（衣）
口与川，字根稀
田甲方框四车力　　　　　　　　　已半巳满不出己，左框折尸心和羽
山由贝，下框几　　　　　　　　　子耳了也框向上
　　　　　　　　　　　　　　　　女刀九臼山朝西
禾竹一撇双人立，反文条头共三一　又巴马，丢矢矣
白手看头三二斤　　　　　　　　　慈母无心弓和匕，幼无力
月衫乃用家衣底

初学者在记忆字根时，应先将助记口诀背熟，然后再对应助记口诀来记忆字根，找到每一句字根口诀中所包含的字根信息，这样就能从口诀中解析出字根，以在理解的基础上记忆。

3.3.2　第 1 区字根

熟悉了 25 句五笔字根助记口诀后，下面介绍键盘上每一区的字根。第 1 区键位包括【G】【F】【D】【S】【A】五个，如图 3-6 所示。

工匚廿	木丁西	大犬古	土士干	王一五
廾七戈		石三羊	二十寸	戈
弋卅		厂广厂	雨 甲	
15 A	14 S	13 D	12 F	11 G

图 3-6　第 1 区字根

第 1 区每个键位的字根助记口诀含义如下：

助记口诀：王旁青头戈（兼）五一
字根解析："王旁"指偏旁部首"王"（王字旁）；"青头"指"青"字的上半部分"龶"；"兼"为字根"戈"（借音转义）。

组字实例：

王：姜 皇 环 碧　　　龶：静 精 债 情
戈：笺 践 贱 钱　　　五：伍 吾 语 唔
一：丝 且 酒 睡

助记口诀：土士二干十寸雨

字根解析：该键除了"土、士、二、干、十、寸、雨"七个字根外，还包括"革"字的下半部分"艹"。

组字实例：

```
土 士 干
二 十 寸
雨    艹
12 F
```

土：黑 击 盐 埃　　　　士：吉 结 任 凭

二：讲 仁 际 会　　　　干：杆 旱 罕 舒

十：枝 华 许 卉　　　　寸：将 寻 博 峙

雨：霍 霓 雷 霉　　　　艹：鞍 鞭 革 鞋

助记口诀：大犬三手（羊）古石厂

字根解析：助记口诀与字根相对应记忆。

组字实例：

```
大 犬 古 镸
石 三 手 龹
广 厂 厂 尢
13 D
```

大：因 埃 英 庆　　　　犬：厌 状 莽 飙

三：邦 身 悲　　　　　　手：样 佯 氧 痒

古：话 涸 据 故　　　　石：磊 岩 碍 磨

龹：页 陌 而 端　　　　镸：鬐 肆 套

广：宏 右 存 友　　　　厂：压 崖 雁

尢：尤 龙

助记口诀：木丁西

字根解析：助记口诀与字根相对应记忆。

组字实例：

```
木 丁 西
14 S
```

木：架 机 集 杨　　　　丁：呵 何 柠

西：酒 要 醉

助记口诀：工戈草头右框七

字根解析："草头"指偏旁部首"艹"；"右框"指开口向右的方框，即字根"匚"，如"眶"字；记忆时应注意与"艹"相似的字根"龷、廿、卅"。

组字实例：

```
工 匚 廿
艹 七 戈
弋 卅 龷
15 A
```

工：痉 江 红 虹　　　　戈：或 阀 裁 哉

艹：劳 营 英 荤　　　　匚：眶 汇 医 框

七：皂 托 虎 栎　　　　廿：鞍 蔗 鞋 席

3.3.3 第2区字根

第2区字根为竖起笔字根，它包括【H】【J】【K】【L】【M】五个键位，如图3-7所示。

| 目丨卜上
止卜广且
止丨广
21 H | 日刂早虫
皿曰刂川
22 J | 口刂川
23 K | 田甲囗四
皿囗四车
力
24 L | 山由贝
门几凸
25 M |

图3-7 第2区字根

第2区每个键位的字根助记口诀含义如下：

助记口诀：目具上止卜虎皮

字根解析："具"指"具"字的上半部分"且"；"上、止、卜"均表示对应字根。

组字实例：

目：督 瞄 眶 睹	且：椵
上：卡 让	止：踏 跑 歧 此
卜：盐 贞 卓 讣	广：虎 滤
广：颇 被 破	止：足 走 毽
丨：引 帝 舛 旧	

助记口诀：日早两竖与虫依

字根解析："两竖"指字根"刂、刂、刂"；"与虫依"指字根"虫"；记忆字根"日"时，应注意记忆"曰、囗"等变形字根。

组字实例：

日：竟 晶 赌 得	早：草 罩 章 焊
刂：刘 刊 俞 刚	虫：蟑 触 虹 蟋

助记口诀：口与川，字根稀

字根解析："字根稀"指该键字根较少，只要记住"口"和"川"及"川"的变形字根"刂"即可。

组字实例：

口：吃 呈 品 回	川：钏 氚 驯 卅
刂：带	

第三章

田甲 ⑳ ⑳
皿口四车
力
24 L

助记口诀：田甲方框四车力

字根解析："方框"指字根"口"，如"团"字的外框，注意与【K】键上的字根"口"相区别。

组字实例：

田：畜 畔 曼 逼　　　　甲：钾 岬

四：驷 泗　　　　　　　车：输 辈 莲 阵

力：驾 架 加 助　　　　㘝：曾 蹭 缯

山 由 贝
冂 几 㕚
25 M

助记口诀：山由贝，下框几

字根解析："下框"指开口向下的方框，即字根"冂"，由它可以联想记忆字根"几"和"贝"；注意，该键上还有一个"㕚"字根，如"骨"字。

组字实例：

山：催 秽 岭 癌　　　　由：袖 庙 届 邮

贝：绩 贺 贷 则　　　　冂：巾 奥 同 身

几：机 肌 风 冗　　　　㕚：骨 滑

3.3.4　第3区字根

第3区字根为撇起笔字根，它包括【T】【R】【E】【W】【Q】五个键位，如图3-8所示。

金钅 丿丿	人 亻 八	月 舟 用 彡	白 手 手 斤	禾 丿 彳
儿 鱼 夕夕	癶 从	爫 豕 乃	扌	攵 攵 亻
勹 夕犭		氺 𧗾 比 以	二 斤 厂	竹 丄 丷
35 Q	**34 W**	**33 E**	**32 R**	**31 T**

图3-8　第3区字根

第3区每个键位的字根助记口诀含义如下：

禾 丿 彳
攵 攵 亻
竹 丄 丷
31 T

助记口诀：禾竹一撇双人立，反文条头共三一

字根解析："禾竹"指字根"禾"和"竹"；"一撇"指字根"丿"；"双人立"指字根"彳"；"反文"指字根"攵"；"条头"指字根"夂"；"共三一"指这些字根都位于区位号为31的【T】键上。

组字实例：

禾：稻 矮 积 季　　　　竹：简 筑 筋 笙

丿：赞 泛 毛 生　　　　彳：覆 履 彻 衔

攵：孜 牧 玫 敏　　　　夂：各 处 冬 夏

丄：知 复 乍 矮

助记口诀：白手看头三二斤

字根解析："白手"只字根"白、手"；"看头"字根"手"；"三二"指这些字根位于区位号为32的【R】键上；注意"斤"的变形字根"厂"和"斤"。

组字实例：

白：皓 皆 喔 翱   手：擎 掌 掰 拿

手：看   斤：近 芹 沂 欣

扌：揎 抑 拥 押   厂：质 返 派 所

二：秩 缸 件 气   斤：丘 兵

助记口诀：月彡（衫）乃用家衣底

字根解析："衫"指字根"彡"；"家衣底"分别指"家"和"衣"字的下部分"豕"和"𧘇"。

组字实例：

月：晴 阴 赌 膀   彡：珍 参 趁 疹

乃：扔 诱 盈 氖   用：角 解 痛 勇

豕：家 逐 稼 琢   𧘇：依 表 衷 猿

丹：舰 船 舶 舱   豕：缘 毅

助记口诀：人和八，三四里

字根解析："人和八"指字根"人"和"八"；"三四里"指这些字根位于区位号为34的【W】键位上。

组字实例：

人：哈 仓 全 会   八：谷 真 贫 分

亻：仙 低 份 作   癶：登 葵 凳 蹬

夗：祭 察 镲 嚓

助记口诀：金勺缺点无尾鱼，犬旁留叉儿一点夕，氏无七

字根解析："金"指字根"金"；"勺缺点"指字根"勹"；"无尾鱼"指字根"鱼"；"犬旁"指字根"犭"；"留叉"指字根"乂"；"一点夕"指字根"夕"及其相似字根"夂"，如"久"字；"氏无七"指"氏"字去掉中间的"七"，即字根"厂"。

组字实例：

钅：钏 钞 铲 银　　　　 川：慌 流

夂：换 急 饥 馁　　　　 厂：卵 留 卵 瘤

勹：勺 匀 芶 歇　　　　 夕：炙 然

犭：犯 狂 猿 狗

3.3.5　第 4 区字根

第 4 区字根为捺起笔字根，它包括【Y】【U】【I】【O】【P】五个键位，如图 3-9 所示。

| 言讠文
方厂㇒
㐄丶㐄
41 Y | 立六辛丬
㇉丷业丬
广 门
42 U | 水氵氺
小水丷
业㣺氺
43 I | 火米灬
业㶮
44 O | 之辶廴
㇇冖
㇈
45 P |

图 3-9　第 4 区字根

第 4 区每个键位的字根助记口诀含义如下：

助记口诀：言文方广在四一，高头一捺谁人去

字根解析："言、文、方、广"分别指对应字根；"在四一"指这些字根位于区位号为 41 的【Y】键上；"高头"指"高"字的上半部分"亠"和"口"；"一捺"指基本笔画"㇏"，包括字根"丶"；"谁人去"指"谁"去掉左侧的"讠"和"亻"，即字根"㐄"。

组字实例：

言：誉 警 谵 信　　　　 文：济 离 斋 刘

讠：讲 记 认 语　　　　 方：傍 放 房 游

广：矿 度 库 鹰　　　　 㐄：催 雍

助记口诀：立辛两点六门疒（病）

字根解析："立辛"指对应字根"立、辛"；"两点"指字根"丷"和"丷"，注意记忆其变形字根"丬"和"⺍"。

组字实例：

立：拉 垃 音 昱　　　　 辛：薛 辩

冫：决 准 冷 冯　　　　 六：交 郊 校 效

门：间 闲 阀 惆　　　广：痕 症 疼 病

⺌：卷 乎 隘 摒

助记口诀：水旁兴头小倒立

字根解析："水旁"指字根"氵"和"氺"；"兴头"指字根"⺍"；"小倒立"指字根"小、⺌"。

组字实例：

水：浆 贡 冰 踏　　　⺍：兴 誉

氵：滴 流 渡 淀　　　⺌：党 消 尚 常

助记口诀：火业头，四点米

字根解析："业头"指字根"⺉"；"四点"指字根"灬"。

组字实例：

火：炯 伙 炬 焊　　　⺉：业 並 碰 邺

灬：黑 熬 煮 杰　　　米：奥 屡 偻 眯

助户口诀：之字军盖建道底，摘礻(示)衤(衣)

字根解析："军盖"指字根"冖"；"建道底"指字根"廴、辶"，"摘示衣"指将偏旁"礻"和"衤"的末笔画摘掉后的字根，即"衤"。

组字实例：

辶：还 逊 迅 链　　　宀：宗 锭 安 宴

冖：营 莹 冢 浑　　　廴：键 诞 延 庭

衤：褚 祠 补 被

3.3.6 第 5 区字根

第 5 区字根为折起笔字根，包括【N】【B】【V】【C】【X】五个键位，如图 3-10 所示。

| 乡 纟 匕 弓
纟 卜 口
55 X | 又 巴 厶
マ ス 马
54 C | 女 刀 九
巛 彐 臼
53 V | 子 了 也 耳
阝 卩 也
巜 子
52 B | 己 已 巳 乙
尸 严 一 ⺍
心 羽 忄
51 N |

图 3-10　第 5 区字根

第 5 区每个键位的字根助记口诀含义如下：

助记口诀：已半巳满不出己，左框折尸心和羽

字根解析："已半"指字根"已"（没有封口）；"巳满"指字根"巳"（巳封口）；"不出己"指字根"己"；"左框"指字根"⊐"；"折"指所有带折的字根。

组字实例：

己：忌 记 凯 纪   巳：异 祀 汜

心：忽 急 秘 恳   羽：翼 翟 翔 翊

尸：眉   忄：忪 忏 怵 恨

尸：户 屏 届 尽

51 N：已己巳乙 尸尸⊐ 忄 心 羽 忄

助记口诀：子耳了也框向上

字根解析："子耳了也"分别指"子"、"耳"、"了"和"也"四个字根；"框向上"指字根"凵"。

组字实例：

子：吼 好 字 孙   耳：饵 耿 聂 耷

了：哼 函   口：犯 顾 危 沧

凵：凿 涵 离 恼   阝：际 郊 陈 帮

52 B：子了也耳 阝卩凵巴 巛 子

助记口诀：女刀九臼山朝西

字根解析："女刀九臼"分别指"女"、"刀"、"九"和"臼"四个字根；"山朝西"指字根"彐"。

组字实例：

女：嫁 好 要 案   刀：粉 忿 绍 寡

九：究 杂 旭 染   臼：舅 舁 焰 稻

巛：巡 巢 剿

53 V：女 刀 九 巛 彐 臼

助记口诀：又巴马，丢矢矣

字根解析："又巴马"分别指对应字根"又、巴、马"；"丢矢矣"指字根"厶"。

组字实例：

又：汉 驭 欢 桑   巴：肥 绝 爬 艳

马：驯 驻 冯 骛   厶：弘 宏 埃 么

マ：予 龄 羚 领

54 C：又 巴 厶 マ ス 马

助记口诀：慈母无心弓和匕，幼无力

字根解析："慈母无心"指字根"口"；"弓和匕"指字根"弓"和"匕"；"幼无力"指去掉"幼"字右侧的"力"字，即字根"幺"。

组字实例：

弓：弹 夷 粥 弗　　　匕：颖 旨 纶 陇

纟：绌 绰 继 绩　　　幺：幻 幽 素 紫

3.4　基本编码规则

在对汉字进行编码时，必须遵守一定的规则，而这些规则又是根据平时书写汉字时所熟悉的原则和汉字输入时所必需遵守的一些原则来制定的。

五笔字型有其自身的编码规则，为了便于记忆，这里把五笔字型的取码规则编成了如下口诀：

五笔字型均直观，依照笔顺把码编；

键名汉字打四下，基本字根请照搬；

一二三末取四码，顺序拆分大优先；

不足四码要注意，交叉识别补后边。

该口诀可以概括五笔字型拆分取码的几项原则，并可用图 3-11 来描述。

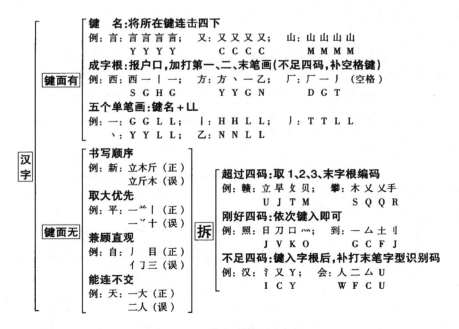

图 3-11　五笔字型编码流程图

3.4.1　"书写顺序"原则

五笔字型汉字输入法是一种形码输入法，当用户看到一个汉字时，很快就能根据汉字的各个字根写出一个汉字的编码。为提高汉字输入的速度，必须减少汉字输入的重码率，并且还要减少单个汉字输入的击键次数。

书写汉字时，是按照"先左后右、先上后下、先横后竖、先撇后捺、先外后内、先中间后两边、先进门后关门"的顺序来书写。同样，在五笔字型输入法中拆分汉字时，也是按照这种书写顺序来拆分的，如图3-12所示。

图3-12 "书写顺序"原则

下面对"书写顺序"原则进行举例说明，详见下表。

汉 字	正确拆法	错误拆法	错误原因
内	冂 人	人 冂	违背"从外到内"顺序
崭	山 车 斤	车 斤 山	违背"从上到下"顺序
囚	囗 人	人 囗	违背"从外到内"顺序
叵	匚 口	口 匚	违背"从外到内"顺序

除了比较规则的录入顺序外，五笔字型输入法中还存在一些特殊的汉字录入顺序，下面进行详细介绍：

⚙ "辽、这"等包含"辶"的半包围结构的汉字，录入字根顺序为先输入"辶"内的字根，再输入"辶"字根，详见下表。

汉 字	正确拆法	错误拆法
辽	了 辶	辶 了
这	文 辶	辶 文

⚙ 半包围或全包围结构的汉字，如"赴、旭、匚、困"等，应严格按照从左到右、从上到下、从包围到被包围的顺序输入字根，详见下表。

汉 字	正确拆法	错误拆法
旭	九 日	日 九
困	囗 木	木 囗

⚙ "抛"字中间字根为"九"，输入顺序应按照从左到右的顺序输入字根，详见下表。

汉 字	正确拆法	错误拆法
抛	扌 九 力	扌 力 九

⚙ "链"字等中间字根为"辶"的汉字，输入顺序应为：先输入"辶"内的字根后，再

输入"辶",详见下表。

汉　字	正确拆法	错误拆法
链	钅 车 辶	钅 辶 车
莲	艹 车 辶	艹 辶 车

3.4.2 "取大优先"原则

"取大优先"是指在各种可能的拆法中，要按照书写顺序拆分出尽可能大的字根，以减少字根数。

例如，"肩"字有"丶、尸、月"和"丶、尸、冂、二"两种拆法，根据"取大优先"的原则，拆分出的字根要尽可能大。在第二种拆法中，"冂"和"二"两个字根可以合并成为一个字根"月"，所以第一种拆法才是正确的，如图3-13所示。

√肩：肩 肩 肩　×肩：肩 肩 肩 肩

图3-13 "取大优先"的原则

同理，"牛"字应拆成"牜"与"丨"，而不能拆成"亻"与"十"；"世"字应拆成"廿"与"乙"，而不能拆成"一"、"凵"与"乙"；"制"字应拆成"牜"、"冂"、"丨"与"刂"，而不能拆成"亻"、"一"、"冂"、"丨"与"刂"。

3.4.3 "兼顾直观"原则

"兼顾直观"是根据拆分出来的字根直观、易懂来制定的原则。对一个汉字进行拆分时，有时看似别扭的拆分方法却能遵循所有的拆分原则。因此，为了照顾字根的直观性，规定在拆分汉字时，尽量采用最容易理解的拆分方式进行拆分。

例如，"夫"字拆分为"二"和"人"比拆分为"一"和"大"要直观得多，如图3-14所示。

√夫：夫 夫　×夫：夫 夫

图3-14 "兼顾直观"原则

同理，"国"字应拆成"囗"、"王"与"丶"，而不能拆成"冂"、"王"、"丶"与"一"；"羊"字应拆成"丷"与"手"，而不能拆成"丷"、"二"与"丨"。

3.4.4 "能散不连"原则

"能散不连"是指如果汉字能够拆分成"散"字根的结构，就不要拆成"连"字根的结构。也就是说，在满足其他拆分原则的前提下，"散"的结构优先于"连"的结构。

例如："午"有以下两种拆法，拆分成"丿、十"时，两个字根是散开的，此种拆分法正确；而拆分成"丿、干"时，两个字根相连，此种拆分法错误，如图3-15所示。

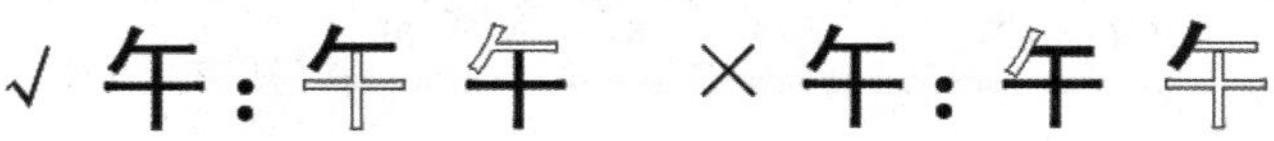

√午：午 午　×午：午 午

图3-15 "能散不连"原则

同理，"百"字应拆成"丆"与"日"，而不能拆成"一"与"白"。

3.4.5 "能连不交"原则

"能连不交"原则指一个汉字若可以拆分成几个相"连"的字根，就不要拆分成相"交"的字根。也就是说，"连"的结构优先于"交"的结构。

例如，"夭"有两种拆法，当拆分成"丿、大"时，两个字根互相连接；当拆分成"二、人"时，两个字根互相交叉，所以第一种拆分方法是正确的，如图3-16所示。

$$\checkmark 夭：夭 \ 夭 \quad \times 夭：夭 \ 夭$$

图3-16 "能连不交"原则

同理，"矢"字应拆成"丿"与"大"，而不能拆成"乊"与"人"；"丑"字应拆成"乙"与"土"，而不能拆成"刀"与"二"；"于"字应拆成"一"与"十"，而不能拆成"二"与"丨"。

3.5 输入字根汉字

了解了五笔字型输入法的拆分规则后，下面就分别对单笔画汉字、键名字和成字字根的输入方法进行介绍。

3.5.1 输入五种单笔画汉字

五笔字型中，汉字的基本笔画分为横（一）、竖（丨）、撇（丿）、捺（丶）、折（乙）五种。这五种单笔画在国家标准字库中都是作为汉字来对待的。按五笔字型的编码规则，它们也应当按照成字字根的方法输入。但是除"一"外，其他几个都不常用，而且按成字字根的输入方法，它们的编码只有两码，将这么简短的编码用于如此不常用的"字"，不能不说是一种浪费。于是，在五笔字型中，将其简短的编码让位给更常用的字，而人为地在其正常编码的后面加两个L作为其编码。因而输入这五种单笔画时，只需连续击两次所对应的键位，再连续击两次【L】键即可。

例如，输入单笔画"一"时，先击两次【G】键，然后再击两次【L】键即可，如图 3-17 所示。

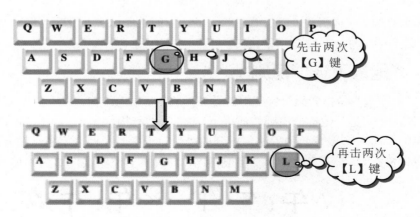

图3-17 输入单笔画"一"

五种单笔画的具体编码如下：

一	11	11	24	24	（GGLL）
丨	21	21	24	24	（HHLL）
丿	31	31	24	24	（TTLL）
丶	41	41	24	24	（YYLL）
乙	51	51	24	24	（NNLL）

3.5.2 输入键名汉字

键名汉字是一些组字频度较高且形体上又有一定代表性的字根，它们中的绝大多数本身就是一个汉字。键名汉字共有 25 个，其键盘分布如图 3-18 所示。

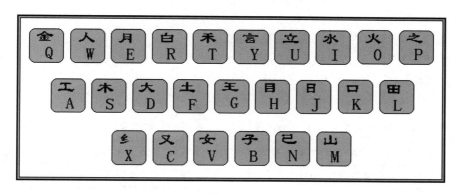

图 3-18 键名汉字的键盘分布

当需要向计算机中输入键名汉字时，只要连击四次该字根所在的键位即可。例如，要输入汉字"王"，可按四次【G】键，如图 3-19 所示。

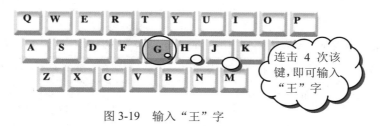

图 3-19 输入"王"字

3.5.3 输入成字字根

在五笔字型字根键盘的每个键位上，除了一个键名汉字外，还有不同数量的其他字根。它们中间有一部分字根本身也是汉字，通常将这些字根称为成字字根。

所有成字字根的编码都采用统一的输入规定，用公式表示为：

成字字根＝【键名代码】+【首笔代码】+【次笔代码】+【末笔代码】

键名代码即成字字根所在键位的键名字母（也称报户口）。用户要输入一个成字字根时，可以先敲击其所在键，然后依次敲击其第一、第二以及最后一笔所在键。如果该字根不足四笔，则以空格键结束。例如：

要输入"甲"字，可以依次按【L】【H】【N】【H】键；

要输入"丁"字，可以依次按【S】【G】【H】和空格键；

要输入"辛"字，可以依次按【U】【Y】【G】【H】键。

3.6　输入键外字

前面介绍了成字字根的输入方法，而绝大多数汉字是合体字，在五笔字型中又叫做"键外字"。键外字都是由两个或多个基本字根构成的，因此，对于这些汉字，就需要将其拆分为基本字根，然后按一定的规则进行输入。

下面介绍刚好四码汉字、不足四码汉字和超过四码汉字的输入方法。

3.6.1　四码汉字的输入

对于刚好四码的单字，录入时只要按书写顺序输入四个字根的编码即可。其输入方法是：按照书写顺序，以基本字根为单位取四码，即取这个汉字的第一、二、三、四个字根，找到这四个字根所对应的键位，直接输入即可。

例如，输入"堡"字的具体操作步骤如下：

（1）按【W】键，输入"堡"字的第一个字根"亻"，如图 3-20 所示。

（2）按【K】键，输入"堡"字的第二个字根"口"，如图 3-21 所示。

图 3-20　输入"堡"字的第一个字根　　　　图 3-21　输入"堡"字的第二个字根

（3）按【S】键，输入"堡"字的第三个字根"木"，如图 3-22 所示。

（4）按【F】键，输入"堡"字的第四个字根"土"，如图 3-23 所示。

图 3-22　输入"堡"字的第三个字根　　　　图 3-23　输入"堡"字的第四个字根

3.6.2　不足四码汉字的输入

当一个汉字拆分成的字根不足四码时，依次输完字根对应键码后，还需要补加一个识别码。加识别码后仍不足四码的，加击空格键即可。

1．末笔识别码

末笔识别码即"末笔字型交叉识别码"，由汉字末笔画的类型编号和汉字的字形编号组成。具体地说，末笔识别码为两位数字，第一位（十位）是末笔画类型编号（即：横1、竖2、撇3、捺4、折5），第二位（个位）是字型代码（即：左右型1、上下型2、杂合型3）。把末笔识别码看成一个键的区位码，即得到末笔字型交叉识别码的字母键，详见下表。

字型 末笔画		左 右 型	上 下 型	杂 合 型
		1	2	3
横	1	G	F	D
竖	2	H	J	K
撇	3	T	R	E
捺	4	Y	U	I
折	5	N	B	V

2. 末笔识别码的使用

引入末笔识别码是为了减少重码，提高输入汉字的速度，例如：

单字	字根	字根码	末笔类型	字型	识别码	编码
沐	氵、木	IS	丶 4	1	41Y	ISY
汀	氵、丁	IS	亅 2	1	21H	ISH
洒	氵、西	IS	一 1	1	11G	ISG
只	口、八	KW	丶 4	2	42U	KWU
叭	口、八	KW	丶 4	1	41Y	KWY

上例中，"沐"、"汀"、"洒"的字根码都一样（IS），但末笔类型不同，所以加上末笔识别码后，它们的编码就不相同了，否则就会出现重码现象（都是 IS）。同理，"只"、"叭"的字根码也一样（KW），但字型不一样，所以加上末笔识别码后，编码也就不相同了。

读者可以通过以下三点，来理解末笔字型识别码的使用方法：

✿ 对于"左右型"汉字，当输完字根后，补打末笔笔画所在区的第一个键位作为识别码；如果补打一个识别码后仍不足四位，可再补打一个空格键。例如，输入"钡"字，输入末笔识别码后还不足四码，需要输入空格键，如图 3-24 所示。

钡：钡 钡 〔捺丶 左右〕
Q M Y 空格

图 3-24　输入"钡"字

✿ 对于"上下型"汉字，当输完字根后，补打末笔笔画所在区的第二个键位作为识别码，如图 3-25 所示。对于加入末笔识别码仍不足四码的汉字，需加空格键，如图 3-26 所示。

宝：宝 宝 宝 〔捺丶 上下〕
P G Y U

备：备 备 〔横一 上下〕 空格
T L F

图 3-25　输入"宝"字　　　　　图 3-26　输入"备"字

✿ 对于"杂合型"汉字，当输完字根后，补打末笔笔画所在区的第三个键位作为识别码；若加入末笔识别码后仍不足四码的，需加空格键，如图 3-27 所示。

图 3-27　输入"币"和"必"字

3．末笔识别码的规定

对于作为识别码的末笔，有如下规定：

（1）所有包围结构汉字的末笔，规定取被包围那一部分的末笔画作为末笔识别码，如"国"的末笔应取"丶"，识别码为 43（I）。

（2）对于带"辶"的汉字的末笔，规定取里边字的末笔作为末笔识别码，如"远"的末笔应取"乙"，识别码为 53（V）。

（3）对于字根"刀、九、力、匕"，凡是以这四种字根作为末字根而又需要识别时，一律用它们向右下角伸得最远的笔画（即折）来识别，如"仇（WVN）"、"化（WXN）"等，其末笔均为"乙"。

（4）"我、戈、成"等汉字应遵从"从上到下"的原则，取"丿"作为末笔。

关于字型有如下约定：

（1）凡单笔画与字根相连或带点结构的，都视为杂合型。

（2）字型区分时，也用"能散不连"的原则，如"矢、卡、严"等都视为上下型。

（3）内外型字属杂合型，如"困、同、匹"等，但"见"字为上下型。

（4）含两字根且相交者属杂合型，如"东、串、电、本、无、农、里"等。

（5）含"辶"的字为杂合型，如"进、逞、远、过"等。

（6）以下各字为杂合型：司、床、厅、龙、尼、式、后、反、处、办、皮、习、死、疗、压。但"右、左、有、看、者、布、友、冬、灰"等字视为上下型。

4．不足四码汉字的输入方法

下面以输入"丹"字为例，介绍不足四码汉字的输入方法，具体操作步骤如下：

（1）按【M】键，输入"丹"字的第一个字根，如图 3-28 所示。

（2）按【Y】键，输入"丹"字的第二个字根，如图 3-29 所示。

图 3-28　输入"丹"字的第一个字根　　　　图 3-29　输入"丹"字的第二个字根

（3）按【D】键，输入"丹"字的末笔识别码，如图 3-30 所示。

（4）按空格键，结束"丹"字的输入，如图 3-31 所示。

第三章

图 3-30　输入"丹"字的末笔识别码　　　　图 3-31　按空格键结束"丹"字的输入

3.6.3　超过四码汉字的输入

超过四码的汉字输入方法是：按照书写顺序，以基本字根为单位取这个汉字的第一、二、三、末笔字根，找到四个字根所对应的键输入即可。例如，输入"偷"字，其具体操作方法如下：

（1）按【W】键，输入"偷"字的第一个字根，如图 3-32 所示。

（2）按【W】键，输入"偷"字的第二个字根，如图 3-33 所示。

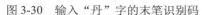

图 3-32　输入"偷"字的第一个字根　　　　图 3-33　输入"偷"字的第二个字根

（3）按【G】键，输入"偷"字的第三个字根，如图 3-34 所示。

（4）按【J】键，输入"偷"字的最后一个字根，如图 3-35 所示。

图 3-34　输入"偷"字的第三个字根　　　　图 3-35　输入"偷"字的最后一个字根

3.7　容易拆错的汉字

本节列举一些容易拆分错的汉字供参考，以辅助对本章内容的理解。

汉字	拆分	编码	汉字	拆分	编码
姬	女 匚 丨 丨	VAHH	序	广 乛 卩	YCB
赛	宀 二 刂 贝	PFJM	练	纟 七 丶 八	XANW
夜	亠 亻 夂 丶	YWTY	未	二 小	FII
舞	二 刂刂刂 一 丨	RLGH	末	一 木	GS
追	亻 コ コ 辶	WNNP	买	乙 丶 大	NUDU
旭	九 日	VJD	以	乀 丶 人	NYW
貌	乛 豸 白 儿	EERQ	像	亻 乛 口 豕	WQJE
凸	丨 一 冂 一	HGMG	廉	广 丷 彐	YUVO

汉字	拆分	编码	汉字	拆分	编码
凹	几 冂 一	MMGD	柔	乛 卩 丿 木	CBTS
推	扌 亻 圭	RWYG	年	二 丨 十	RHFK
丹	冂 ヽ	MYD	鬼	白 儿 厶	RQC
途	人 禾 辶	WTP	成	厂 乛 乙 丿	DNNT
特	丿 扌 土 寸	TRFF	承	了 三 水	BDI
离	文 凵 冂 厶	YBMC	僧	亻 丷 田 日	WULJ
片	丿 冂 一 乙	THGN	牛	二 丨	RHK
函	了 水 凵	BIB	旅	方 𠂉 化	YTEY
既	ヨ 厶 匚 儿	VCAQ	拜	𡲬 三 十	RDFH
曲	冂 丰	MA	身	丿 冂 三 丿	TMDT
草	艹 早	AJJ	所	厂 コ 斤	RNRH
行	彳 二 丨	TFHH	报	扌 卩 又	RBCY
范	艹 氵 㔾	AIB	遇	日 冂 丨 辶	JMHP
乘	禾 丬 匕	TUX	呀	口 匚 丨 丿	KAHT
剩	禾 丬 匕 刂	TUXJ	励	厂 厂 コ 力	DDNL
豫	乛 卩 勹 㣺	CBQE	翠	羽 亠 人 十	NYWF
派	氵 厂 ㇏	IREY	饮	𠂊 乚 人	QNQW

3.8 简码

为了减少击键次数，提高输入速度，五笔字型规定一些常用字除按其全码可以输入外，多数都可以只取其前一到三个字根，再加空格键即可输入，即只取其全码最前边的一个、两个或三个字根（码）输入，形成所谓的一、二、三级简码。充分理解和使用简码，可以大大提高输入汉字的速度。

3.8.1 输入一级简码

根据每一个键位上的字根形态特征，将五个区的二十五个键位上分别安排使用频率最高的二十五个汉字，称为"一级简码"，也叫"高频字"。

一级简码的分布规律是通过汉字的第一笔画来进行分类的，即横起笔的放在一区，竖起笔的放在二区，撇起笔的放在三区，捺起笔的放在四区，折起笔的放在五区，尽可能使它们的第二笔画与位号一致。一级简码及其所对应的键位如图3-36所示。

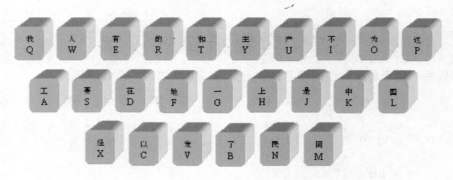

图3-36 一级简码及其对应的键位

一级简码是在五笔打字时出现频率最高的汉字，虽然读起来不押韵，但还是一定要牢记。快速记忆一级简码可以按照下面的口诀来进行。

✿　一地在要工（1 区）。

✿　上是中国同（2 区）。

✿　和的有人我（3 区）。

✿　主产不为这（4 区）。

✿　民了发以经（5 区）。

一级简码的输入方法很简单，只需击该汉字所在的键，然后再敲击空格键即可。例如，输入汉字"地"，其具体操作如图 3-37 所示。

图 3-37　输入汉字"地"

一级简码与其他汉字组成词组时，需要取其第一码或前两码，所以在熟记一级简码的同时，有必要熟记其前两码。一级简码及其对应的前两码见下表。

汉　字	一级简码	前两码	汉　字	一级简码	前两码
一	G	GG	地	F	FB
在	D	DH	要	S	SV
工	A	AA	上	H	HH
是	J	JG	中	K	KH
国	L	LG	同	M	MG
和	T	TK	的	R	RQ
有	E	DE	人	W	WW
我	Q	TR	主	Y	YG
产	U	UT	不	I	GI
为	O	YL	这	P	YP
民	N	NA	了	B	BN
发	V	NT	以	C	NY
经	X	XC			

3.8.2 输入二级简码

二级简码是从全码中依次取第一、第二码，即通过两个键位代码来输入汉字。在五笔字型中，理论上二级简码汉字应为 25×25，即 625 个，而实际上是把使用频率比较高的 570 余个汉字作为二级简码。对于这些汉字，用户只需敲击两个字母键及空格键即可输入，从而提高录入速度。

输入二级简码时，按照取码的先后顺序，取汉字全码中的前两个字根代码，再击一次空格键即可。例如，输入汉字"志"，其具体操作步骤如下：

（1）击该汉字第一个字根所在的键，即汉字"志"的第一个字根"士"所对应的【F】键，如图 3-38 所示。

图 3-38　击【F】键

（2）击该汉字第二个字根所在的键，即"心"所对应的【N】键，如图 3-39 所示。

图 3-39　击【N】键

（3）击空格键，完成输入，如图 3-40 所示。

图 3-40　击空格键

下表是按键盘分区顺序排列的二级简码字表。

	GFDSA	HJKLM	TREWQ	YUIOP	NBVCX
G	五于天末开	下理事画现	玫珠表珍列	玉平不来	与屯妻到互
F	二寺城霜载	直进吉协南	才垢圾夫无	坟增示赤过	志地雪支
D	三夯大厅左	丰百右历面	帮原胡春克	太磁砂灰达	成顾肆友龙
S	本村枯林械	相查可楞机	格析极检构	术样档杰棕	杨李要权楷
A	七革基苛式	牙划或功贡	攻匠菜共区	芳燕东　芝	世节切芭药
H	睛睦睚盯虎	止旧占卤贞	睡睥肯具餐	眩瞳步眯瞎	卢　眼皮此
J	量时晨果虹	早昌蝇曙遇	昨蝗明蛤晚	景暗晃显晕	电最归紧昆
K	呈叶顺呆呀	中虽吕另员	呼听吸只史	嘛啼吵噗喧	叫啊哪吧哟
L	车轩因困轼	四辊加男轴	力斩胃办罗	罚较　辚边	思囝轨轻累
M	同财央朵曲	由则　崭册	几贩骨内风	凡赠峭赕迪	岂邮　凤嶷
T	生行知条长	处得各务向	笔物秀答称	入科秒秋管	秘季委么第
R	后持拓打找	年提扣押抽	手折扔失换	扩拉朱搂近	所报扫反批
E	且肝须采肛	胖胆肿肋肌	用遥朋脸胸	及胶膛膦爱	甩服妥肥脂
W	全会估休代	个介保佃仙	作伯仍从你	信们偿伙	亿他分公化
Q	钱针然钉氏	外旬名甸负	儿铁角欠多	久匀乐炙锭	包凶争色
Y	主计庆订度	让刘训为高	放诉衣认义	方说就变这	记离良充率
U	闰半关亲并	站间部曾商	产瓣前闪交	六立冰普帝	决闻妆冯北
I	汪法尖洒江	小浊澡渐没	少泊肖兴光	注洋水淡学	沁池当汉涨
O	业灶类灯煤	粘烛炽烟灿	烽煌粗粉炮	米料炒炎迷	断籽娄烃糨
P	定守害宁宽	寂审宫军宙	客宾家空宛	社实宵灾之	官字安　它
N	怀导居　民	收慢避惭届	必怕　愉懈	心习悄屡忱	忆敢恨怪尼
B	卫际承阿陈	耻阳职阵出	降孤阴队隐	防联孙耿辽	也子限取陛
V	姨寻姑杂毁	叟旭如舅妁	九　奶　婚	妨嫌录灵巡	刀好妇妈姆
C	骊对参骠戏	骒台劝观	矣牟能难允	驻骈　驼	马邓艰双
X	线结顷　红	引旨强细纲	张绵级给约	纺弱纱继综	纪弛绿经比

专家提醒

二级简码数量较多且经常用到，用户应尽量多记。另外，98 版五笔字型的二级简码与 86 版五笔字型有所不同，用户应注意区分。

3.8.3 输入三级简码

　　三级简码由单字的前三个字根码组成。只要一个字的前三个字根码在整个编码体系中是唯一的，一般都选作三级简码，共有 4400 个之多。对于此类汉字，只要敲击其前三个字根代码键再加空格键即可输入。虽然需要敲击空格键，没有减少击键次数，但是毕竟省略了末笔字型交叉识别码的判定，所以对提高输入速度有一定的帮助。

为了让读者更好地理解三级简码的代码选取，下面给出两个实例：

⚙ 在输入汉字"价"时，省略了末笔字型交叉识别码 H，其代码选取如图 3-41 所示。

全码：价价价价竖刂左右 简码：价价价价空格

图 3-41 汉字"价"的全码与简码

⚙ 在输入汉字"派"时，省略了末笔字型交叉识别码 Y，其代码选取如图 3-42 所示。

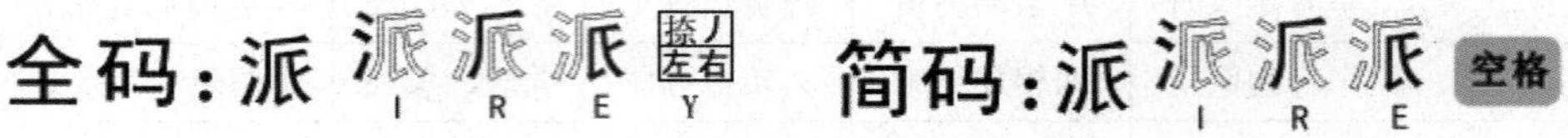

全码：派派派派撩丿左右 简码：派派派派空格

图 3-42 汉字"派"的全码与简码

专 家 提 醒

三级简码不需记忆，只需掌握它的输入方法即可。

3.9 词组

前面介绍的都是如何从笔画开始对汉字进行拆分和输入，但是，一般文章都是由单字组成词，再由字和词语构成文章。根据汉语的这一特点，五笔字型输入法中融入了词汇编码输入，这样，在输入普通词语时，就可以像输入普通单字一样，只输入四码即可。而且单字和词语可以混合输入，不用换档或附加其他操作（即所说的"字词兼容"）。

"词组"是指由两个及两个以上的汉字构成的比较固定和常用的汉字串。词组包括双字词组、三字词组、四字词组和多字词组，其取码规则因词组的长短而有所差异，下面具体介绍其取码方法。

3.9.1 输入双字词组

双字词组在汉语词汇中占有相当大的比重，其编码规则为：取第一个字的第一、二个字根和第二个字的第一、二个字根组合成四码，详见下表。

取码顺序	第1码	第2码	第3码	第4码
取码要素	第1个汉字 第1个字根	第1个汉字 第2个字根	第2个汉字 第1个字根	第2个汉字 第2个字根

例如，在输入双字词组"奥妙"时，可依次取出"奥"字的前两个字根"丿"、"冂"与"妙"字的前两个字根"女"、"小"，构成四码。其中，"丿"的编码为 T、"冂"的编码为 M、"女"的编码为 V、"小"的编码为 I，所以，词组"奥妙"的编码为 TMVI，如图 3-43 所示。

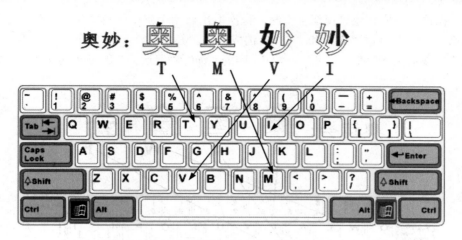

图 3-43　词组"奥妙"的编码

下表为双字词组的取码示例。

双字词组	拆分过程				录入编码
	1	2	3	4	
词语	词	词	语	语	YNYG
阿姨	阿	阿	姨	姨	BSVG
安息	安	安	息	息	PVTH
爱护	爱	爱	护	护	EPRY

专 家 提 醒

98 版五笔字型的词组输入方法与 86 版完全相同，不同之处在于 98 版五笔字型输入词组时的取码规则是针对码元，而 86 版五笔是针对字根。

3.9.2 输入三字词组

如果构成词组的汉字个数是三个，那么此词组即属于三字词组。例如，词组"奥运会"、"团体赛"等，它们都属于三字词组。三字词组的取码规则是：前两个字各取其第一个字根，最后一个字取其前两个字根，组成四码，详见下表。

取码顺序	第 1 码	第 2 码	第 3 码	第 4 码
取码要素	第 1 个汉字 第 1 个字根	第 2 个汉字 第 1 个字根	第 3 个汉字 第 1 个字根	第 3 个汉字 第 2 个字根

例如，在输入三字词组"奥运会"时，依次取出前两个汉字的首字根"丿"、"二"和第三个汉字的第一、二个字根"人"和"二"，构成四码。其中，"丿"的编码为 T，"二"的编码为 F，"人"的编码为 W，"二"的编码为 F。因而，词组"奥运会"的编码为 TFWF，如图 3-44所示。

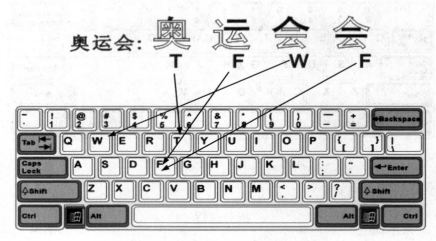

图 3-44 词组"奥运会"的编码

下表为三字词组的取码示例。

三字词组	拆分过程				录入编码
	1	2	3	4	
奥运会	奥	运	会	会	TFWF
办公室	办	公	室	室	LWPG
合格证	合	格	证	证	WSYG
汇款单	汇	款	单	单	IFUJ

3.9.3 输入四字词组

四字词组的取码规则是：依次取每个字的第一个字根组合成四码，详见下表。

取码顺序	第 1 码	第 2 码	第 3 码	第 4 码
取码要素	第 1 个汉字 第 1 个字根	第 2 个汉字 第 1 个字根	第 3 个汉字 第 1 个字根	第 4 个汉字 第 1 个字根

例如，在输入四字词组"党纪国法"时，分别取"党"字的第一个字根"小"，"纪"字的第一个字根"纟"，"国"字的第一个字根"囗"，"法"字的第一个字根"氵"，构成四位编码即 IXLI，如图 3-45 所示。

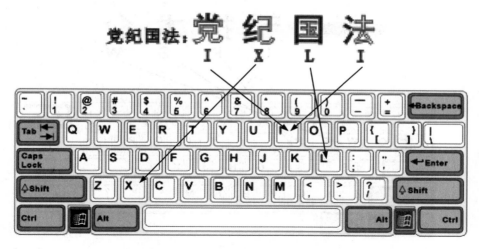

图 3-45 四字词组"党纪国法"的编码

下表为四字词组的取码示例。

四字词组	拆分过程				录入编码
	1	2	3	4	
百战百胜	百	战	百	胜	DHDE
标点符号	标	点	符	号	SHTK
朝三暮四	朝	三	暮	四	FDAL
道听途说	道	听	途	说	UKWY
风吹草动	风	吹	草	动	MKAF
改朝换代	改	朝	换	代	NFRW

3.9.4 输入多字词组

多字词组的取码规则是：依次取第一、二、三和最末一个汉字的第一个字根组合成四码，详见下表。

取码顺序	第 1 码	第 2 码	第 3 码	第 4 码
取码要素	第 1 个汉字 第 1 个字根	第 2 个汉字 第 1 个字根	第 3 个汉字 第 1 个字根	最末汉字 第 1 个字根

例如，多字词组"新技术革命"共有五个汉字，取出它的第一个汉字、第二个汉字、第三个汉字、最末汉字的第一个字根构成四码，即"立"、"扌"、"木"、"人"，从而得出词组"新技术革命"的编码 URSW，如图 3-46 所示。

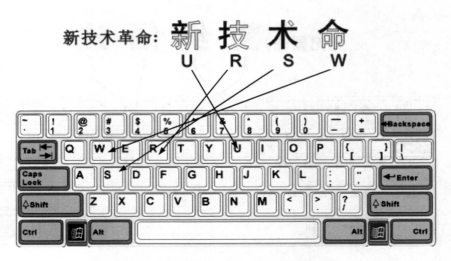

图 3-46　多字词组"新技术革命"的编码

下表为多字词组的取码示例。

多字词组	拆分编码				录入编码
	1	2	3	4	
全民所有制	全	民	所	制	WNRR
中央人民广播电台	中	央	人	台	KMWC
有志者事竟成	有	志	者	成	DFFD
中国科学院	中	国	科	院	KLTB
历史唯物主义	历	史	唯	义	DKKY

　　五笔的输入速度之所以比其他输入法快，就是因为它可以更快捷地输入词组。所以，用户在输入文章的时候，一定要习惯词组的输入。

3.10　容错码与重码

　　为了便于学习和使用五笔字型输入法，设计者在其编码中加入了容错技术，设计出了容错码。对一些不易拆分或容易拆错的汉字，可以进行兼容局部错误的处理，即使没有完全正确地输入其编码，也可以达到正确输入汉字的目的。

3.10.1　容错码

　　容错码有两个含义：一是用户容易拆分错的编码，二是容许用户拆分错的编码。容易弄错的码，允许按错的打，称之为"容错码"。五笔字型汉字输入法对大约 5000 个汉字设计了容错码，主要包括以下三种类型：拆分容错、字型容错和五笔版本容错。

1．拆分容错

不同的书写习惯，会造成拆分字根的顺序有所不同。五笔字型汉字输入法允许其他一些习惯顺序的输入，称之为"拆分容错"。

例如，五笔字型汉字输入法中规定"长"拆分为"丿"、"七"、"丶"，即 TAYI 是正确编码，但在实际书写时，按照不同的书写习惯又可分为下面三种编码情况：

长：七 丿 丶 （ATYI）
长：丿 一 乙 丶（TGNY）
长：一 乙 丿 丶（GNTY）

这三种情况下的编码即为汉字"长"的容错码，因而输入汉字"长"时，既可以按照正确的编码输入，也可以按照容错码输入。

2．字型容错

在所有汉字中，有个别汉字的字型不是很明确，无法正确地将其归到上下型、左右型或杂合型，在判断时很可能会出现差错。针对这一情况，五笔字型输入法专门设计了字形容错码。

例如，将汉字"占"拆分为"卜"、"口"，字型结构为上下型，因而末笔识别码为 F，所以汉字"占"的正确编码为 HKF。但是，人们也常常将汉字"占"的字型结构误认为是杂合型，所以"占"的容错码为 HKD。同理，汉字"右"的正确编码为 DKF，容错码为 DKD。

占：卜 口 F （正确码）
占：卜 口 D （容错码）
右：𠂇 口 F （正确码）
右：𠂇 口 D （容错码）

3．五笔版本容错

五笔字型输入法从诞生到现在已经有二十多年的历史了，在此期间由于不断地进行改进，五笔字型输入法的最新版本已与旧版本产生了很大的差别。为了使已掌握旧版本的用户也能顺利地使用最新版本，因此，五笔输入法设计了一些版本的容错码。

3.10.2 重码

"重码字"是指在五笔字型编码方案中，用相同编码表示的极少数无法唯一编码的汉字，当输入的汉字存在重码时，这些编码完全相同的汉字会同时出现在提示窗口中。

例如：

枯：木 古 11（SDG）；   柘：木 石 11（SDG）

重码率是评价一个汉字编码方案优劣的一个重要指标，也就是说，一个汉字与其编码是否一一对应。而实际上，各种汉字编码都难免会有重码出现。

五笔字型中，按使用频率对重码字进行了分级处理，因此，经常使用到的重码字会排在备选字的前列。如果所要输入的字是在第一个，只管输入下文，该字即可自动显示在光标所在的位置；如果该字排在第二的位置上，可按字母键上方的数字键【2】，将所要的汉字输入。

另外，所有显示在后面的重码字还可以设计具有独特的编码，方法是将其最后一个编码人为地修改为 L。例如，"喜"和"嘉"的编码都是 FKUK，现将最后一个字母 K 改为 L，FKUL 就成了"嘉"字的唯一编码，而"喜"字虽重码，但不需要挑选，也相当于唯一的编码。

3.10.3 万能学习键

在五笔字型中,【Z】键上没有安排任何字根,其实【Z】键是个万能学习键,它能帮助用户输入含有未知编码的汉字。

万能学习键的具体用法如下:

(1)当不知道字根所在键位时,用 Z 代替未知部分。例如,输入汉字"键"时,只知道它的第一个字根"钅"与最后一个字根"夂",此时可以输入 QZZP,则第一个编码是"钅"且最后一个编码是"夂"的字将全部显示在提示窗口中,其中一定包括"键"字,如图 3-47 所示。

(2)当不知道某字的编码时,用 Z 代替。

(3)当不知道某字的识别码时,用 Z 代替。例如,输入汉字"国",但无法确定它的末笔识别码,则可输入字根"囗"、"王"和"、",并用 Z 代替末笔识别码,即 LGYZ,这时,提示窗口中"国"字的后面将显示出它的末笔识别码,如图 3-48 所示。

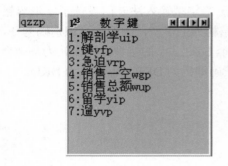

图 3-47 输入 QZZP 查询"键"字

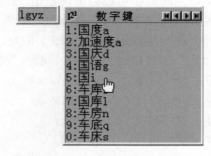

图 3-48 输入 LGYZ 查询"国"字

在输入的过程中,使用的【Z】键越多,在提示窗口中显示的汉字也就越多。

每次上机操作时,都应该把"疑难字"表放在旁边,并不断对其进行更新。实践证明,只要坚持这样做上一两个月,错误的笔顺和拆分方法基本上可以得到纠正,对五笔字型汉字编码规则的体会也会越来越深。

3.11 98 版五笔字型输入法与 86 版的区别

1988 年,王永民先生开始研究五笔字型输入法的第二个定型版本。经过了 10 年的研究,在取得多项理论成果并单项申请了五项专利的基础上,研发了 98 版五笔字型输入法。

3.11.1 字根与码元的区别

86 版五笔字型输入法中规定汉字是由字根构成的,而 98 版五笔字型输入法中规定汉字是由码元构成的,98 版中的码元与 86 版中的字根并不完全相同。86 版中有些字根在 98 版中没有出现,也就是说,这些字根是 86 版独有的,详见下表。

键位	G	D	D	A	H	H
字根	戋	丰	ナ	弋	广	广
键位	R	E	Q	P	C	X
字根	匚	豕	彳	礻	马	乚

同样，98 版中也有一些码元在 86 版中没有出现，见下表。

键位	G	F	D	S	A	H	R	E	Q
码元	夫 ナ 牛 丰	甘 十 朿	戊 甚	甫	艹	卢 少	丘 气	毛 豸	犭 鸟
键位	U	I	O	P	N	B	V	C	X
码元	羊 羊	肖	业 严	衤 礻	目	皮	艮 艮	马 牛	母 毌 乚

还有一些 98 版五笔字型中的码元虽然也是 86 版中的字根，但它们的位置却有所变化，见下表。

98 版键位	K	R	E	E	W	U	O	B
86 版键位	Q	Q	L	V	M	E	Y	E
码元（字根）	儿	乂	力	臼	几	舟	广	乃

3.11.2　组字的区别

掌握了 86 版字根和 98 版码元的区别，也就掌握了 86 版五笔字型输入法与 98 版的基本区别。另外，用户还要了解一下 86 版五笔字型输入法与 98 版的组字区别。

新老版本的取码规则基本相同，但取码顺序却大有不同。例如，在 86 版五笔字型中规定：

⚙ 对于"力、刀、九、匕"等汉字，一律以其伸得最远的折笔作为编码的末笔。

⚙ 对于"围、送、截"等包围型汉字，一律取其被包围部分的末笔作为编码的末笔。

⚙ 对于"我、戌"等包围型汉字，一律取其撇笔作为其编码的末笔。

考虑到上面有些规则与汉字规范发生冲突，所以在 98 版五笔字型输入法中，除保留了第二条规则外，其余汉字则按照汉字规范顺序取末笔。

下面列出了 86 版五笔字型输入法和 98 版中取码顺序不同的汉字示例，见下表。

例　字	86 版字根拆分	98 版码元拆分
行	彳二丨（TFHH）	彳一丁（TGS）
束	一口小（GKII）	木口（SKD）
策	竹一冂小（TGMI）	竹木冂（TSM）

这种字还有很多，其中的细微区别还要靠用户平时多注意积累。98 版王码五笔字型输入法和 86 版王码五笔字型输入法是由同一家公司开发的两种不同的产品，98 版在 86 版的基础上，主要增加了输入繁体汉字的功能。但是，在国内的绝大多数用户中，并不需要使用繁体汉字，所以 86 版五笔字型输入法的覆盖率在国内达 90%以上，特别是随着其版本的不断更新，已经占据广泛的市场，深受用户的欢迎。

第四章

Windows 10 上手

Windows 10 操作系统是由微软公司推
的，它柔和的设计风格和强大的操作功能，
其成为目前使用最广泛的操作系统之一。本
将详细介绍 Windows 10 操作系统的基础操作
使读者能够轻松上手。

4.1　Windows 10 桌面组成

进入 Windows 10 操作系统后，首先映入眼帘的整个界面就是 Windows 10 操作系统的桌面。了解 Windows 10 系统桌面及掌握对桌面的操作，是熟练操作电脑的前提。

4.1.1　桌面组成

显示器上的整个界面称为桌面，桌面主要由桌面背景、桌面图标、任务栏三个部分组成，如图 4-1 所示。

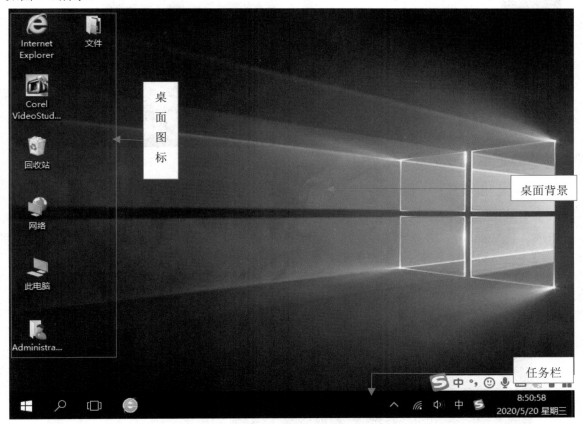

图 4-1　Windows 10 桌面

4.1.2　桌面背景

相较于之前的版本，Windows 10 的桌面背景更加精彩，主题模式可以将很多美丽的照片像幻灯片一样在桌面上轮流显示，给用户带来全新的视觉享受，大大减轻因长时间面对电脑给眼睛带来的疲劳。当然，用户也可以自行定义桌面背景，这在以后的学习中会讲到。下面讲述将用户喜欢的照片设为桌面背景的方法。

将照片设置为桌面背景的具体操作步骤如下：

1. 双击"此电脑"图标，打开"此电脑"窗口，在窗口左侧导航窗格中定位图片文件所在文件夹，将其打开，选择要作为桌面背景的图片，单击鼠标右键，弹出快捷菜单，选择"设置为桌面背景"选项，如图4-2所示。

2. 设置好后的桌面背景效果如图 4-3 所示。

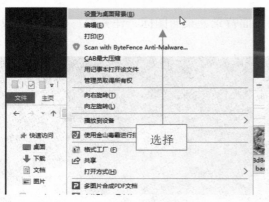

图4-2 选择"设置为桌面背景"选项

图4-3 桌面背景效果

4.1.3 桌面图标

桌面图标分为三类，即文件图标、快捷方式图标和系统图标，桌面图标由图标和文字两部分组成，是 Windows 10 系统中重要的表示方式。通过双击桌面上的图标，可以直接打开常用的文档、程序和文件夹等。图 4-4 所示为常见的桌面图标。

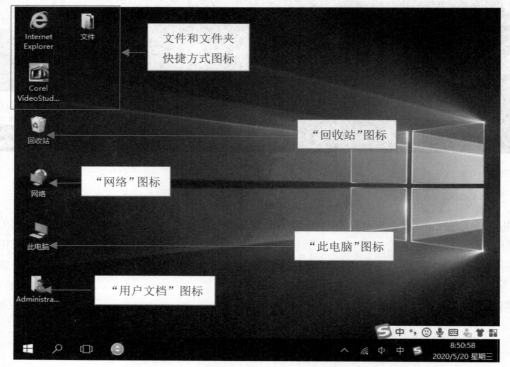

图4-4 常见的桌面图标

4.1.4　任务栏

任务栏位于 Windows 10 操作系统桌面的下方，是桌面的重要组成部分。任务栏包括快速启动区、应用程序列表栏和通知区域等部分，如图 4-5 所示。

图 4-5　任务栏

1．快速启动栏

快速启动栏位于任务栏的最左侧，用于放置快速启动按钮，单击快速启动按钮，即可快速地启动相应的应用程序。快速启动栏中的启动按钮可由用户根据需要自由添加和删除，通常所存放的按钮有"启动 IE 浏览器"按钮、"启动媒体播放器"按钮和"启动资源管理器"按钮等。

2．应用程序列表栏

应用程序列表栏又称为窗口运行程序列表或任务按钮栏，它位于任务栏的中间区域，其主要作用是显示当前所打开的文件、应用程序或文档。应用程序列表栏中可以显示多个应用程序，但只有一个应用程序在前台运行，并将其他程序界面遮盖。

3．通知区域

通知区域位于任务栏的右侧，主要包括"日期和时间"图标、"输入法"图标 M 、"音量控制"图标 🔊 和"网络连接"图标 💻 等内容。通常单击这些指示图标，即可在弹出的面板中单击相应的超链接，从而打开相应的对话框或窗口。图 4-6 所示为"日期和时间"窗口；图 4-7 所示为"网络和 Internet"窗口。

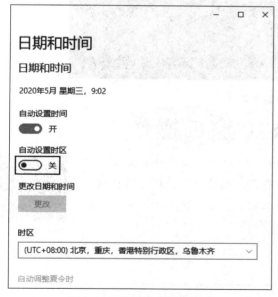

图 4-6　"日期和时间"窗口

图 4-7　"网络和 Internet"窗口

4.1.5 "开始"菜单

Windows 10 中的"开始"菜单在前版本的基础上有了全新的变化,如"开始"屏幕、磁贴、所有应用程序列表。用户可以通过"开始"菜单更方便、快捷地工作。Windows 10 中的"开始"菜单如图 4-8 所示。

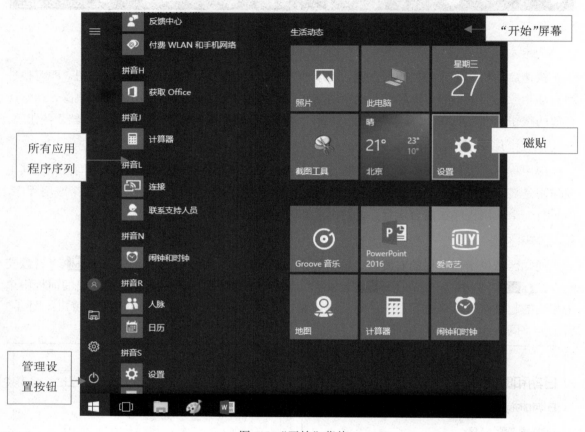

图 4-8 "开始"菜单

4.2 Windows 10 窗口操作

操作 Windows 10 窗口是操作电脑的重要手段,Windows 10 系统能支持多个任务程序的运行,因此用户可以打开多个任务窗口进行操作,它的基本操作包括打开和关闭窗口、移动和切换窗口及调整窗口大小等。下面将详细介绍 Windows 10 的窗口操作。

扫码观看本节视频

知识链接

窗口就是当电脑运行程序时,在显示器上显示信息的一个矩形区域。在 Windows 10 操作系统中,用户可以打开一个或多个窗口显示相应的信息,并在窗口中进行任意操作。启动一个应用程序、单击一个命令或双击一个图标,都可能打开一个窗口。

4.2.1 认识窗口

操作 Windows 10 窗口，首先必须认识窗口，窗口的外观主要由标题栏、菜单栏、地址栏、应用工作区域和导航窗格等组成，图4-9所示为"此电脑"窗口。下面以"此电脑"窗口为例介绍窗口的组成及其功能。

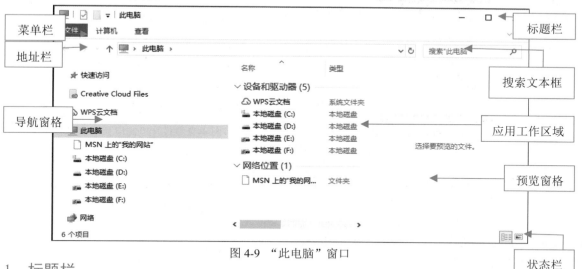

图 4-9 "此电脑"窗口

1．标题栏

位于窗口的顶部，用于显示当前窗口打开的应用程序或目录的名称。标题栏的右侧有三个按钮："最小化"按钮 ━ 、"最大化/还原"按钮 □ 和"关闭"按钮 ✕ 。

2．菜单栏

位于标题栏下方，包括"文件"、"计算机"、"查看"三个菜单，单击菜单栏中相应的菜单选项，将执行相应的菜单命令。

3．地址栏

位于标题栏的下方，地址栏中通常显示的是当前窗口所运行的应用程序或目录名称。用户也可以单击地址栏右侧的下拉按钮 ∨，在弹出的下拉列表中选择其他文件地址，即可切换到所选择文件地址的窗口。

4．应用工作区域

位于窗口中央，面积最大的部分，用于显示所打开窗口的文件和文件夹。

5．导航窗格

位于窗口左侧，主要包括系统任务、其他位置和网络三个区域。

4.2.2 打开和关闭窗口

打开窗口和关闭窗口是操作 Windows 10 窗口中最基本的操作。下面介绍打开窗口和关闭窗口的方法。

1．打开窗口

当用户需要对文件或文件夹中的内容进行编辑修改时，首先需要打开窗口。打开窗口的具体操作步骤如下：

1. 在 Windows 10 桌面上，将鼠标指针移至"此电脑"图标上，单击鼠标右键，弹出快捷菜单，如图 4-10 所示。

2. 选择"打开"选项，即可打开"此电脑"窗口，如图 4-11 所示。

图 4-10　弹出快捷菜单

图 4-11　打开"此电脑"窗口

2. 关闭窗口

当用户需要结束正在运行的应用程序时，则需进行关闭窗口的操作。

关闭窗口有以下几种方法：

❀　单击窗口标题栏最右侧的"关闭"按钮。

❀　执行"文件"｜"关闭"菜单命令。

❀　按【Alt＋F4】组合键。

❀　在窗口标题栏的最左侧，双击应用程序的图标。

❀　在任务栏中需要关闭的应用程序按钮上单击鼠标右键，弹出快捷菜单，选择"关闭窗口"选项。

4.2.3　移动和切换窗口

在操作 Windows 10 过程中，经常需要移动窗口的位置或在多个窗口之间进行切换。

移动窗口可以通过鼠标和键盘两种方式进行操作。使用鼠标操作十分简单且快捷，只需在标题栏上按住鼠标左键并拖曳，移至目标位置后释放鼠标，即可完成窗口的移动操作。用鼠标移动窗口的具体操作步骤如下：

1. 在 Windows 10 系统桌面上，打开"此电脑"窗口，移动鼠标指针到窗口标题栏上，如图 4-12 所示。

2. 按住鼠标随意拖动，即可移动窗口，如图 4-13 所示。

图 4-12　定位鼠标指针

图 4-13　拖动鼠标

切换窗口可以用鼠标单击窗口的应用程序标题栏或按快捷键【Alt+Tab】键，即可在打开的应用窗口中进行切换。

4.2.4　调整窗口大小

调整窗口的大小时除了最大化、最小化外，用户还可以根据需要随意调整窗口大小。调整窗口大小的具体操作步骤如下：

1. 打开"此电脑"窗口，将鼠标指针移至窗口的右侧，鼠标指针呈←→形状，如图 4-14 所示。

2. 按住鼠标左键并拖曳，至适当位置后释放鼠标左键，即可调整"此电脑"窗口的大小，如图 4-15 所示。

图 4-14　鼠标指针形状

图 4-15　调整后的"此电脑"窗口

4.2.5　快速回到桌面

在实际的操作过程中，有些操作需要返回桌面才能进行。快速地返回桌面进行操作，才能提高工作效率。

快速返回桌面有以下 5 种方法：

- 在任务栏最右侧，单击"显示桌面"按钮█。
- 按【█+D】组合键。
- 将所有运行的窗口最小化。
- 关闭运行的所有窗口。
- 右击任务栏空白处，在弹出的快捷菜单中选择"显示桌面"选项。

4.3　查看文件和文件夹

在 Windows 系统中，有许多文件和文件夹，不同的文件或文件夹的名称、类型和大小都是不同的。查看文件和文件夹的操作，是用户必须掌握的。

4.3.1　认识文件和文件夹

Windows 10 操作系统中，所有的操作任务都会与文件和文件夹有关，它是计算机中较为重要的部分。

1. 认识文件

文件是操作系统中存储和管理数据信息的载体，文件有应用程序和文档两种类型，每一个文件都有一个图标和一个文件名，而文件名又是由主文件名和扩展名组成。文件名最多可以有255 个字符，但不能有" / "、" \ "、" : "、" * "、" ? "、" < "、" > "、" \ "、" | "等特殊字符，当

用户为文件命名时，如果输入这些字符，系统就会弹出提示信息框。

2．认识文件夹

文件夹是用来存放电脑文件的场所，文件夹能对文件进行显示、组织和管理，在同一个文件夹里，除非文件名或扩展名不同，否则不能同时存放两个同名的文件。

4.3.2 查看各种文件属性

在 Windows 操作系统中，各种文件所特有的文件类型、位置、大小、占用空间和创建时间等信息，都属于文件的属性。查看文件属性的具体操作步骤如下：

1. 打开用户文件夹窗口，在"图片"文件夹上单击鼠标右键，在弹出的快捷菜单中选择"属性"选项，如图 4-16 所示。

2. 弹出"图片属性"对话框，在"常规"选项卡中显示了"图片"文件夹的属性，如图 4-17 所示。

图 4-16 选择"属性"选项

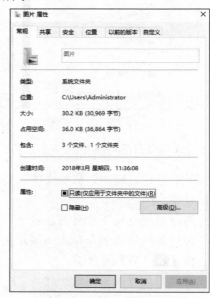

图 4-17 "图片 属性"对话框

知识链接

　　文件或文件夹的属性主要包括"只读"和"隐藏"两种。"只读"指文件或文件夹中的内容只能阅读，不能进行编辑或修改；"隐藏"指的是在电脑中将文件或文件夹隐藏，当打开其所存储的位置时，窗口中将不会显示已隐藏的文件或文件夹。需要注意的是已隐藏的文件或文件夹依然存储在电脑中，需要查看和使用时可以将其显示出来，隐藏文件的主要目的是为了保护文件及用户隐私。

4.3.3 查看文件的路径地址

打开的每一个窗口中文件或文件夹都会有路径地址，系统中提供这样的功能，是为了让用户清楚所打开文件的具体位置。当用户打开文件后，文件窗口的地址栏中会显示文件的路径地址，如图 4-18 所示。

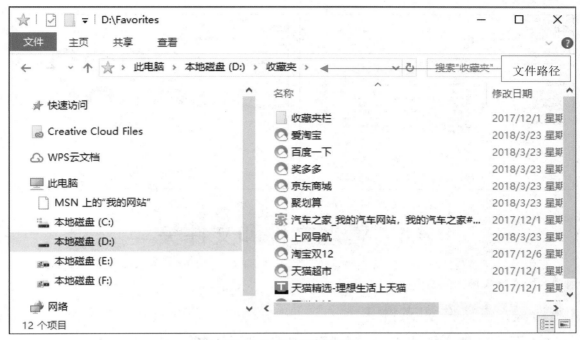

图 4-18　文件的路径地址

4.3.4　查看文件的各种方式

在 Windows 10 操作系统中，有多种方式可以查看文件或文件夹。打开所要查看的文件后，在命令栏上单击"查看"，在弹出的菜单中选择相应的查看方式，即可以不同的查看方式查看文件。图 4-19 所示为平铺方式；图 4-20 所示为中图标方式；图 4-21 所示为详细信息方式；图 4-22 所示为大图标方式。

知识链接

> 查看文件时还有一种幻灯片的方式，这种查看方式通常用于图片类型的文件。

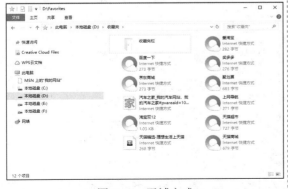

图 4-19　平铺方式

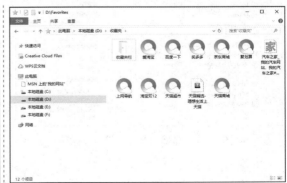

图 4-20　中图标方式

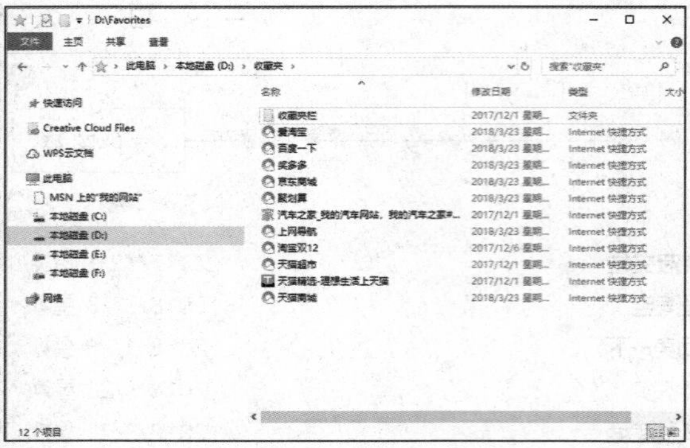

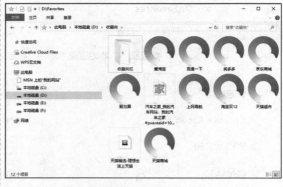

| 图 4-21 详细信息方式 | 图 4-22 大图标方式 |

4.4 管理文件和文件夹

在电脑操作过程中，用户接触最频繁的就是文件和文件夹，将文件和文件夹管理好，会给用户的操作带来极大的方便。

4.4.1 新建文件和文件夹

用户在操作电脑的过程中，为了方便对文件的管理，会经常新建文件或文件夹。

1. 新建文件

新建文件时首先需要选择所创建的文件类型。新建文件的具体操作步骤如下：

1 随便打开一个文件夹窗口，在应用工作区域空白处，单击鼠标右键，在弹出的快捷菜单中选择"新建"|"文本文档"选项，如图4-23 所示。

2 在应用工作区中将显示新建的文本文档，将其命名为"新的一天"，按【Enter】键确定即可，如图 4-24 所示。

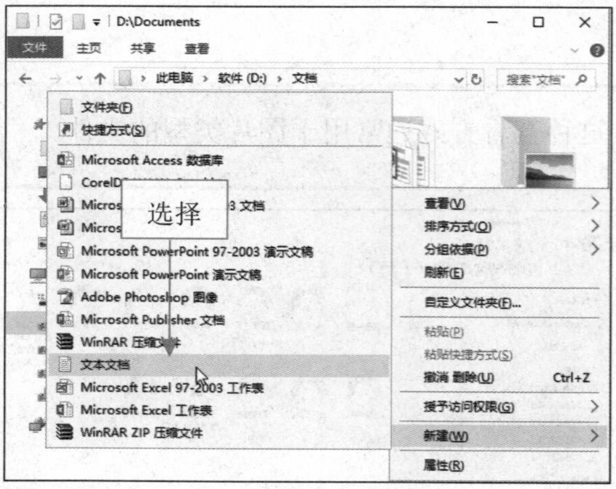

图 4-23 选择"文本文档"选项

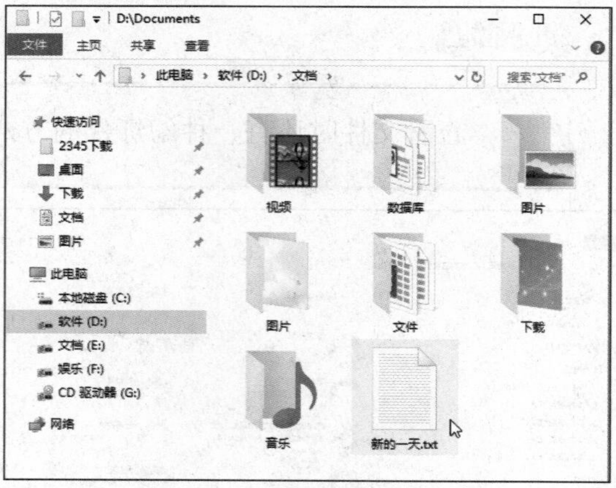

图 4-24 新建的文本文档

2. 新建文件夹

为了让窗口简洁明了，用户有必要新建一些文件夹去管理和存放同种类型的文件，以便查找文件和文件夹。

新建文件夹的具体操作步骤如下：

1. 打开"此电脑"窗口，在应用工作区域空白处单击鼠标右键，在弹出的快捷菜单中选择"新建"|"文件夹"选项，如图 4-25 所示。

2. 在应用工作区中将显示新建的文件夹，将其命名为"文件管理"，按【Enter】键确定即可，如图 4-26 所示。

图 4-25　选择相应的选项

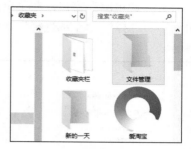

图 4-26　新建的文件夹

知识链接

> 在 Windows 10 操作系统下，新建文件夹变得更加方便。用户在打开的程序中执行文件的保存或另存操作时，可以在打开的"保存"对话框中先新建文件夹，再保存文件。
> 用户还可以在文件夹窗口中单击命令栏上的"新建文件夹"按钮创建文件夹。

4.4.2　选择文件和文件夹

选择文件和文件夹的操作十分简单，选择的方法包括单选、多选和全选三种方式。下面将介绍单选、多选和全选的操作方法。

1．单选

打开目标文件所在的磁盘，将鼠标指针移至目标文件上，单击鼠标左键即可选中。

2．多选

多选包括连续选择和不连续选择：

✿　选择连续的文件或文件夹时，只需按住【Shift】键的同时，选择一个文件或文件夹后，再选择另一个文件或文件夹，此时两个文件或文件夹及其之间的所有文件或文件夹都被选中。图 4-27 所示为选择多个连续文件夹后的效果。

✿　选择不连续的文件或文件夹时，只需按住【Ctrl】键的同时，在需要选择的文件或文件夹上单击鼠标左键即可。图 4-28 所示为选择多个不连续文件夹和文件后的效果。

图 4-27　选择多个连续文件夹后的效果

图 4-28　选择多个不连续文件夹和文件

3．全选

在操作电脑的过程中，有时会进行文件的全选操作。将文件全选的具体操作步骤如下：

1 打开"此电脑"窗口，在菜单栏上单击"主页" | "选择" | "全部选择"选项，如图4-29所示。

2 此时"此电脑"窗口中的所有文件和文件夹被全部选中，如图4-30所示。

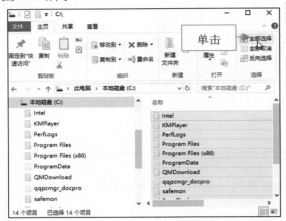

图4-29 单击"全部选择"选项

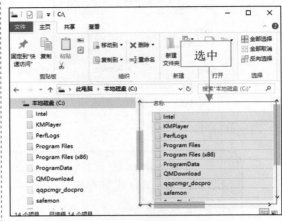

图4-30 选中所有文件和文件夹

4.4.3 打开文件和文件夹

当用户需要对已存在的文件或文件夹进行查看或对其内容进行修改时，都必须先打开文件或文件夹。打开文件夹的具体操作步骤如下：

1 随便打开一个文件夹窗口，在需要打开的文件夹上单击鼠标右键，弹出快捷菜单，如图4-31所示。

2 选择"打开"选项，即可打开该文件夹，如图4-32所示。

图4-31 快捷菜单

图4-32 打开文件夹

4.4.4 重命名文件和文件夹

在系统默认的情况下，新建文件和文件夹的名称都是相同的，只是其名称的后缀不同罢了，为了便于管理电脑中的文件或文件夹，用户需对文件或文件夹重新命名。

重命名文件夹的具体操作步骤如下：

1. 打开用户文件夹窗口，在"图片"文件夹上单击鼠标右键，弹出快捷菜单，如图4-33所示。

2. 选择"重命名"选项，输入新名称，按【Enter】键确定即可，如图4-34所示。

图4-33　快捷菜单

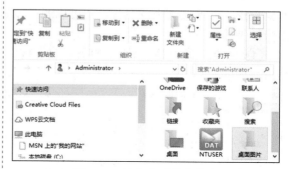

图4-34　重命名后的文件夹

4.4.5　复制与粘贴文件和文件夹

复制与粘贴文件和文件夹，是文件管理中经常会使用的操作方法。复制与粘贴文件和文件夹的具体操作步骤如下：

1. 打开用户文件夹窗口，在文件夹"桌面图片"上单击鼠标右键，弹出快捷菜单，选择"复制"选项，如图4-35所示。

2. 打开"收藏夹"窗口，在应用工作区域空白处单击鼠标右键，弹出快捷菜单，选择"粘贴"选项，如图4-36所示。

图4-35　选择"复制"选项

图4-36　选择"粘贴"选项

3. 即可在"收藏夹"窗口中成功地粘贴所复制的文件，如图4-37所示。

图4-37　粘贴所复制的文件

知识链接

复制文件或文件夹是为文件或文件夹在相应的位置创建一个备份，而源文件或文件夹仍然保留在原处。

用户也可以按【Ctrl＋C】和【Ctrl＋V】组合键，对文件或文件夹进行复制和粘贴操作。另外，利用资源管理器也可以快速地调整文件位置，并对文件或文件夹进行复制和粘贴操作。

4.4.6 查找与搜索文件和文件夹

当电脑中的文件和文件夹太多，又不知道所需文件或文件夹的具体地址时，只要用户知道所要查找文件或文件夹的名称，就可以通过搜索功能进行查找。查找与搜索文件和文件夹的具体操作步骤如下：

1 双击"此电脑"图标，打开"此电脑"窗口，如图 4-38 所示。

2 单击"搜索"文本框，输入要搜索文件的名称或关键字，如图 4-39 所示。

图 4-38 打开"此电脑"窗口

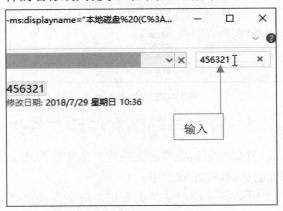

图 4-39 输入搜索文件的名称

3 此时系统开始自动搜索与关键字相关的文件或文件夹，并将搜索到的结果排列在窗口区中，一般情况下，搜索出的结果会很多，在"搜索工具"|"搜索"选项卡下的"优化"选项组中，单击"修改日期"按钮，如图 4-40 所示。

4 在"修改日期"下拉列表中，单击想要修改的日期，如"上周"，选择后将光标定位于搜索框"上周"后，在弹出的"选择日期或日期范围"对话框中选择想要修改的具体日期，如图 4-41 所示。

图 4-40 单击"修改日期"超链接

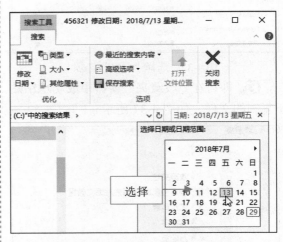

图 4-41 选择修改日期或范围

4.5 回收站的管理

回收站是一个特殊的系统文件，它就像日常生活中的垃圾桶，系统将所有删除的文件或文件夹存放于此并暂时保管。

4.5.1　直接清空回收站文件

　　回收站中所存储的都是已被删除的文件，清空回收站就是将回收站里的文件或文件夹永久性删除，并释放磁盘空间。

扫码观看本节视频

　　直接清空回收站的具体操作步骤如下：

　　1 在 Windows 桌面上，将鼠标指针移至"回收站"图标上，双击鼠标左键，打开"回收站"窗口，如图 4-42 所示。

　　2 在"回收站工具"|"管理"|"管理"选项组中单击"清空回收站"按钮，弹出相应的提示信息框，单击"是"按钮，即可将回收站中的所有文件全部清除，如图 4-43 所示。

图 4-42　打开"回收站"窗口

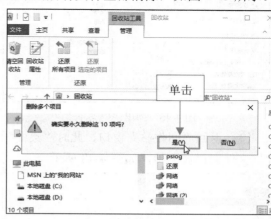

图 4-43　清空回收站

4.5.2　还原回收站中的文件

　　还原回收站中的文件或文件夹就是将被删除的文件或文件夹恢复到被删除前的位置。将文件或文件夹还原的具体操作步骤如下：

　　1 打开"回收站"窗口，在需要还原的文件夹上，单击鼠标右键，弹出快捷菜单，如图 4-44 所示。

　　2 选择"还原"选项，此时回收站中的所选文件夹被还原，如图 4-45 所示。

图 4-44　弹出快捷菜单

图 4-45　文件夹被还原

4.5.3 删除回收站中的文件

回收站里的文件或文件夹也可以逐个地进行删除，这种操作与清空回收站的操作相比，可以避免需要还原的文件或文件夹被永久性删除。删除回收站中的文件或文件夹的具体操作步骤如下：

1. 打开"回收站"窗口，在需要删除的"桌面图片"文件夹上单击鼠标右键，弹出快捷菜单，如图 4-46 所示。

图 4-46　弹出快捷菜单

2. 选择"删除"选项，弹出"删除文件夹"提示信息框（如图 4-47 所示），单击"是"按钮。

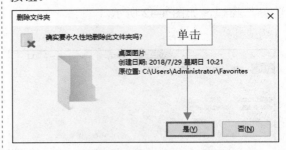

图 4-47　弹出"删除文件夹"提示信息框

3. 返回"回收站"窗口，此时"桌面图片"文件夹已被删除，如图 4-48 所示。

图 4-48　文件夹已被删除

专家提醒

按【Shift＋Delete】组合键，可以将文件或文件夹永久性地删除，此种操作方式是不通过回收站进行的。在回收站中也可以按【Shift＋Delete】组合键，进行文件或文件夹的永久性删除操作。

 学习笔记

第五章

设置个性化系统

默认情况下，Windows 10 操作系统的界面都保持着一贯的风格，随着电脑系统的不断升级，系统风格可根据用户的喜好来进行设置，体现出自身的风格，本章将主要介绍个性化系统的设置操作。

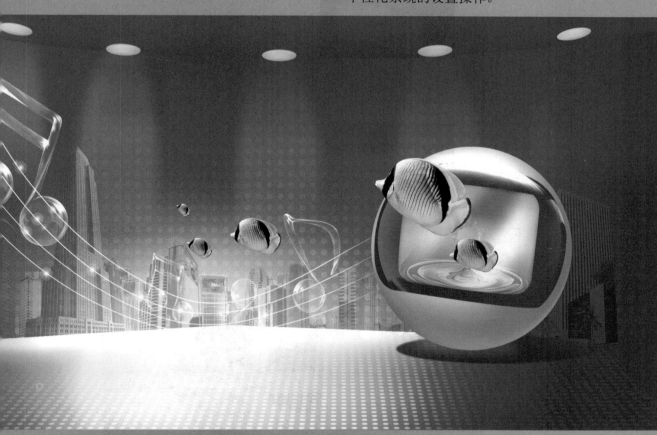

5.1 主题及外观设置

相比于以前版本的 Windows 操作系统，Windows 10 的桌面更加丰富多彩，用户可以根据自己的爱好来设置适合自己个性的系统。

5.1.1 设置桌面主题

在 Windows 10 中用户可以使用全新的主题美化自己的桌面，也可以从网上下载更多主题，还可以使用保存在电脑中的图片来设置个性化的像幻灯片一样的主题。具体操作步骤如下：

1. 右击桌面，在弹出的快捷菜单中选择"个性化"选项，打开"设置"窗口，如图 5-1 所示。

2. 在"个性化"选项区中选择"主题"选项，在右侧的应用主题中选择需要设置的主题，如图 5-2 所示。

图 5-1 "设置"窗口

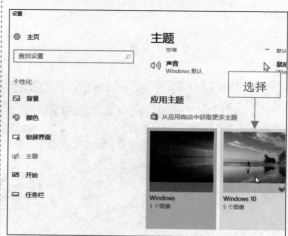

图 5-2 选择主题

3. 选择主题后，桌面效果如图 5-3 所示。

图 5-3 主题效果

使用保存在电脑中的图片设置个性化主题的具体操作步骤如下：

1. 在"个性化"选项区中选择"背景"选项，如图 5-4 所示。

2. 在右侧的背景下拉列表中选择"幻灯片放映"选项，单击"浏览"按钮，如图 5-5 所示。

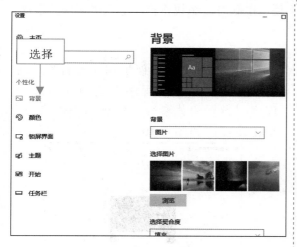

图 5-4　选择"背景"选项

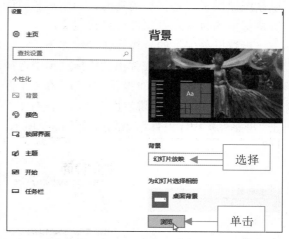

图 5-5　单击"浏览"按钮

3. 弹出"选择文件夹"对话框，选择图片所在文件夹，单击"选择此文件夹"按钮，如图 5-6 所示。

4. 返回"设置"窗口，设置"更改图片的频率"为"10 分钟"，设置"选择契合度"为"填充"即可，如图 5-7 所示。

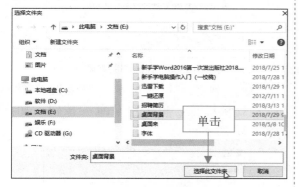

图 5-6　选择图片所在文件夹

图 5-7　设置图片位置为"填充"

5. 新设置的主题就会以幻灯片的方式在桌面上播放，效果如图 5-8 所示。

图 5-8　主题效果

5.1.2 设置屏幕保护

在电脑的操作过程中，若显示器所显示的画面长时间固定不变，会对显示屏造成损害，所以系统提供了屏幕保护的功能。当用户长时间不使用电脑时，系统将自动进入屏幕保护程序，屏幕保护的时间和画面都可以自定义。

设置屏幕保护的具体操作步骤如下：

1 右击桌面，在弹出的快捷菜单中选择"个性化"选项，打开"设置"窗口，在"个性化"选项区中选择"锁屏界面"选项，在右侧单击"屏幕保护程序设置"超链接，如图 5-9 所示。

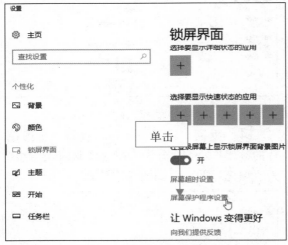

图 5-9 单击"屏幕保护程序设置"超链接

2 弹出"屏幕保护程序设置"对话框，在"屏幕保护程序"选项区中选择程序，设置相关参数，然后单击"确定"按钮即可，如图 5-10 所示。

图 5-10 设置相关参数

3 用户还可以使用照片作屏幕保护，在"屏幕保护程序"选项区的下拉列表框中选择"照片"选项，如图 5-11 所示。

图 5-11 选择"照片"选项

4 设置等待时间和在恢复时是否显示登录屏幕，单击"设置"按钮，如图 5-12 所示。

图 5-12 单击"设置"按钮

5. 弹出"照片屏幕保护程序设置"对话框，设置幻灯片播放速度及图片播放顺序，单击"浏览"按钮，如图 5-13 所示。

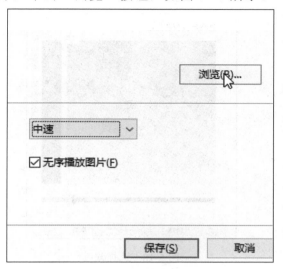

图 5-13　单击"浏览"按钮

6. 弹出"浏览文件夹"对话框，选择照片所在文件夹，依次单击"确定"和"保存"按钮即可，如图 5-14 所示。

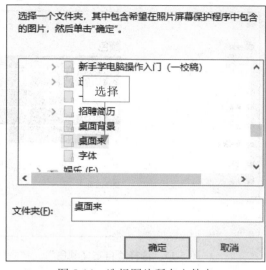

图 5-14　选择图片所在文件夹

5.1.3　设置窗口颜色

用户可以根据自己的爱好，将自己喜欢的颜色设置为窗口颜色，具体操作步骤如下：

1. 右击桌面，在弹出的快捷菜单中选择"个性化"选项，打开"设置"窗口，在"个性化"选项区中选择"颜色"选项，如图 5-15 所示。

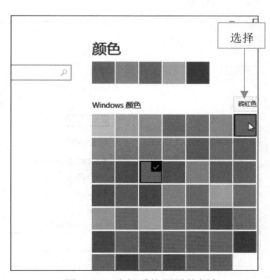

图 5-15　选择"颜色"选项

2. 在右侧的"Windows 颜色"列表中选择一种颜色，如图 5-16 所示。

图 5-16　选择系统预置的颜色

3. 如果颜色列表中没有用户喜欢的颜色，可以选择"自定义颜色"，如图5-17所示。

4. 弹出"选择自定义主题色"对话框，可以设置自己喜欢的颜色，如图5-18所示。

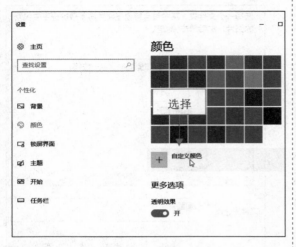

图 5-17 选择"自定义颜色"

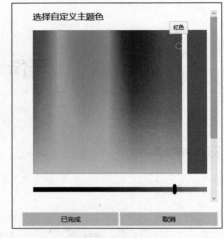

图 5-18 选择颜色

5.1.4 更改桌面文本大小和分辨率

一般情况下，安装 Windows 10 系统后，默认的屏幕分辨率为 1920 像素×1080 像素，此时用户可以根据显示器的大小和自身的实际情况进行调节。

设置屏幕分辨率与刷新率的具体操作步骤如下：

1. 右击桌面，在弹出的快捷菜单中选择"显示设置"选项，打开"设置"窗口，如图5-19所示。

2. 在"缩放与布局"选项区中的"更改文本、应用等项目的大小"下拉列表中可以选择大小，如图5-20所示。

图 5-19 "设置"窗口

图 5-20 选择大小

3. 在"分辨率"下拉列表中可以设置分辨率大小，如图 5-21 所示。

图 5-21　设置分辨率大小

专家提醒

设置屏幕分辨率时，不是分辨率越大越好，应根据电脑的具体情况和自身的需要进行设置，达到保护眼睛的目的。

5.2　图标设置

为了使用方便，用户总会把很多常用的文件或文件夹放在桌面上，例如添加桌面快捷方式等。但是桌面上的东西多了，要查找起来就会很不方便，而且影响桌面的美观。用户可以为桌面上不同的文件夹设置不同的图标，以方便识别，本节将和大家一起学习桌面图标的设置。

5.2.1　开启图标

在刚安装的 Windows 操作系统下，只显示回收站图标，接下来将为系统开启计算机、网络、用户文件等图标，开启图标的具体操作步骤如下：

1. 打开"设置"窗口，切换到"主题"选项卡，在"相关的设置"选项区中选择"桌面图标设置"选项，如图 5-22 所示。

2. 弹出"桌面图标设置"对话框，选择需要开启的图标，如图 5-23 所示，单击"确定"按钮。

图 5-22　单击"桌面图标设置"选项

图 5-23　选择需要开启的图标

5.2.2　排列/查看图标

桌面上的图标多了以后，就会显得杂乱无章，用户可以通过设置图标的排列和查看方式，使桌面上的图标更加规范，还可以根据自己的爱好设置桌面图标的摆放方式，具体操作步骤如下：

1. 右击桌面空白处，在弹出的快捷菜单中选择"排序方式"子菜单中的选项，即可改变桌面图标的排序方式，如图 5-24 所示。

2. 选择"查看"子菜单中的选项，可以更改桌面图标的排序规则及图标的显示大小，如图 5-25 所示。

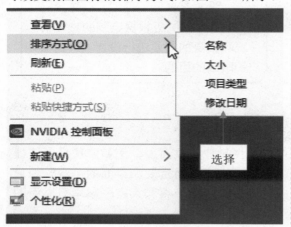

图 5-24　选择排序方式

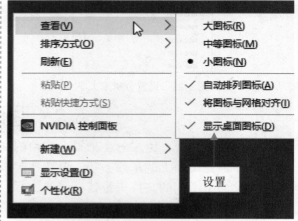

图 5-25　设置排序规则和图标大小

3. 取消勾选"自动排列图标"和"将图标与网格对齐"选项（如图 5-26 所示）后，用户可以在桌面上随意摆放图标。

4. 此时可将桌面上的图标摆放成自己喜欢的方式，如果再配上一张漂亮的桌面背景，桌面将更加美观，如图 5-27 所示。

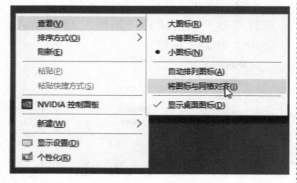

图 5-26　改变排序规则

图 5-27　改变排序规则效果

5.2.3　添加快捷方式图标

对于某些经常会用到的程序、文件夹，有时需要在桌面上建立与其对应的快捷方式，这样就不必每次使用都要先打开它们所在路径，节省查找时间，从而提高工作效率。添加快捷方式图标的具体操作步骤如下：

1. 打开需要添加桌面快捷方式图标的程序或文件夹所在路径，定位文件和文件夹，如图 5-28 所示。

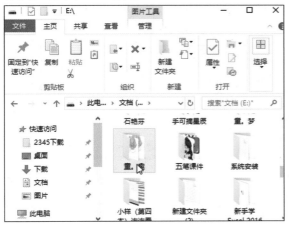

图 5-28　定位文件夹

2. 右击程序或文件夹，在弹出的快捷菜单中选择"发送到"|"桌面快捷方式"选项，如图 5-29 所示。

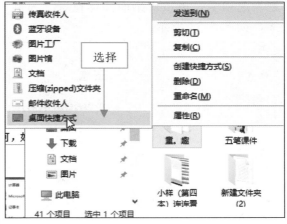

图 5-29　发送到桌面快捷方式

3. 对于安装在电脑中的程序，用户也可以从开始菜单建立桌面快捷方式。打开"开始"菜单，如图 5-30 所示。

图 5-30　打开"开始"菜单

4. 选择需建立桌面快捷方式的程序，按住鼠标左键，将其直接拖动到桌面即可，如图 5-31 所示。

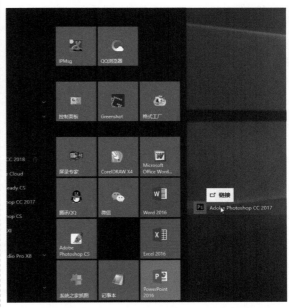

图 5-31　将程序拖动到桌面

5.2.4　更改图标显示图片

用户在设置个性化的系统界面时，也可改变桌面图标的显示图片，在更改图标的显示图片之前，应先将显示图片制作为 ICO 格式，或者从网上下载自己喜欢的 ICO 图片并将其归档。除快捷方式图标外，用户还可更改桌面上的系统图标及文件夹图标的显示图片。

1. 更改系统图标的显示图片

更改系统图标显示图片的具体操作步骤如下：

1. 打开"设置"窗口，切换到"主题"选项卡，单击"桌面图标设置"超链接，如图 5-32 所示。

2. 弹出"桌面图标设置"对话框，选择需要更改的图标，单击"更改图标"按钮，如图 5-33 所示。

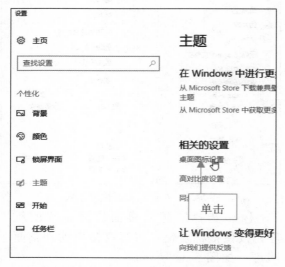

图 5-32　单击"桌面图标设置"超链接

图 5-33　单击"更改图标"按钮

3. 弹出"更改图标"对话框，用户既可选择列表框中的图片，也可选择电脑中保存的图片，此处单击"浏览"按钮，如图 5-34 所示。

4. 在弹出的对话框中选择需要的图片（如图 5-35 所示），单击"打开"按钮，然后依次单击"确定"按钮即可。

图 5-34　单击"浏览"按钮

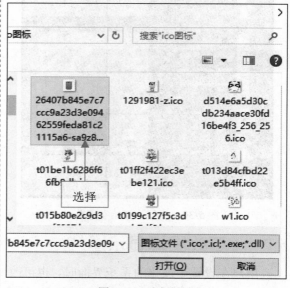

图 5-35　选择图片

2. 更改桌面上文件夹的显示图片

更改桌面上文件夹显示图片的具体操作步骤如下：

1. 右击桌面上需要更改显示图标的文件夹，在弹出的快捷菜单中选择"属性"选项，如图 5-36 所示。

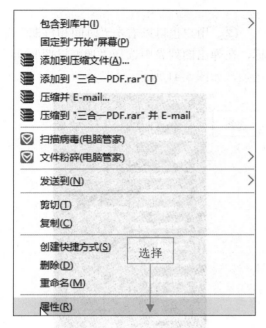

图 5-36　选择"属性"选项

2. 弹出"文件夹名属性"对话框，切换到"自定义"选项卡，单击"更改图标"按钮，如图 5-37 所示。

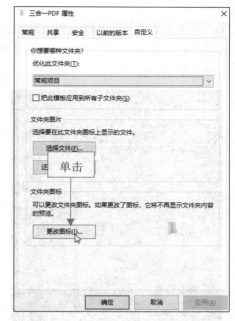

图 5-37　单击"更改图标"按钮

3. 接下来的操作步骤与更改系统图标的方法一样，更改图标显示方式后，效果如图 5-38 所示。

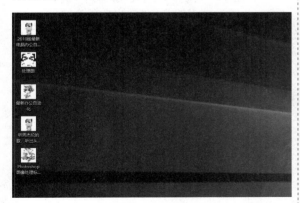

图 5-38　更改图标效果

4. 更改所有文件夹的显示图标，再配上一个同类主题的桌面主题，个性化的桌面就打造成功了，如图 5-39 所示。

图 5-39　个性化桌面效果

5.3　任务栏设置

任务栏位于屏幕下方，是桌面的重要组成部分，包括快速启动栏、应用程序列表栏及通知区域等部分。它是用户在使用电脑过程中操作最频繁的部分之一，一个功能强大，简洁美观的任务栏，不仅能为用户的桌面增色不少，还能大大地方便用户对电脑的操作。

扫码观看本节视频

5.3.1 时间和日期设置

时间和日期显示在任务栏的右端通知区域内，用户可根据需要对其进行设置，其具体操作步骤如下：

1. 在任务栏中单击"时间和日期"图标，在弹出的面板中单击"日期和时间设置"超链接，如图5-40所示。

2. 用户也可以右击"时间和日期"图标，在弹出的列表中选择"调整日期/时间"选项，如图5-41所示。

图5-40 单击"日期和时间设置"超链接

图5-41 选择"调整日期/时间"选项

3. 弹出"设置"窗口，在右侧的"相关设置"选项区中单击"添加不同时区的时钟"选项，如图5-42所示。

4. 弹出"日期和时间"对话框，切换到"日期和时间"选项卡，单击"更改时区"按钮，如图5-43所示。

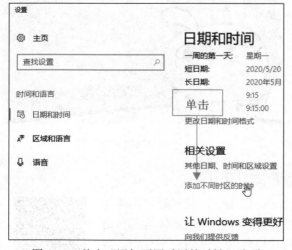

图5-42 单击"添加不同时区的时钟"选项

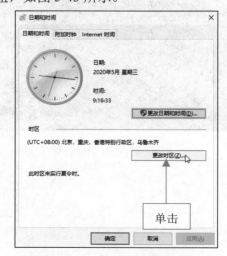

图5-43 单击"更改时区"按钮

5. 弹出"时区设置"对话框，在"时区"下拉列表框中选择需要设置的时区，单击"确定"按钮，如图5-44所示。

图5-44　选择时区

7. 返回"日期和时间"对话框，切换到"附加时钟"选项卡，选中"显示此时钟"复选框，设置其时区和名称，单击"确定"按钮，如图5-46所示。

图5-46　添加附加时钟

6. 返回"日期和时间"对话框，单击"更改日期和时间"按钮，弹出"日期和时间设置"对话框，更改日期和时间，单击"确定"按钮，如图5-45所示。

图5-45　更改日期和时间

8. 添加附加时钟后，单击任务栏通知区域，效果如图5-47所示。

图5-47　附加时钟效果

9. 返回"日期和时间"对话框,切换到"Internet 时间"选项卡,单击"更改设置"按钮,如图 5-48 所示。

10. 弹出"Internet 时间设置"对话框,选中"与 Internet 时间服务器同步"复选框,单击"立即更新"按钮,如图 5-49 所示。执行操作后,依次单击"确定"按钮,完成对日期和时间的设置。

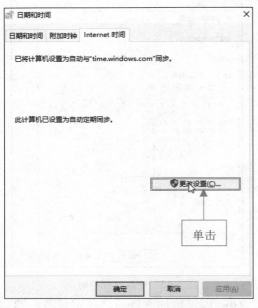

图 5-48 单击"更改设置"按钮

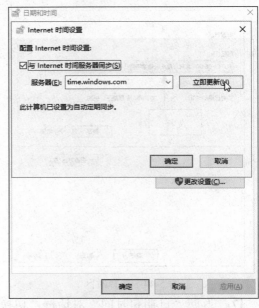

图 5-49 单击"立即更新"按钮

专 家 提 醒

使系统时间与 Internet 时间同步主要用于调整因木马和系统修改造成的时间更改。

附加时钟的作用在于,当你的亲人朋友在海外时或你自己在海外时,你可以时时关注他们的生活和起居。而不用担心对方是否正在上班或休息,因为附加时钟可以告诉你现在另一边是什么时间。

5.3.2 将快捷方式图标锁定到任务栏

对于使用频率特别高的快捷方式图标,可以将其锁定到任务栏,这样就可以避免每次使用时都要先显示桌面或打开"开始"菜单,从而提高工作效率。将快捷方式图标锁定到任务栏的具体操作步骤如下:

1. 在桌面上右击需锁定到任务栏的图标,在弹出的快捷菜单中选择"固定到任务栏"选项,如图 5-50 所示。

2. 执行操作后,任务栏如图 5-51 所示,右击任务栏上的该图标,在弹出的快捷菜单中选择"从任务栏取消固定"选项,即可将其从任务栏移除。

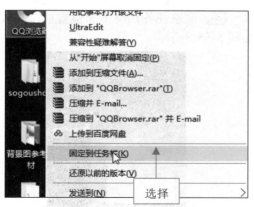

图 5-50　选择"固定到任务栏"选项

图 5-51　添加到任务栏的图标

专 家 提 醒

　　除了可以将快捷方式图标添加到任务栏上之外，用户还可以在任务栏上新建工具栏，将经常用到的程序图标添加到该工具栏中。

5.3.3　调整任务栏的位置及大小

　　默认情况下，任务栏的大小和位置是固定的，即为屏幕最下方固定高度的一条由图标组成的面板，然而，用户也可以根据需要改变它的大小及位置，其具体操作步骤如下：

　　1. 右击任务栏空白处，在弹出的快捷菜单中取消勾选"锁定任务栏"选项，如图 5-52 所示。

　　2. 将鼠标指针移到任务栏上，当光标变为双向箭头时，按住鼠标左键并拖动，即可改变任务栏大小，如图 5-53 所示。

图 5-52　取消勾选"锁定任务栏"选项

图 5-53　改变任务栏高度

专 家 提 醒

　　任务栏相当于一个工作区，这个工作区的大小有时往往会影响工作效率，用户可以适当加大任务栏，使其上显示的程序图标呈两排显示，扩大任务栏的可操作区域。

3. 拖动任务栏,将其拖动到桌面任意一边,如图 5-54 所示。

4. 调整任务栏高度和位置后,其效果如图 5-55 所示。

图 5-54　移动任务栏位置

图 5-55　调整任务栏后的效果

5.3.4　更改通知区域图标

当程序在系统中运行时,其程序图标将显示在通知区域,用户可以设置这些图标的隐藏和显示方式,将那些只需在后台运行程序的图标隐藏,从而保持桌面的整洁,更改通知区域图标的具体操作步骤如下:

1. 右击任务栏空白处,在弹出的快捷菜单中选择"任务栏设置"选项,如图 5-56 所示。

2. 打开"设置"窗口,单击"通知区域"选项区下的"选择哪些图标显示在任务栏上"选项,如图 5-57 所示。

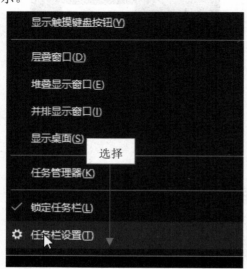

图 5-56　选择"任务栏设置"选项

图 5-57　"设置"窗口

3 弹出"选择哪些图标显示在任务栏上",可以对其进行设置,如图 5-58 所示。

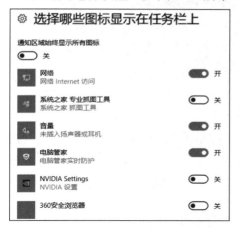

图 5-58　选择哪些图标显示在任务栏上

4 设置完毕后,效果如图 5-59 所示。

图 5-59　效果图

5.3.5　隐藏任务栏

默认情况下,任务栏总是显示在桌面底部。有时为了能够完整地浏览整个屏幕的内容,用户可以将任务栏暂时隐藏起来。只有当用户将鼠标指针移动到任务栏的位置时,任务栏才会显示出来。隐藏任务栏的操作步骤如下:

1 用鼠标右键单击任务栏,在弹出的快捷菜单中选择"任务栏设置"选项,如图 5-60 所示。

图 5-60　选择"任务栏设置"选项

2 打开"设置"窗口,用户可根据自己的需要设置隐藏任务栏,如图 5-61 所示。

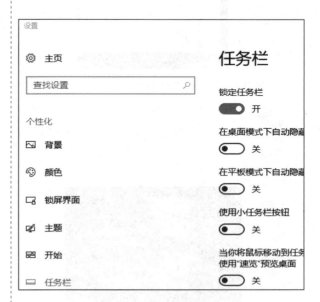

图 5-61　"设置"窗口

5.4 "开始"菜单设置

"开始"菜单是 Windows 操作系统的重要组成部分,是系统的命令中枢,几乎所有对系统本身的操作都可以通过"开始"菜单进行,所以,对于一个电脑初学者来说,"开始"菜单是必须要了解和学会使用的,下面我们通过对"开始"菜单进行设置,学习"开始"菜单的使用。

5.4.1 将程序图标附到"开始"屏幕

当您在进行某一种程序(如 Word、Photoshop 等)操作的同时,还需要进行另一种操作时,您会发现,此时从"开始"菜单启动程序会更加方便。所以,如果把文件夹或桌面上的程序图标附到"开始"屏幕,会大大提高工作效率,免去一些不必要的操作。将程序图标附到"开始"屏幕的具体操作步骤如下:

1. 右击需要添加到"开始"菜单的程序图标,在弹出的快捷菜单中选择"固定到'开始'屏幕"选项,如图 5-62 所示。

2. 执行操作后,打开"开始"菜单,即可看到该图标已被附到"开始"菜单,如图 5-63 所示。

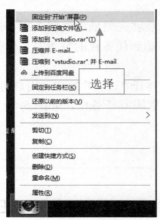

图 5-62　选择"固定到开始屏幕"选项

图 5-63　程序已附到"开始"菜单

3. 如果要将程序图标从"开始"菜单解锁,可右击该图标,在弹出的快捷菜单中选择"从'开始'屏幕取消固定"选项,如图 5-64 所示。

4. 如果要更改"开始"屏幕中固定项目的位置,只需直接将其拖动到合适的位置即可,如图 5-65 所示。

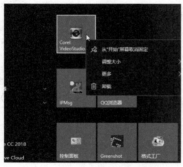

图 5-64　选择"从开始屏幕取消固定"选项

图 5-65　拖动到新的位置

5.4.2　清除"开始"菜单中最近打开的文件或程序

默认情况下，当用户打开一个程序并用其处理相关文件后，该程序会显示在"开始"菜单中，而使用该程序处理过的项目则会显示在程序的级联菜单中，这种情况有时会暴露使用者的隐私。可以通过设置，使这些程序和项目不在"开始"菜单中显示，其具体操作步骤如下：

1 右击任务栏，在弹出的快捷菜单中选择"任务栏设置"选项，打开"设置"窗口，如图 5-66 所示。

2 切换到"开始"选项卡，将"显示最近添加的应用"关闭即可，如图 5-67 所示。

图 5-66　打开"设置"窗口

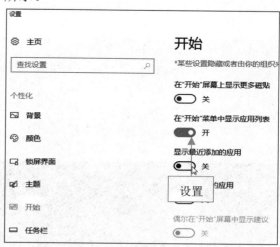

图 5-67　关闭"显示最近添加的应用"

● 学习笔记

第五章

111

第六章

电脑休闲娱乐

随着技术的不断发展，电脑不仅提供了强大的文件管理与数据处理功能，还提供了强大的多媒体和娱乐功能，如听音乐和欣赏影视节目等。本章将详细介绍电脑中强大的多媒体和娱乐功能。

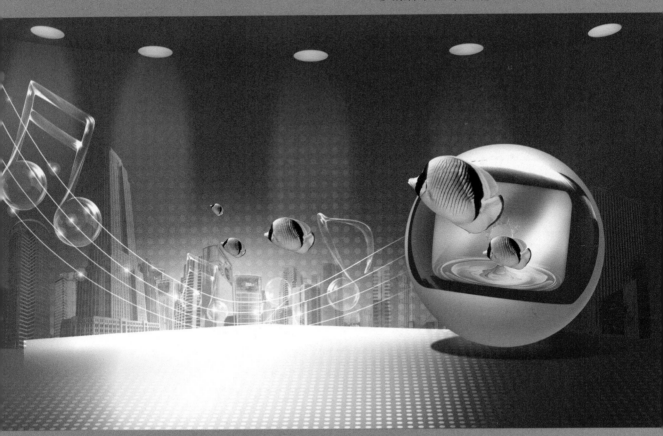

6.1 用电脑听歌看电影

用户可使用 Windows Media Player 软件在电脑中听歌看电影，它是 Windows 10 操作系统中自带的一款功能极为强大的多媒体软件。

6.1.1 认识 Windows Media Player

Windows Media Player 又称"Windows 媒体播放器"，可以播放多种格式的多媒体文件（如 CD、MP3、WAV 和 VCD 等音频视频文件），并能对文件进行管理，Windows Media Player 播放器包括"媒体库"和"正在播放"两个窗口，下面分别对其进行介绍。

从"开始"菜单中启动 Windows Media Player 程序，打开 Windows Media Player 窗口，该窗口即为"媒体库"窗口，如图 6-1 所示。

图 6-1 Windows Media Player "媒体库"窗口

1．标题栏

位于窗口最上方，显示程序名称及窗口控制按钮。

2．地址栏

位于标题栏下方，该栏除了显示工作区文件所在的媒体路径外，还有"前进"和"返回"两个按钮，以及播放列表区的三个选项卡选项。

3．命令栏

位于地址栏下方，包括几个直接执行的简单命令和一个搜索框。

4．库窗格

位于窗口左侧，类似于"此电脑"窗口中的导航窗格，该窗格可帮助用户快速定位到媒体文件及播放列表。

5．工作区

位于窗口正中央，显示当前地址栏下的所有媒体文件，对媒体文件进行的大部分操作均可在此进行。

6. 播放列表区

位于窗口右侧，用于对播放列表进行管理。

7. 控制按钮区

位于窗口最下方，除了用于控制播放的各按钮外，该区域还有一个"切换到正在播放"按钮，单击该按钮，可切换到"正在播放"窗口。

单击"媒体库"窗口中的"切换到正在播放"按钮，即可切换到 Windows Media Player 的"正在播放"窗口，如图 6-2 所示。

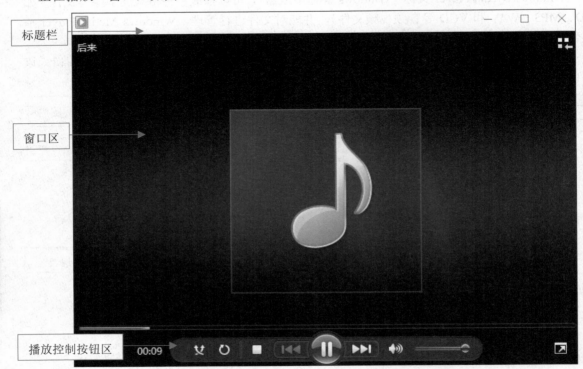

图 6-2　Windows Media Player "正在播放"控制窗口

该窗口较为简洁，位于窗口下方的是播放控制按钮，除了播放按钮和标题栏外就是窗口区，该区在播放视频和图片文件时，将显示画面。

☼　标题栏：位于窗口最上方，显示程序名称和窗口控制按钮。

☼　窗口区：即播放区域，该区左上角是文件名称，右上角是"切换到媒体库"按钮和"翻录 CD"按钮，下方是播放进度条，中间区域为播放画面区域，用于显示视频、图片等媒体的画面。

☼　播放控制按钮区：位于窗口最下方，除了用于控制播放的各按钮外，该区域还有一个"全屏视频"按钮，单击该按钮，可切换到全屏模式。

6.1.2　播放电脑硬盘中的音乐

电脑硬盘中自带"示例音乐"文件夹，在其中可以选择音乐文件试听，用户也可以将自己喜欢的音乐文件存放于电脑硬盘中。

播放硬盘中的音乐的具体操作步骤如下：

1. 打开"媒体库"窗口，如图 6-3 所示，按"Ctrl+O"组合键。

图 6-3　执行"打开"命令

2. 弹出"打开"对话框，选择音乐文件，单击"打开"按钮即可，如图 6-4 所示。

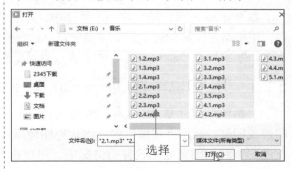

图 6-4　播放音乐文件

6.1.3　观看电影

Windows Media Player 除了能播放音乐外，还有播放电影的功能，它支持 AVI、WMV、VCD/DVD 和 MPEG 等视频格式的文件。

使用 Windows Media Player 观看电影的具体操作步骤如下：

1. 打开"媒体库"窗口，如图 6-5 所示，按"Ctrl+O"组合键。

图 6-5　打开 Windows Media Player 窗口

2. 弹出"打开"对话框，在本地磁盘上选择需要播放的电影文件，如图 6-6 所示。

图 6-6　执行"打开"命令

3. 单击"打开"按钮，即可观看所打开的电影，如图 6-7 所示。

图 6-7　选择需要播放的电影文件

6.2　常用附件

在 Windows 系统的"附件"程序中，除了常用的娱乐软件外，还提供了一些有特色的小工具，使用这些工具处理工作文件很便捷，且容易上手，如画图工具、计算器工具、截图工具和记事本、写字板、步骤记录器、数学输入面板工具等。

6.2.1　电脑也能画画——画图

"画图"程序是 Windows 10 系统自带的一个画图工具，用户可以使用它绘制一些简单的图形或图画。利用"画图"程序创建的图像默认的格式为 BMP 格式，也就是常说的位图图像。在没安装其他图像处理软件的情况下，用户也可以使用该工具对位图图像进行简单的处理。

1．认识画图程序

使用画图程序前，首先应该对画图程序有所了解，才能更好地操作画图程序。在 Windows 10 操作系统下，"画图"程序的工作窗口由标题栏、功能面板、绘图区、状态栏和视图栏等组成。其中，标题栏、绘图区和状态栏的功能与一般窗口相似，而功能面板则将"画图"程序的大部分工作命令集合在了一起，下面将重点对其进行介绍。

单击"开始"|"Windows 附件"|"画图"命令，即可打开"画图"窗口（如图 6-8 所示），下面将分别介绍各部分的功能。

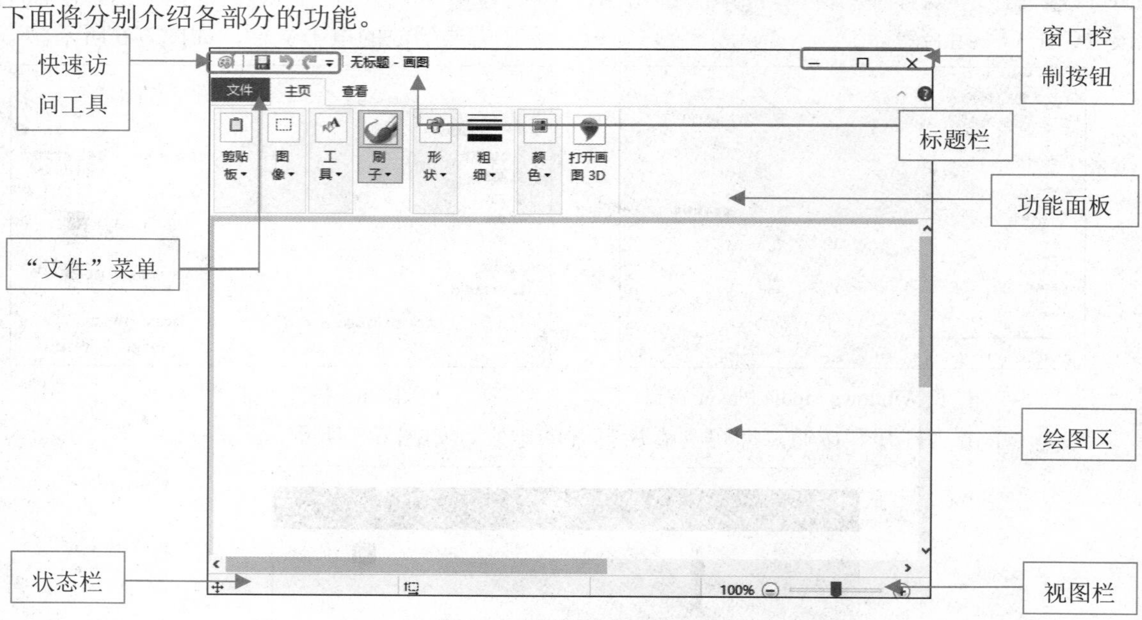

图 6-8　"画图"程序窗口

⚙ 标题栏：位于窗口最上方，用于显示当前打开文件的名称和程序名称。

⚙ 快速访问工具栏：位于标题栏左侧，最左侧是一个窗口控制按钮 📷，单击该按钮即会弹出窗口控制菜单，用于控制窗口的大小、移动和关闭（如图 6-9 所示）。默认情况下，该栏还包括"保存"、"撤销"和"重做"三个按钮，用户还可以单击该栏右侧的"自定义快速访问工具栏"下拉按钮，在弹出的下拉菜单中自定义要在该栏中显示的按钮，如图 6-10 所示。

图 6-9　窗口控制菜单

图 6-10　自定义快速访问工具栏

🌸　窗口控制按钮：位于标题栏右侧，共有"最小化"、"还原/最大化"和"关闭"三个按钮。

🌸　"文件"菜单：单击"文件"菜单，在展开的下拉菜单中，包含了"新建"、"打开"、"保存"、"另存为"、"打印"、"退出"等菜单命令，如图 6-11 所示，用户可根据需要进行相应的操作。

🌸　功能面板：相较于之前版本操作系统下的"画图"程序，Windows 10 下的画图程序采用了全新的窗口设计，将以前版本的各种工具命令都集中在该功能面板中，该面板包括"主页"和"查看"两个选项卡。其中"主页"选项卡下包括"剪贴板"、"图像"、"工具"、"刷子"、"形状"、"粗细"、"颜色"和"打开画图 3D"共八个选项组，如图 6-12 所示。"查看"选项卡下的命令和工具主要用于对文件进行查看和辅助绘图，如图 6-13 所示。

🌸　绘图区：该区域为程序主要工作区域，用户对图像的所有编辑均在此进行。

🌸　状态栏：位于窗口的左下方，主要功能是显示当前鼠标指针所在的坐标位置，即绘图工具所在的位置。

🌸　视图栏：位于窗口右下方，仅仅由一个滑块组成，用于控制图像的显示比例。

图 6-11　"文件"菜单

图 6-12　"主页"选项卡

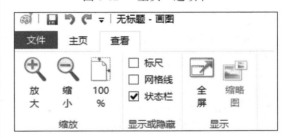

图 6-13　"查看"选项卡

2．绘制简易图形

程序中提供了各种画图时经常会使用到的工具，选择不同的工具可以绘制出不同的图形。图 6-14 所示分别为选用"直线"、"曲线"、"矩形"和"多边形"工具绘制出来的图形。

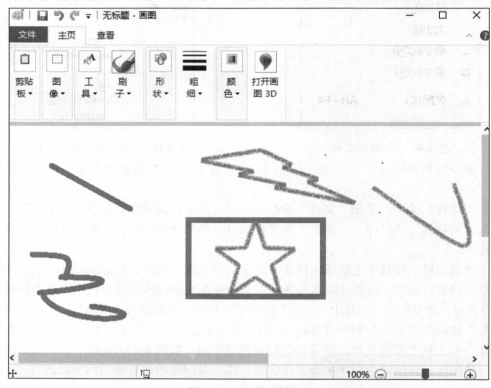

图 6-14　绘制简易图形

3．编辑图形

在"画图"程序中，对打开的图片可以进行一些简单的编辑处理，如裁切、填充和喷漆等。复制裁切图片的具体操作步骤如下：

① 单击"文件"菜单，在展开的下拉菜单中选择"打开"选项，如图 6-15 所示。

② 弹出"打开"对话框，选择所要打开的图片，如图 6-16 所示。

图 6-15　选择"打开"选项

图 6-16　选择图片

第六章

3. 单击"打开"按钮，在绘图区中显示所需编辑的图片，单击"主页"选项卡下"图像"选项组中的"选择"下拉按钮，在弹出的下拉列表中选择"矩形选择"选项，如图 6-17 所示。

4. 拖动鼠标在绘图区选择需要进行编辑的图像区域，如图 6-18 所示。

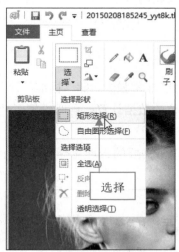

图 6-17　单击"选择"下拉按钮

图 6-18　选择编辑

5. 右击选中区域，在弹出的快捷菜单中选择"反色"选项，如图 6-19 所示。

6. 选择文字工具，输入文字，最终效果如图 6-20 所示。

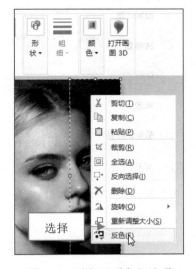

图 6-19　选择"反色"选项

图 6-20　输入文字

6.2.2　比算盘更好用——计算器

随着科学的不断进步，古老的算盘已经逐步被计算器取代，使用计算器计算时，不必怀疑其计算结果是否正确，因为它拥有绝对的准确性。计算器分为"标准型"和"科学型"两种，

下面将分别介绍这两种类型的计算器。

1．标准型计算器

通过单击"开始"|"Windows 附件"|"计算器"命令，打开如图 6-21 所示的"计算器"窗口。

该计算器是标准计算器，只能进行简单的计算。若要使用数字小键盘输入数据或运算符，可按【Num Lock】键，然后输入数据或运算符。同用户平时使用的计算器一样，该计算器也能存储数据。

2．多类型计算器选项窗口

与其他 Windows 程序相比，Windows 10 计算器的功能非常强大，除"标准"计算器之外，还设置了"科学"、"程序员"、"日期计算"三种不用单位的数据计算。同时设置了"转换器"的分类，包含"体积"、"长度"、"重量和质量"三种。

在图 6-21 所示，单击标准旁的下拉按钮，菜单中单击需要的选项命令，即可打开对应的计算器，如图 6-22 所示。

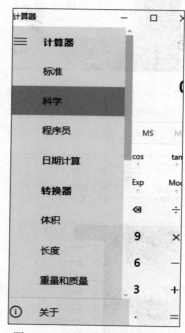

图 6-21 标准型计算器

图 6-22 多类型计算器选项窗口

6.2.3 电脑中的笔记本——记事本

记事本是 Windows 系统中默认的文字编辑软件，用户可以使用该软件对文字进行简单的编辑。单击"开始"|"windows 附件"|"记事本"命令，打开"记事本"窗口，该窗口主要由"标题栏"、"菜单栏"和"编辑区"三个部分组成，如图 6-23 所示。下面将介绍在"记事本"中对文本进行编辑的基本操作方法。

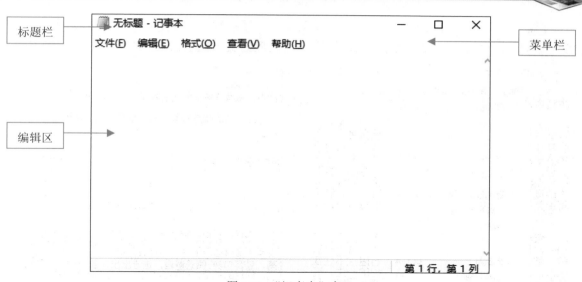

图 6-23　"记事本"窗口

1．将光标移至下一行

当用户输入文本内容后，若要将光标移至下一行，只需按【Enter】键即可。当光标位于行首时按【Enter】键，即可插入一个空白行。

2．输入当前日期和时间

在"记事本"窗口中，Windows 系统提供了输入当前日期和时间的功能，极大地方便了用户查找和编辑当前日期和时间的操作。输入当前日期和时间的具体操作步骤如下：

1 打开"记事本"窗口，在菜单栏上单击"编辑"|"时间/日期"命令，如图 6-24 所示。

2 即可在编辑区中输入当前日期和时间，如图 6-25 所示。

图 6-24　单击相关命令　　　　　　图 6-25　输入当前日期和时间

3．查找字或词

当用户输入需要查找的字或词而不知道其具体位置时，便可使用查找功能进行查找。查找字或词的具体操作步骤如下：

1. 打开"记事本"窗口，在菜单栏上单击"编辑"|"查找"命令，如图 6-26 所示。

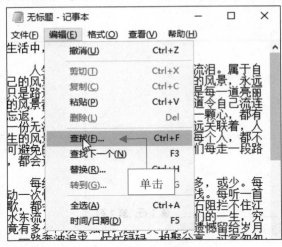

图 6-26　单击相关命令

2. 弹出"查找"对话框，在"查找内容"右侧的文本框中输入"风景"，如图 6-27 所示。

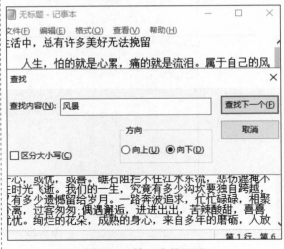

图 6-27　输入查找词语

3. 单击"查找下一个"按钮，即可在文档中查找出该词，如图 6-28 所示。

4. 依次单击"查找下一个"按钮，即可查找出其他位置的该词，如图 6-29 所示。

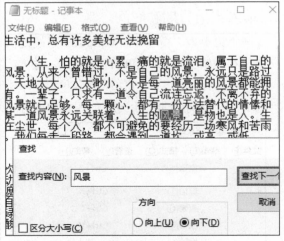

图 6-28　查找出词的效果　　　　　图 6-29　查找其他位置的该词

专 家 提 醒

　　在"查找"对话框中，若在"方向"选项区中选中"向上"单选按钮，则查找到的内容将在光标之前的文本中显示；选中"向下"单选按钮，则查找到的内容将显示于光标之后。

4. 替换文字

　　使用替换功能，可以将整个文档中需要修改的相同的字或词一次性做出更改，极大地方便了用户对文本的修改。替换文字的具体操作步骤如下：

1. 打开"记事本"窗口，在菜单栏上单击"编辑"｜"替换"命令（如图 6-30 所示），弹出"替换"对话框。

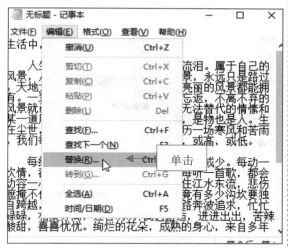

图 6-30　单击相关命令

2. 在"查找内容"和"替换为"文本框中，分别输入"亮丽"和"美丽"，如图 6-31 所示。

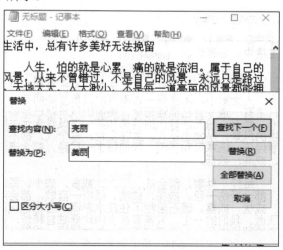

图 6-31　输入替换内容

3. 单击"替换"按钮，即可将文档中的"亮丽"替换为"美丽"，如图 6-32 所示。

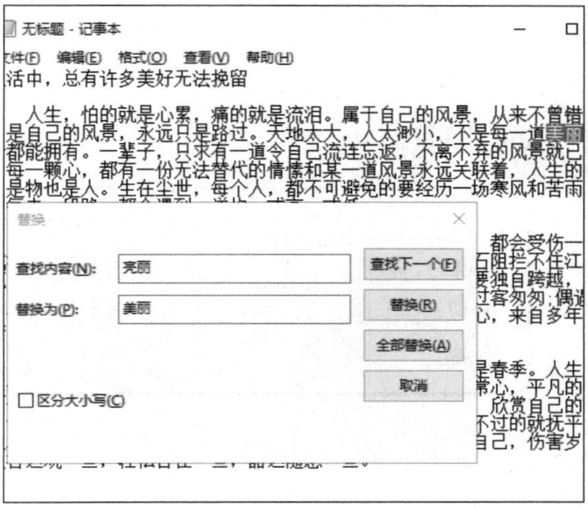

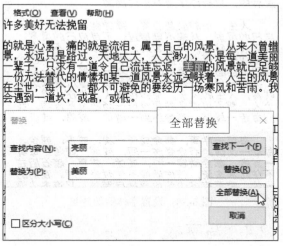

图 6-32　替换一个词

4. 单击"全部替换"按钮，即可将文档中的"亮丽"全部替换为"美丽"，如图 6-33 所示。

图 6-33　全部替换

5. 编辑字体

在记事本中，也可以对文字属性进行处理，如字体、字形和字号大小等。编辑字体的具体操作步骤如下：

1. 打开"记事本"窗口，在菜单栏上单击"格式"|"字体"命令，如图6-34所示。

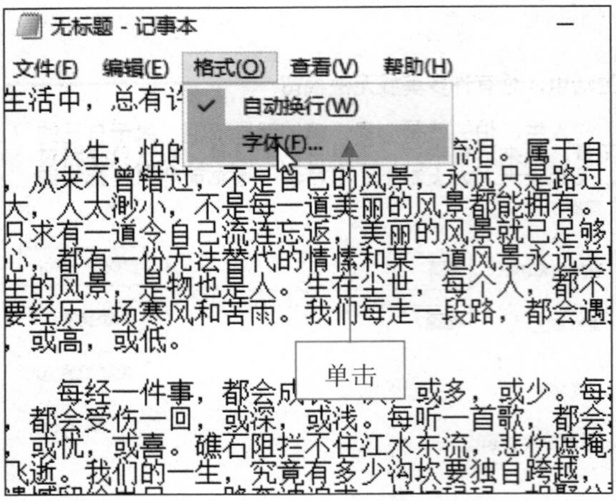

2. 弹出"字体"对话框，设置"字体"为"黑体"、"字形"为"倾斜"、"大小"为"四号"，如图6-35所示。

图 6-34 单击相关命令

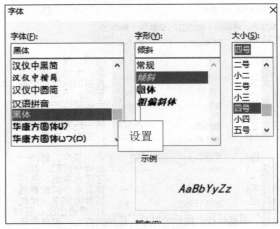

图 6-35 设置字体

3. 单击"确定"按钮，此时设置字体后的文本效果如图6-36所示。

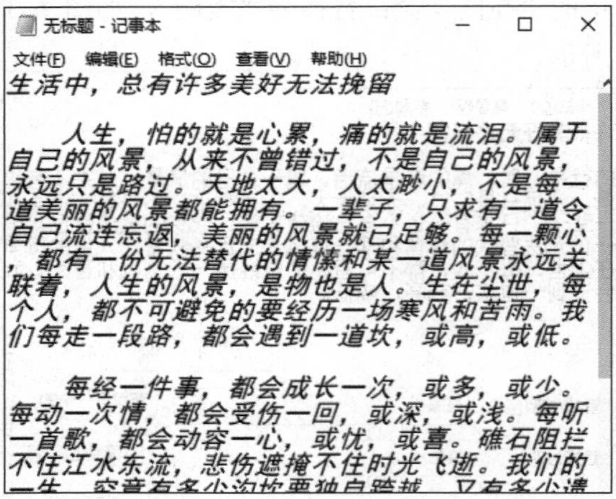

图 6-36 设置字体后的效果

知识链接

记事本的优势：操作方便、快捷、简单、灵活，在日常生活与工作中都可以使用记事本记载工作或生活中的事物。

6.2.4 写字板

"写字板"是一个功能强大的文字处理工具，单击"开始"|"Windows 附件"|"写字板"命令，如图6-37所示，打开"文档-写字板"窗口，如图6-38所示。

在"写字板"中可以对文本进行输入、保存、打开和打印等操作，其操作方法与"记事本"中的类似，在此不再赘述。

图 6-37　单击"写字板"命令　　　　　　图 6-38　"文档-写字板"窗口

6.2.5　截图工具

Windows 10 内置了截图工具，用户可选择"开始"｜"Windows 附件"｜"截图工具"命令，打开"截图工具"工作窗口，如图 6-39 所示。在打开的窗口中，单击"新建"菜单，打开"新建"下拉菜单，选择截图的范围，如图 6-40 所示。

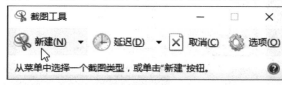

图 6-39　"截图工具"工作窗口　　　　　　图 6-40　"新建"下拉菜单

例如选择"矩形截图"命令。鼠标变为"＋"形状，按住鼠左键不放，选择要截图的范围，如图 6-41 所示。松开鼠标，所选择的图则被截取成功，并且保存在磁盘中（默认保存在 C 盘中）。同时在工作窗口中打开，如图 6-42 所示。这时用户可以直接选择"文件"｜"另存为"进行另存为。也可以选择荧光笔或画笔进行编辑修改后保存。

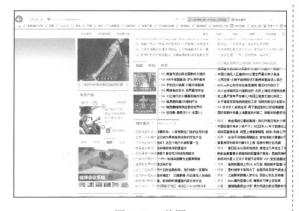

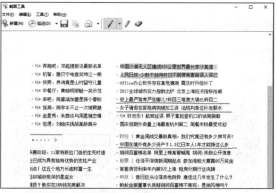

图 6-41　截图　　　　　　　　　　图 6-42　编辑截图

6.2.6　步骤记录器

步骤记录器是 Windows 10 中新增了的附件，它能够把用户在 Windows 上操作的所有内容都截图记录下来，并且包括文字说明。用户利用步骤记录器可以更方便地把计算机使用过程中的一些重要步骤或教学视频步骤都记录下来。

用户可选择"开始"｜"Windows 附件"｜"步骤记录器"命令，打开"步骤记录器"窗口，如图 6-43 所示。在打开的窗口中，单击"开始记录"按钮或按组合键【Alt+A】，即可开始记录。

例如，单击"开始记录"按钮，然后在桌面上右击鼠标，在弹出的快捷菜单中选择"新建"｜"文件夹"命令，如图 6-44 所示。新建一个文件夹。这时如果暂停记录，可单击"暂停记录"按钮或按组合键【Alt+U】；若停止记录，可单击"停止记录"按钮或按组合键【Alt+O】。

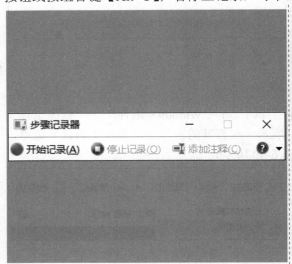

图 6-43　"步骤记录器"窗口　　　　　　图 6-44　开始记录

在这里我们选择"停止记录"按钮，停止记录。即可弹出记录窗口，如图 6-45 所示。在该窗口中以文字和截图的形式记录了以上的所有操作。单击"保存"按钮，在弹出的"另存为"对话框中选择记录要保存了的磁盘或文件夹（如图 6-46 所示），单击"保存"按钮，即可保存记录。

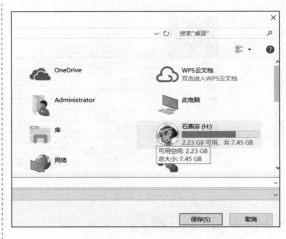

图 6-45　记录窗口　　　　　　　　　　图 6-46　保存记录

第六章

6.2.7　数学输入面板

在 Windows 10 中除了以上介绍的几种常用附件外，还内置了数学输入面板，用户可利用数学输入面板输入很多数学和物理公式，并且对于输入的公式可以很方便的修改颜色和字号，便于排版。给输入公式带来便利，提高工作效率用户可。

1. 输入公式

选择"开始"｜"Windows 附件"｜"数学输入面板"命令，打开"数学输入面板"工作界面，如图 6-47 所示。输入公式的具体操作步骤如下：

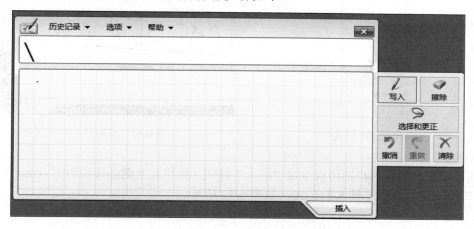

图 6-47　"数学输入面板"工作界面

1 在打开的工作界面中，单击"写入"按钮，即可在输入面板上写入公式，如图 6-48 所示。这时在预览框中可预览输入的公式。

2 若写入错误，可单击"擦除"按钮，可进行擦除重新输入。单击"清除"按钮，可清除输入面板中的所有内容重新输入。单击"撤消"按钮，可撤消一步的操作，如图 6-49 所示。

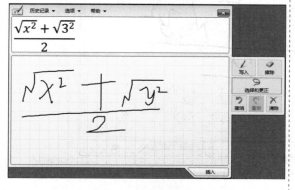

图 6-48　写入公式

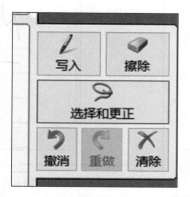

图 6-49　操作按钮

2. 更正公式

用户如果写入的公式有误，除可执行以上的擦除、清除、撤消操作重新写入外，还可以单击"选择和更正"按钮，修改已输入的公式。例如，上图 6-48 中的"3^2"改为"y^2"。更正公式的具体操作步骤如下：

1. 单击"选择和更正"按钮,用鼠标单击要修改的内容。这时被修改的内容变为红色,同时弹出更正列表,在列表中选择正确的内容,这里选择"y",如图 6-50 所示。

2. 这时在预览框中,可以看到已识别的公式内容,如图 6-51 所示。

图 6-50 修改公式

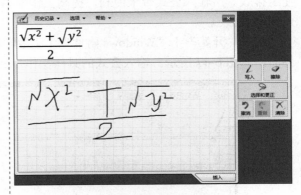

图 6-51 预览已修改的公式

3. 插入公式

公式识别正确后,用户则可以单击"插入"按钮(操作此之前必须先打开 word 窗口),在 Word 窗口中就可以看到已插入的公式,如图 6-52 所示。

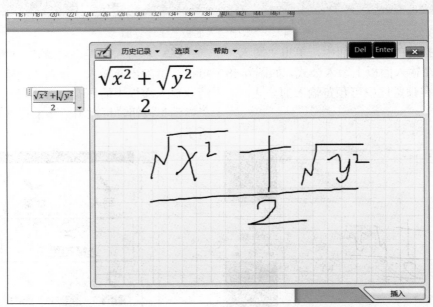

图 6-52 将公式插入到 Word 中

6.3 玩系统自带的趣味游戏

Windows 10 中的 Microsoft Solitaire Collection(微软经典纸牌合集)有全新的外观。Solitaire 始终保持着最受欢迎的计算机游戏的桂冠,它可让每个人都可轻松上手。其中有纸牌、蜘蛛纸牌、空当接龙、金字塔纸牌和远古纸牌等。

6.3.1　Microsoft Solitaire Collection 的启动和窗口介绍

1. 单击"开始"按钮，在打开的"开始"菜单中，选择"Microsoft Solitaire Collection"命令，打开如图 6-53 所示的启动界面，启动完成后，切换到如图 6-54 所示的游戏程序界面。

图 6-53　启动界面

图 6-54　游戏程序界面

2. 单击窗口左上角的"菜单"按钮，可选择玩的纸牌游戏，如图 6-55 所示。

单击"游戏选项"可设置声效和游戏提示等。

在"游戏"选项区中可选择切换游戏。

在"挑战"选项区中可选择"每日挑战"和"星俱乐部"。其中"每日挑战"，玩家每天都会接到新的挑战，在一个月内完成足够的每日挑战，即可获得徽章；"星俱乐部"这里有更多挑战，用户可以赢得星星来解锁。

图 6-55　"菜单"列表

6.3.2　纸牌

纸牌的游戏规则为：

☸　在纸牌中，A 为最小牌，K 为最大牌。四组牌基牌组必须以 A 开始，以 K 结束。

☸　在牌基下方，玩者可将牌从一列移至另一列。各列中的牌必须按从大到小的顺序排列，且必须红黑交替排列。例如，可在黑 8 上接红 7。

☸　还可在各列之间连续牌组。只需点击该连续牌组中最下方的一张牌，并将其全部拖至另一列即可。

☸　如果有一列空列，可将 K 或任何以 K 开始的连续牌组放在该处。

☸　若已无牌可走，点击左上角套牌抓更多牌。若用完了套牌，则可点击空套牌位置重新发牌。

纸牌的具体玩法如下：

1. 在"Microsoft Solitaire Collection"游戏程序界面中选择"纸牌"图标按钮,即可启动并打开"纸牌"选择级别界面,如图6-56所示。

2. 选择级别后,单击"开始游戏"按钮,即可开始游戏,如图6-57所示。单击"返回"按钮即可返回"Microsoft Solitaire Collection"总界面。"纸牌"的目标是构建四组按从小到大顺序排列的牌基,每组只能包含一个花色。

图 6-56　选择"纸牌"级别

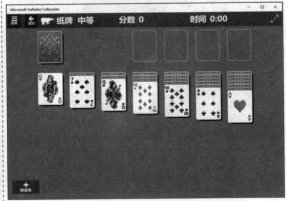

图 6-57　开始游戏

6.3.3　蜘蛛纸牌

蜘蛛纸牌的具体玩法如下:

1. 在"Microsoft Solitaire Collection"游戏程序界面中选择"蜘蛛纸牌"图标按钮,即可启动并打开"蜘蛛纸牌"的选择级别界面,如图6-58所示。

2. 选择级别后,单击"开始游戏"按钮,即可开始游戏,如图6-59所示。在"蜘蛛纸牌"中,游戏目标为通过构建牌"列"消除桌面上所有的牌,每个牌列顺从K到A按降序排列。

图 6-58　选择"蜘蛛纸牌"级别

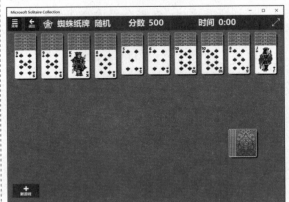

图 6-59　开始游戏

蜘蛛纸牌的游戏规则为:

❀　在包含多个花色的游戏中,排列须为同一花色方可视为完成。已完成的排列将自动从桌面消除。

❀　在蜘蛛纸牌中,K为最大牌,A为最小牌。可通过在各列间按正确排列顺序(K、Q、J、10、9、8、7、6、5、4、3、2、A)移动牌来构组排列。

第六章

在包含多个花色的游戏中，可以相同顺序混合排列不同花色的牌，但请记住，只有完全为同一花色的牌列方可从桌面中消除。

如果有一个空列，可将任意牌或任意连续牌组移至该处。每次可移动的纸牌数不设限制！

如果无牌可走，点击右下角的其中一个牌堆发放一排新牌。但请注意，当有任何空列时，将无法发放新牌。

6.3.4 空当接龙

空当接龙的具体玩法如下：

1. 在"Microsoft Solitaire Collection"游戏程序界面中选择"空当接龙"图标按钮，即可启动并打开"空当接龙"的选择级别界面，如图 6-60 所示。

2. 选择级别后，单击"开始游戏"按钮，即可开始游戏，如图 6-61 所示。在"空当接龙"中，游戏目标是在四个牌基中各构组一个按从小到大顺序排列的牌，每组一个花色。

图 6-60　选择"空当接龙"级别

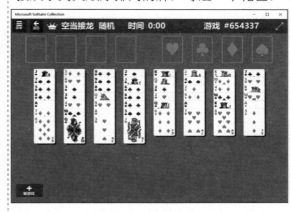

图 6-61　开始游戏

空当接龙的游戏规则为：

在空当接龙中，K 为最大牌，A 为最小牌。四组牌基牌组必须以 A 开始，以 K 结束。

可将牌从一列移至另一列。各列中的牌必须按降序及红黑交替方式排列。例如，可在黑 8 上接红 7。

左上角有四个空的中转单元，在游戏期间可以将牌暂时放在此处。

当将牌移至牌基后，将不可取回，因此请在将牌移至牌基组前应确定不再需要它。

连续牌组可与单张牌一样移动到空位并移回桌面。仅可在具有足够空位的情况下移动连续牌组。

当有一个空列时，可将任意牌移动到该处（或在有足够空位的情况下将任意连续牌组移至此）。

6.3.5 金字塔纸牌

在"Microsoft Solitaire Collection"游戏程序界面中选择"金字塔纸牌"图标按钮，即可启动并打开"金字塔纸牌"的游戏界面，如图 6-62 所示。

金字塔纸牌游戏目标是通过点击任意两张和为 13 的牌，尽可能消除更多桌面。

图 6-62　开始游戏

金字塔纸牌的游戏规则为：

⚙　可点击一张 6 和 7，或一张 10 和一张 3。

⚙　J 等于 11，Q 等于 12，由于 K 等于 13，无需点击其它牌即可将其消除。

⚙　玩者可匹配任何已翻开的牌。包括桌面上的牌、以及套牌和弃牌堆最上面的牌。甚至还可将套牌和弃牌堆中的牌匹配到一起！

⚙　在套牌走完以前可以浏览套牌三次。然后点击"发牌"按钮，即可获得全新桌面。每盘游戏可进行两次该操作。

⚙　如欲接受更大挑战，可进行计时游戏。可以在"设定"菜单中选择相应选项。

6.3.6　远古纸牌

在"Microsoft Solitaire Collection"游戏程序界面中选择"远古纸牌"图标按钮，即可启动并打开"远古纸牌"的游戏界面，如图 6-63 所示。远古纸的目标是通过点击面朝上的牌消除尽可能多的桌面，这些牌可以是比屏幕底部废牌堆的顶牌大一点或小一点的牌。

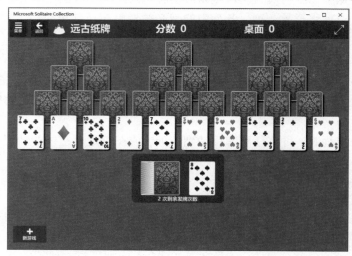

图 6-63　开始游戏

远古纸牌的游戏规则为：

❀　在 TriPeaks 纸牌中，颜色和花色都不重要。可点击桌面上的任意牌，只要它们面朝上且比弃牌堆中的顶牌大一点或小一点即可。

❀　在 TriPeaks 纸牌中，A 可为最大牌，也可为最小牌，尝试尽可能依次点击更多牌。顺序示例如下：J、Q、K、A、2、3、2、A、K。

❀　如无可移动操作，点击屏幕底部的套牌获得一张新牌。如果用完了套牌，点击空白套牌位置获得全新桌面。

❀　每轮游戏玩家将获得新桌面，但消除桌面上所有牌可获得一次免费发牌机会。尝试尽可能消除更多牌，增加得分！当用完套牌和发牌机会时，游戏结束。

知识链接

　　如果在 Windows 10 中没有 Microsoft Solitaire Collection，用户可打开"控制面板"|"管理工具"|"服务"命令，找到 windows license manager service 服务，重启该服务。 为了方便，右键打开属性，启动类型改为自动。

●学习笔记

第七章

Word 快速排版

Word 是 Office 办公软件中的核心软件之一，其技术先进、功能强大、操作方便，是目前应用最广泛且最流行的文字输入、文字处理及文字排版软件之一。本章将主要介绍使用 Word 快速排版的方法。

7.1　了解 Word 的工作界面

由于 Word 功能强大，因此不论是在工作还是生活中，它的应用都十分广泛。了解并掌握好 Word 的工作界面是熟练使用 Word 的前提。

7.1.1　启动与退出 Word

安装 Word 后，就可以使用 Word 编写文档了，在使用之前，用户还需要掌握如何启动与关闭 Word。下面将分别介绍启动与退出 Word 的操作方法。

1．启动 Word 程序

启动 Word 应用程序的操作十分简单，其具体操作步骤如下：

1 进入 Windows 10 操作界面后，执行"开始"|"Word 2016"命令，如图 7-1 所示。

2 此时，即可启动 Word 2016 应用程序，如图 7-2 示。

图 7-1　执行相关命令

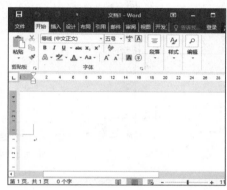

图 7-2　启动 Word 2016 应用程序

知识链接

在 Windows 10 操作系统桌面上，单击鼠标右键，在弹出的快捷菜单中选择"新建"|"Word 文档"选项，即可在桌面上创建一个 Word 文档，双击该图标也可以启动 Word 应用程序。

2．退出 Word 程序

创建或编辑完文档后，就可以退出 Word 程序，单击 Word 标题栏右侧的"关闭"按钮 或在"标题栏"空白处单击鼠标右键，在弹出的快捷菜单中选择"关闭"选项均可退出 Word 程序，如图 7-3 所示。

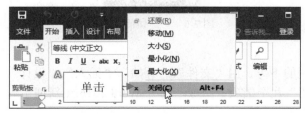

图 7-3　单击"关闭"选项

7.1.2 了解 Word 的工作界面

启动 Word 程序后，即可进入 Word 的工作界面，该界面主要由标题栏、快速访问工具栏、选项卡、功能区、编辑区、文档标尺、滚动条、状态栏、视图栏九个部分组成，如图 7-4 所示。下面将分别介绍 Word 工作界面各部分的功能。

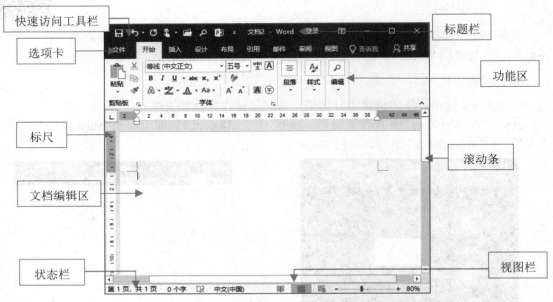

图 7-4 Word 2016 工作界面

1．标题栏

标题栏位于窗口的最上方、快速访问工具栏的右侧。在 Word 2016 中，标题栏由文档名称、程序名称、"登录"按钮、"功能区显示选项"按钮、"最小化"按钮、"最大化/向下还原"按钮和"关闭"按钮七个小部分组成，如图 7-5 所示。

图 7-5 标题栏

2．快速访问工具栏

快速访问工具栏位于窗口左上角，主要显示一些常用的操作按钮，在默认情况下，快速访问工具栏上的按钮只有"保存"按钮🗄、"撤销键入"按钮🔄、"重复键入"按钮🔃和"自定义快速访问工具栏"按钮⯆，"新建空白文档"按钮🗋，如图 7-6 所示。用户可以根据需要，添加相应的操作按钮。

图 7-6 快速访问工具栏

3．选项卡

选项卡位于标题栏的下方，由"文件"、"开始"、"插入"、"设计"、"布局"、"引用"、"邮件"、"审阅"和"视图"九个选项卡组成，另外 Word 2016 还新增了一个"告诉我你想要做什么"文本框，如图 7-7 所示。

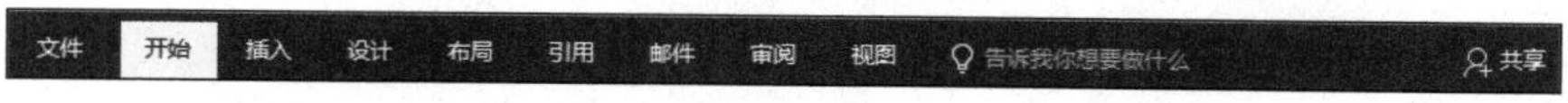

图 7-7　选项卡

4．功能区

在功能区面板中有许多自动适应窗口大小的选项组，为用户提供了常用的按钮或列表框，如图 7-8 所示。

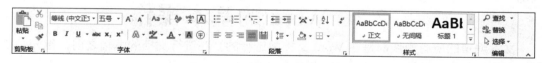

图 7-8　功能区

5．编辑区

文档编辑区也称为工作区，位于窗口中央，是用于进行文字输入、文本及图片编辑的工作区域，如图 7-9 所示。用户可以通过选择不同的视图方法来改变基本工作区对各项编辑显示的方式，在默认情况下为页面视图。

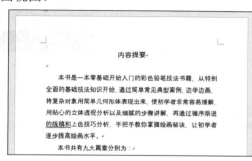

图 7-9　文档编辑区

6．文档标尺

标尺分为水平标尺和垂直标尺两种，分别位于文档编辑区的上边和左边，如图 7-10 所示为水平标尺。标尺上有数字、刻度和各种标记，通常以 cm 为单位，无论是排版，还是制表和定位，标尺都起着重要作用。

图 7-10　水平标尺

7．滚动条

滚动条位于编辑区的右侧和下方，有垂直滚动条和水平滚动条两种形式，在滚动条滑块上按住鼠标左键并拖曳，即可上下、左右地移动浏览编辑区。

8．状态栏

状态栏用于显示当前所打开文档的状态，如当前文档的页数、总页数、字数、"校对"按钮和语言（国家／地区）等信息，如图 7-11 所示。

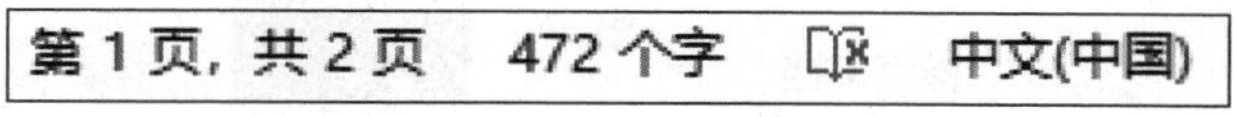

第 1 页，共 2 页　　472 个字　　🗎 中文(中国)

图 7-11　状态栏

9．视图栏

视图栏位于工作界面的右下角，主要包括视图按钮组、调节页面显示比例滑块和当前显示比例等，其中视图按钮组包括阅读视图、页面视图、Web 版式视图三个按钮，如图 7-12 所示。

图 7-12　视图栏

7.2　Word 的基本操作

文本编辑的所有操作都是在 Word 文档中进行的，在进行文档的编辑之前，首先必须熟练掌握文档的创建、打开、保存和关闭等基本操作。

7.2.1　创建文档

启动 Word 应用程序后，用户需要创建文档并进行内容输入以及编辑，创建文档的具体操作步骤如下：

1. 在 Word 文档中单击"文件"|"新建"选项，如图 7-13 所示。

2. 在新建面板中单击"空白文档"按钮，即可新建一个空白文档，如图 7-14 所示。

图 7-13　单击"新建"按钮

图 7-14　新建文档

7.2.2　打开文档

当用户需要对已保存的文档进行编辑或修改时，就必须先打开需要编辑或修改的文档。打开文档的具体操作步骤如下：

1. 单击"文件"|"打开"命令，如图 7-15 所示。

2. 在"打开"面板中，单击"浏览"按钮，如图 7-16 所示。

图 7-15　单击"打开"命令

图 7-16　单击"浏览"按钮

3. 弹出"打开"对话框，选择需要打开

4. 执行操作后，即可打开所选文档，如

的文档，单击"打开"按钮，如图 7-17 所示。 图 7-18 所示。

图 7-17 单击"打开"按钮

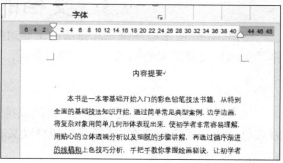

图 7-18 打开文档

7.2.3 保存文档

当用户新建文档或编辑文档后，就必须对文档进行保存，将文档存储于电脑的磁盘中，以免所创建或编辑的文档丢失。除了直接保存文档外，还可以使用"另存为"的方式，将文档存放在其他位置，作为备份文件使用。保存文档的具体操作步骤如下：

1. 对 Word 文档执行操作后，单击"文件"|"另存为"|"浏览"按钮如图 7-19 所示。

2. 弹出"另存为"对话框，设置文档的保存路径及文件名称后，单击"保存"按钮即可，如图 7-20 所示。

图 7-19 单击相关命令

图 7-20 设置保存路径及文件名

7.2.4 关闭文档

当文档编辑或修改完毕后，就可以关闭该文档。关闭文档的具体操作步骤如下：

1. 单击"文件"|"关闭"命令，如图 7-21 所示。

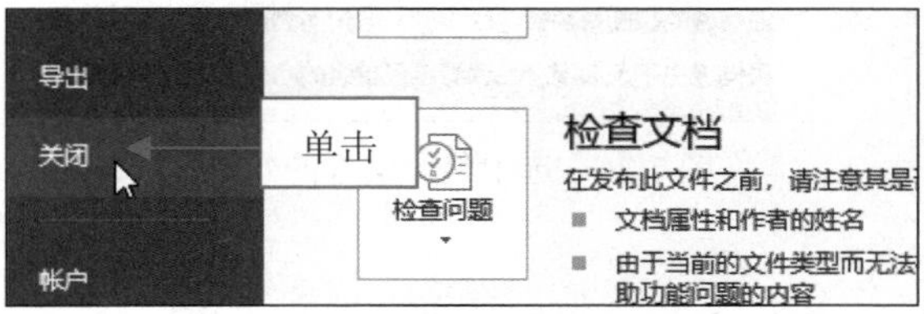

2. 弹出提示信息框，提示用户是否保存文档，单击"不保存"按钮，即可不保存并关闭该文档，如图 7-22 所示。

图 7-21 单击"关闭"按钮

图 7-22 单击"不保存"按钮

7.3 文档的编辑与排版

使用 Word 应用程序编辑和排版的主要对象就是文本，选择文本、删除文本、复制文本、移动文本和设置文本的格式、段落的对齐等，都属于对文档的编辑和排版操作。

7.3.1 选择文本

如果用户需要对文档进行编辑、修改或排版，首先必须选择需要处理的文本。选择文本的方式包括选择连续的文本、选择整行和整段文本等。下面将分别介绍选择文本的各种操作方法。

1. 选择连续的文本

选择连续的文本是最便捷且最常用的选择方式，其具体操作步骤如下：

1. 打开 Word 文档，将光标定位在需要选择文本的第一个字符前，如图 7-23 所示。

2. 按住鼠标左键并拖曳至目标位置后释放鼠标，即可选择连续的文本，如图 7-24 所示。

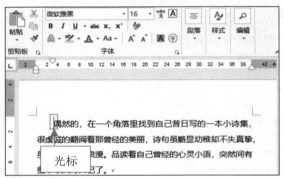

图 7-23 确定光标位置

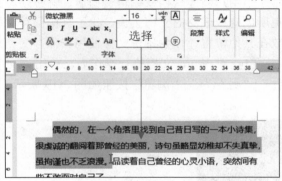

图 7-24 选择连续的文本

2. 选择整行文本和整段文本

将鼠标指针移至某行文本左端的空白处，当鼠标指针呈倾斜 形状时，单击鼠标左键，即可将该行文本选中；双击鼠标左键，即可将整个段落的文本选中。图 7-25 所示为单击鼠标左键选中整行文本的效果；图 7-26 所示为双击鼠标左键选中整段文本的效果。

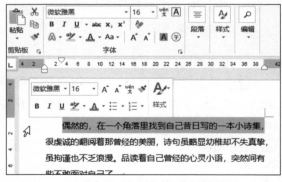

图 7-25 选中整行文本的效果

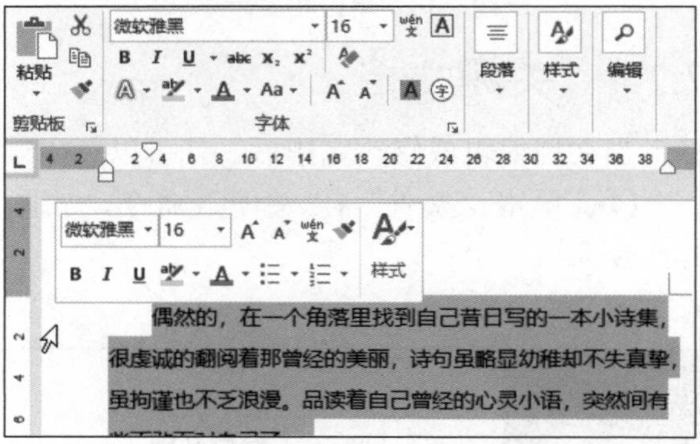

图 7-26 选中整段文本的效果

3. 选择一句文本

将光标移至需要选择文本的任意位置中，按住【Ctrl】键的同时，单击鼠标左键，即可选中整句文本。

7.3.2　删除文本

用户在编辑文档时，可以将多余的词或句子删除。删除文本的具体操作步骤如下：

1. 打开 Word 文档，选择需要删除的文本，如图 7-27 所示。

2. 按【Delete】键，即可将所选择的文本删除，效果如图 7-28 所示。

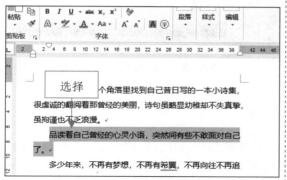

图 7-27　选中需要删除的文本

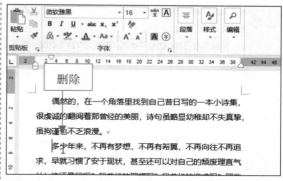

图 7-28　删除文本后的效果

7.3.3　复制和移动文本

在文档编辑过程中，会经常进行复制和移动文本位置的操作。下面将分别介绍复制和移动文本的方法。

1．复制文本

复制文本就是将某个词、某个句子或整篇文档粘贴于其他位置或另一个文档中的操作。在文档编辑操作的过程中经常会使用到复制文本的操作。复制文本的具体操作步骤如下：

1. 打开 Word 文档，在文本中选择所需复制的文本，在"开始"选项卡下的"剪贴板"选项组中单击"复制"按钮，如图 7-29 所示。

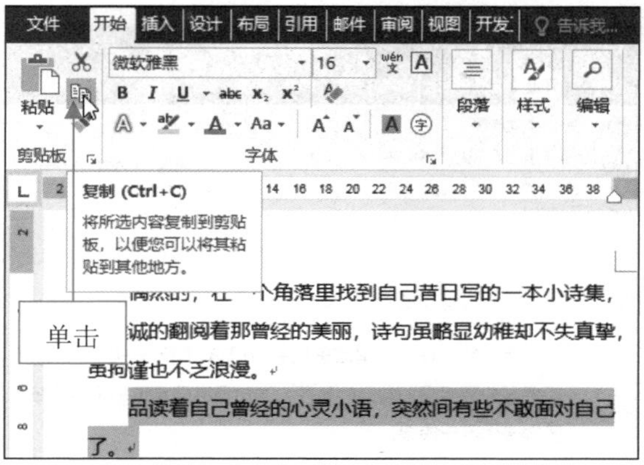

2. 将光标移至文档下方，单击"剪贴板"|"粘贴"按钮即可复制文本，效果如图 7-30 所示。

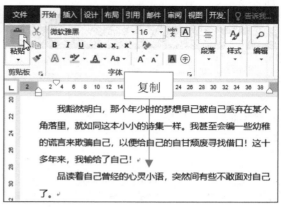

图 7-29　选择"复制"选项

图 7-30　复制文本后的效果

2．移动文本

移动文本就是将需要移动的文本从当前文档中的一个位置移至另一个位置。在编辑过程中，如果某些字词的前后顺序颠倒了，就可以使用移动文本的操作。移动文本的具体操作步骤如下：

1. 打开 Word 文档后，选择需要移动的文本，如图 7-31 所示。

2. 按住鼠标左键并向上拖曳，移至目标位置后释放鼠标左键即可，如图 7-32 所示。

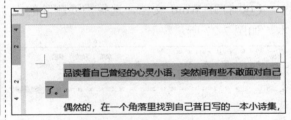

图 7-31 选择需要移动的文本 　　　图 7-32 完成文本的移动操作

7.3.4　撤销和恢复文本

在文档编辑过程中，经常会出现误操作，如果执行撤销和恢复文本的命令，就可以帮助用户快速地返回错误操作之前的状态。撤销命令可以撤销以前的一步或多步操作，而执行恢复命令就是将文档恢复到撤销前的状态。撤销和恢复文本的具体操作步骤如下：

1. 打开 Word 文档，如图 7-33 所示。

2. 选择第一行标题，按【Delete】键将其删除，效果如图 7-34 所示。

图 7-33 打开 Word 文档 　　　图 7-34 删除文字

3. 单击快速访问工具栏中的"撤销键入"按钮，即可撤销删除操作，如图 7-35 所示。

4. 单击"恢复"按钮，即可恢复撤销操作之前的状态，如图 7-36 所示。

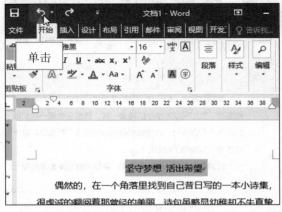

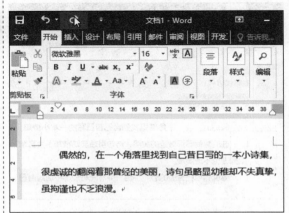

图 7-35 执行"撤销键入"命令 　　　图 7-36 执行"恢复"命令

使用快捷键和菜单命令同样可以快速地撤销和恢复文本。按【Ctrl＋Z】组合键或单击"编辑"|"撤销键入"命令，可撤销以前的操作；按【Ctrl＋Y】组合键或单击"编辑"|"恢复键入"命令，可恢复到撤销前的状态。

7.3.5　设置文本的格式

设置文本格式，可以达到美化文档的效果，文本的格式主要是从字体、段落、项目符号和编号、边框和底纹四个方面来进行设置。

1．字体

设置字体格式就是美化字体，主要包括对文字的字体、字形和字号的设置。设置文本字体的具体操作步骤如下：

① 打开 Word 文档，选择需要设置字体的文本，单击"开始"选项卡下"字体"选项组中的对话框启动器按钮，如图 7-37 所示。

② 弹出"字体"对话框，在"字体"选项卡中设置中文字体、字形、字号，如图 7-38 所示。

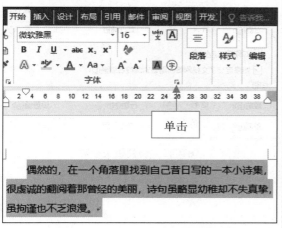

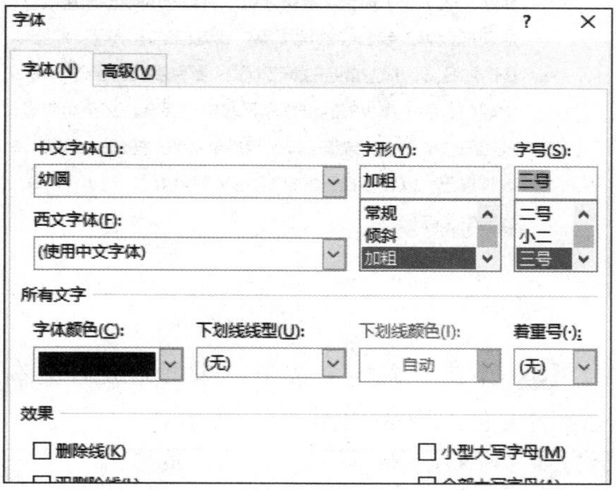

图 7-37　单击对话框启动器按钮

图 7-38　设置字体

③ 切换至"高级"选项卡，设置缩放、间距、位置和磅值，如图 7-39 所示。

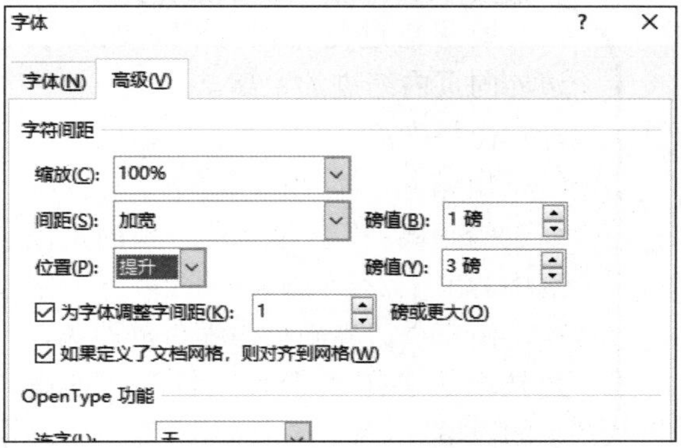

④ 单击"确定"按钮，即可完成对文本字体格式的设置，效果如图 7-40 所示。

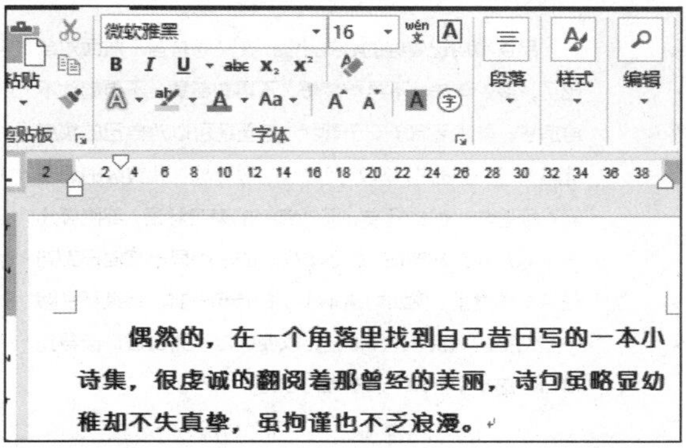

图 7-39　设置字符间距

图 7-40　设置字体格式后的文本效果

2. 段落

段落是指两个段落标记之间的部分，设置文本的段落格式可以使文档的结构更加清晰、层次更加分明。用户可以根据实际情况，设置段落的缩进方式、行间距和段间距等。设置段落格式的具体操作步骤如下：

1. 打开 Word 文档，选择需要设置段落格式的文本，单击"开始"选项卡下"段落"选项组右下角的对话框启动器按钮，如图 7-41 所示。

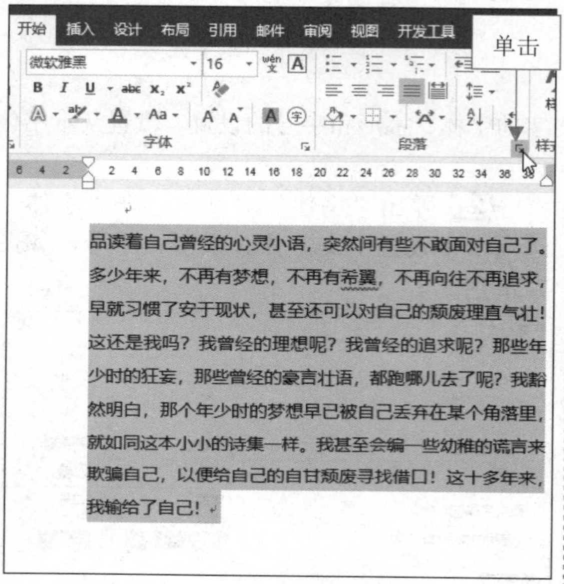

2. 弹出"段落"对话框，在"缩进和间距"选项卡中，设置特殊格式、缩进值、段前、段后、行距和设置值，如图 7-42 所示。

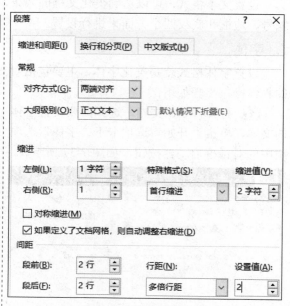

图 7-41 单击相应命令

图 7-42 设置相关参数

3. 单击"确定"按钮，即可完成对文本段落的设置，效果如图 7-43 所示。

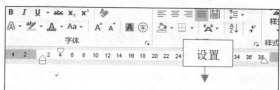

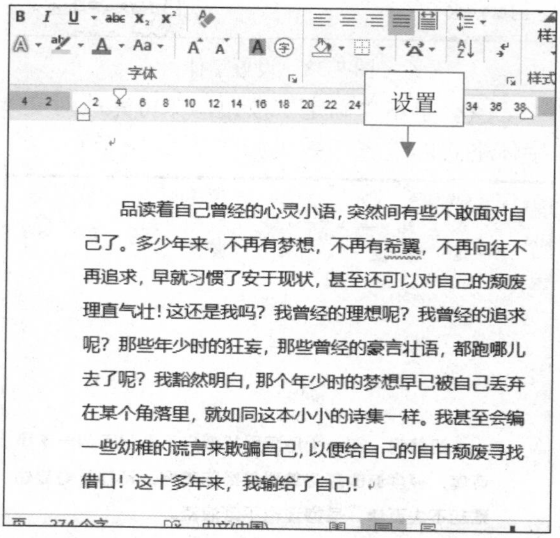

图 7-43 设置段落格式后的文本效果

知识链接

段落缩进是指段落相对左右页边界向页内缩进的距离。

在特殊格式中，"首行缩进"指的是段落第一行由左页边界向页内缩进的距离；"悬挂缩进"指的是段落中除首行之外的各行的第一个字符，由左页边界向页内缩进的距离，悬挂缩进多用于带有项目符号或编号的段落。

第七章

3．项目符号和编号

　　项目符号多用于强调重要的观点和条目，而编号常用来表现对一个文档内容的逐步展开，如书籍的目录。下面将分别介绍项目符号和编号的使用方法。

　　🔅 添加项目符号

　　项目符号可以用来显示一系列无序的项目，即那些不需要编号的项目。若默认的标准项目符号不能满足需求，用户可以进行自定义设置。添加项目符号的具体操作步骤如下：

　　1 打开 Word 文档，选择需要添加项目符号的文本，单击"开始"选项卡下"段落"选项组中的"项目符号"右侧的下拉按钮，在弹出的下拉列表中选择"定义新项目符号"选项，如图 7-44 所示。

　　2 弹出"定义新项目符号"对话框，单击"符号"按钮，如图 7-45 所示。

图 7-44　选择"定义新项目符号"选项

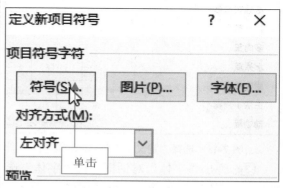

图 7-45　单击"符号"按钮

　　3 弹出"符号"对话框，在符号列表中选择相应的项目符号，如图 7-46 所示。

　　4 单击"确定"按钮，关闭"定义新项目符号"对话框即可为文本添加相应的项目符号，效果如图 7-47 所示。

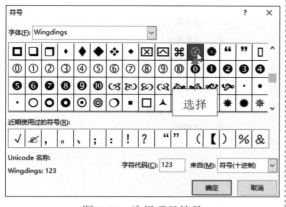

图 7-46　选择项目符号

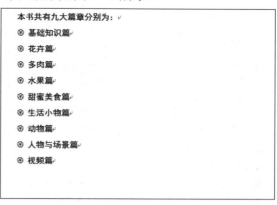

图 7-47　添加项目符号后的文本效果

　　🔅 添加编号

　　如果要显示连续的项目列表，用户可以添加编号，可以选择英文字母、数字或罗马字母作为编号。

　　添加编号的具体操作步骤如下：

1. 打开图 7-44 所示的素材文档,选择需要添加编号的文本,单击"开始"选项卡下"段落"选项组中的"编号"右侧的下拉按钮,在弹出的下拉列表中选择"定义新编号格式"选项,如图 7-48 所示。

2. 弹出"定义新编号格式"对话框,单击"字体"按钮,如图 7-49 所示。

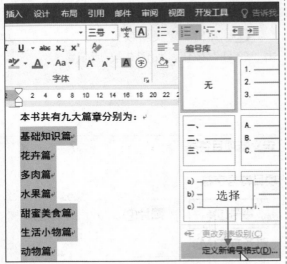

图 7-48　选择"定义新编号格式"选项

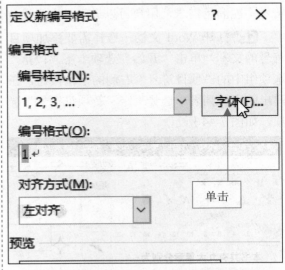

图 7-49　单击"字体"按钮

3. 弹出"字体"对话框,在"字体"选项卡中设置字体、字形和字号,如图 7-50 所示。

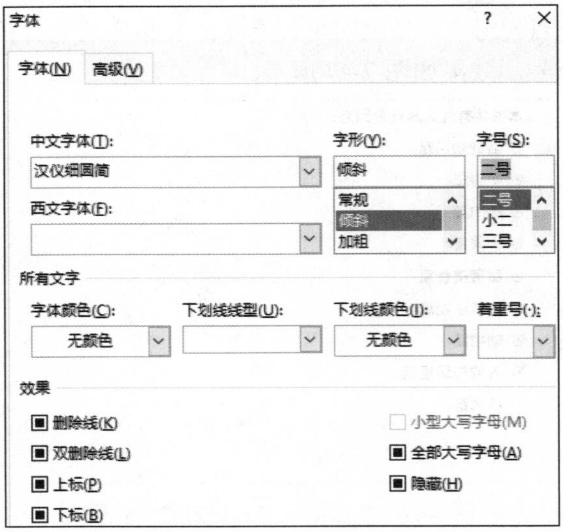

4. 单击"确定"按钮,关闭"定义新编号格式"对话框即可为文本添加编号,效果如图 7-51 所示。

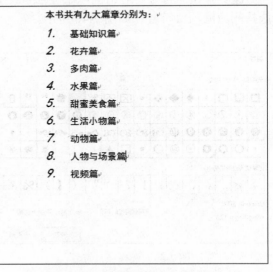

图 7-50　设置字体

图 7-51　添加编号后的文本效果

4．边框与底纹

将文本添加边框或底纹可以让文本更具色彩或特点,并可以对内容起到强调或突出重点的作用。添加边框与底纹的具体操作步骤如下:

1 打开 Word 文档，选择需要设置边框与底纹的文本，单击"开始"选项卡下"段落"选项组中的"边框"右侧的下拉按钮，在弹出的下拉列表中选择"边框和底纹"选项，如图 7-52 所示。

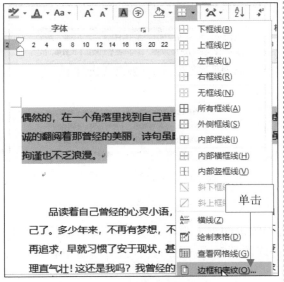

图 7-52　单击相关命令

3 切换至"页面边框"选项卡，选择"方框"选项，并设置线型、颜色和宽度，如图 7-54 所示。

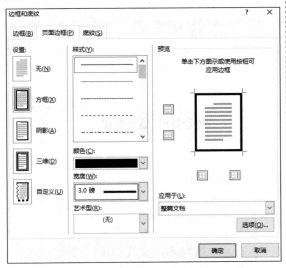

图 7-54　设置页面边框

2 弹出"边框和底纹"对话框，在"边框"选项卡中设置边框样式、线型、颜色和宽度，如图 7-53 所示。

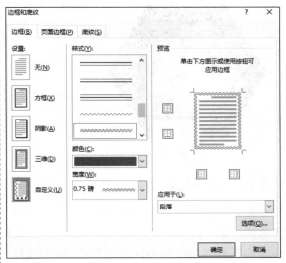

图 7-53　设置边框

4 切换至"底纹"选项卡，单击"填充"下拉列表框，在弹出的下拉列表中选择"其他颜色"选项，如图 7-55 所示。

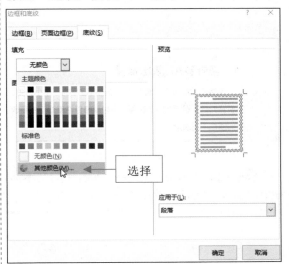

图 7-55　选择"其他颜色"选项

5 弹出"颜色"对话框,在"标准"选项卡下选择相应的颜色,如图 7-56 所示。

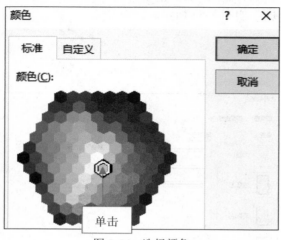

图 7-56　选择颜色

6 依次单击"确定"按钮,即可为文本添加边框和底纹效果,如图 7-57 所示。

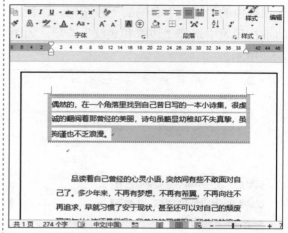

图 7-57　添加边框和底纹后的文本效果

7.3.6　设置段落的对齐

根据文本内容设置段落对齐,可以让整个文档的版面更美观,文本段落可以设置不同的对齐方式,如左对齐、右对齐、居中对齐、分散对齐或两端对齐。下面以设置文本居中对齐为例,介绍段落对齐的操作方法,其具体操作步骤如下:

1 打开 Word 文档,选择需要设置段落对齐的文本,如图 7-58 所示。

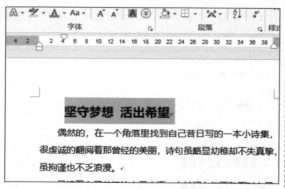

图 7-58　选择文本

2 单击"开始"选项卡下"段落"选项组中的"居中"按钮,如图 7-59 所示。

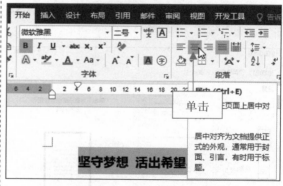

图 7-59　单击"居中"按钮

3 执行操作后,即可将所选择的文本居中对齐,效果如图 7-60 所示。

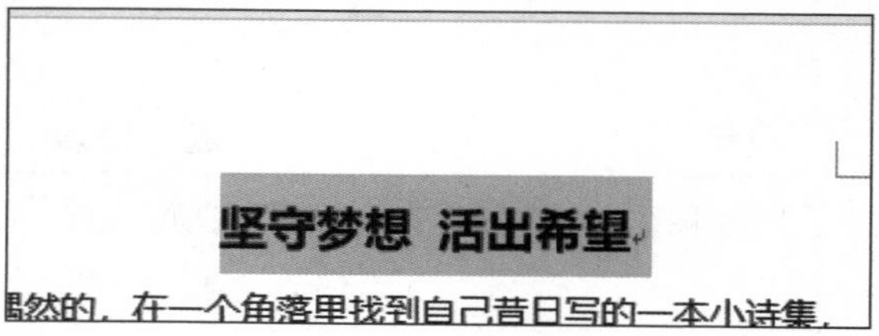

图 7-60　居中对齐

知识链接

使用快捷键同样可以快速地设置段落对齐,按【Ctrl+J】组合键,设置文本为两端对齐;按【Ctrl+L】组合键,设置文本为左对齐;按【Ctrl+E】组合键,设置文本为居中对齐;按【Ctrl+R】组合键,设置文本为右对齐。

7.4　插入其他图形对象

在 Word 文档中，用户可以通过插入各种图形来丰富文档的内容。用户可以插入绘图工具绘制的自选图形、硬盘中存储的图片和艺术字等多种类型的对象。

扫码观看本节视频

7.4.1　插入图片

在 Word 文档中插入的图片，可以是存放在硬盘中的图片、文件夹中的图片或照片等。插入图片的具体操作步骤如下：

1 新建文档，单击"插入"选项卡下"插图"选项组中的"图片"按钮，如图 7-61 所示。

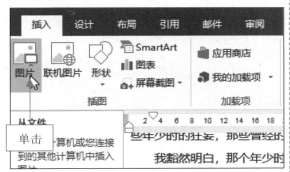

图 7-61　单击"图片"按钮

2 弹出"插入图片"对话框，选中需要插入的图片，如图 7-62 所示。

图 7-62　选择图片

3 单击"插入"按钮，即可完成图片的插入操作，如图 7-63 所示。

图 7-63　插入图片

4 如果插入的图片太大，用户可根据需要调整图片的大小，效果如图 7-64 所示。

图 7-64　调整图片大小

第七章

7.4.2 插入屏幕截图

当打开一个窗口后，发现窗口或窗口中有某些部分适合于插入文档的时候，就可以使用屏幕剪辑功能截取整个窗口或窗口的某部分插入到文档中。

1. 新建一个 Word 文档，切换至"插入"选项卡，在"插图"选项组中单击"屏幕截图"按钮，在下拉列表中单击"屏幕剪辑"选项，如图 7-65 所示。

2. 执行操作后，当前打开的窗口将进入被剪辑的状态中，鼠标呈现十字状，拖动鼠标，框选窗口中需要剪辑的部分即可，如图 7-66 所示。

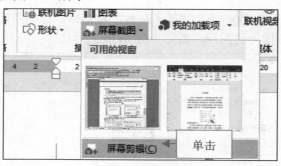

图 7-65 选择"屏幕剪辑"选项

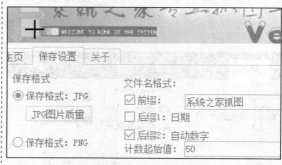

图 7-66 被剪辑状态

7.4.3 绘制文本框

在文档的编辑过程中，当需要对某些文字进行说明时，可以通过绘制文本框来进行修饰，以起到强调的作用，如"专家指导"、"知识链接"等。插入文本框后，用户也可以对其进行设计和编辑，以起到美化的作用。

绘制文本框的具体操作步骤如下：

1. 打开 Word 文档，将光标定位到需要插入文本框的位置，单击"插入"选项卡下"文本"选项组中的"文本框"按钮，如图 7-67 所示。

2. 在弹出的下拉列表中选择"绘制文本框"选项，如图 7-68 所示。

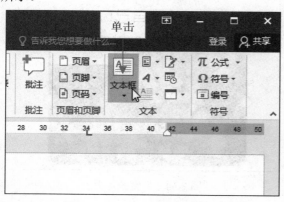

图 7-67 单击"文本框"按钮

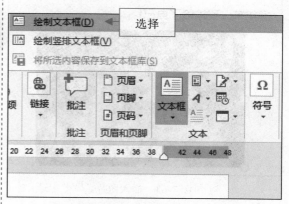

图 7-68 选择"绘制文本框"选项

3. 按住鼠标左键并拖动鼠标，在需要添加文本框的位置绘制一个文本框，如图 7-69 所示。

4. 松开鼠标后，在文本框中输入文字，设置相应格式即可，如图 7-70 所示。

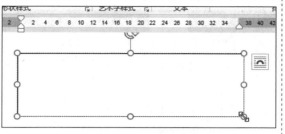

图 7-69　绘制文本框

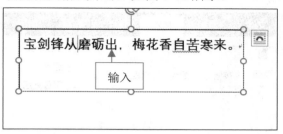

图 7-70　输入文字

7.4.4　插入艺术字

在文档中除了插入各种图片外，还可以插入艺术字，这样不但可以为文档增添艺术色彩，而且能使文档更加生动、美观。

插入艺术字的具体操作步骤如下：

1. 新建 Word 文档，切换到"插入"选项卡，单击"文本"选项组中的"艺术字"按钮，如图 7-71 所示。

2. 在弹出的下拉列表中选择需要插入的艺术字的样式，如图 7-72 所示。

图 7-71　单击"艺术字"按钮

图 7-72　选择艺术字样式

3. 此时，文档编辑区中将显示出一个"请在此放置您的文字"文本框，如图 7-73 所示。

4. 在文本框中输入艺术字文本，在"格式"选项卡中设置艺术字格式，插入艺术字后的效果如图 7-74 所示。

图 7-73　插入艺术字文本框

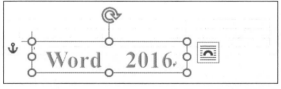

图 7-74　完成插入艺术字的操作

7.5　创建与编辑表格

在日常工作中，表格使用的频率非常高，表格是由行和列组成的，能使输入的内容具有直观性和严谨性，如各种报表、成绩单和花名册等都会使用到表格。

7.5.1　创建表格

在 Word 中创建表格的方法有很多种，既可以使用鼠标手动绘制，也可以通过菜单命令来创建表格。创建表格的具体操作步骤如下：

1. 新建 Word 文档，切换到"插入"选项卡，单击"表格"按钮，如图 7-75 所示。

2. 在弹出的下拉列表中拖动鼠标选择三行三列的表格，如图 7-76 所示。

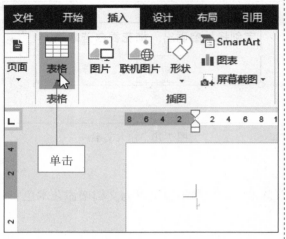

图 7-75　单击"表格"下拉按钮

图 7-76　设置行数与列数

3. 执行操作后，在文档中将出现三行三列的表格，同时新增"表格工具"|"设计"和"布局"选项卡，用于对表格进行编辑，如图 7-77 所示。

4. 除了使用以上方法插入表格外，用户还可以在弹出的下拉列表中选择"绘制表格"选项，在文档中手绘表格，如图 7-78 所示。

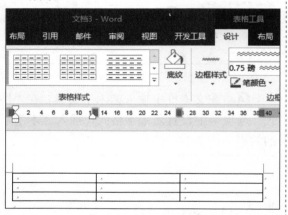

图 7-77　插入表格

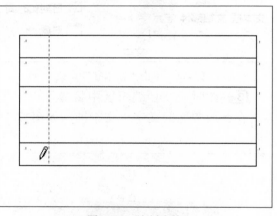

图 7-78　绘制表格

7.5.2　编辑表格

在文档中创建完表格后，就可以对表格进行编辑了，如输入文字、插入/删除行或列、合并/拆分单元格以及设置表格边框和底纹等。下面将分别介绍各种编辑表格的方法。

1．输入文字

在表格中输入文字很简单，只需将光标定位在表格中，选择相应的输入法，输入文字即可。

2．插入行或列

在工作中，若用户所使用的表格行或列不够时，就需要插入行或列。插入行或列的具体操作步骤如下：

1. 打开 Word 文档，选择一行表格，单击鼠标右键，弹出快捷菜单，选择"插入"|"在下方插入行"选项如图 7-79 所示。

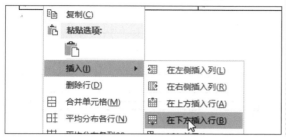

图 7-79　弹出快捷菜单

3. 选择一列表格，单击鼠标右键，弹出快捷菜单，选择"插入"|"在右侧插入列"选项，即可插入一列表格，如图 7-81 所示。

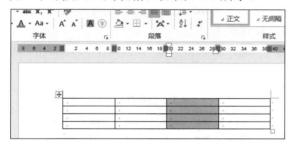

图 7-81　插入一列表格

2. 即可插入一行表格，如图 7-80 所示。

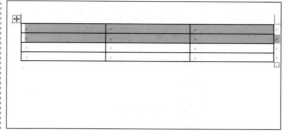

图 7-80　插入一行表格

专家提醒

将光标定位在单元格中，单击鼠标右键，在弹出的快捷菜单中选择"删除单元格"选项，弹出"删除单元格"对话框，选中"删除整行"或"删除整列"单选按钮，单击"确定"按钮，即可删除整行或整列。

3．合并或拆分单元格

单元格就是表中的一个方格，合并和拆分单元格是为了使表格更加专业和美观。在 Word 中，对合并后的单元格与未合并的单元格均可进行拆分操作。

合并或拆分单元格的具体操作步骤如下：

1. 在 Word 文档中，创建表格并选择多个单元格，单击鼠标右键，弹出快捷菜单，如图 7-82 所示。

图 7-82　弹出快捷菜单

2. 选择"合并单元格"选项，即可将所选的多个单元格合并为一个单元格，如图 7-83 所示。

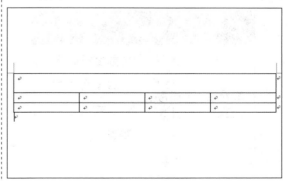

图 7-83　合并单元格

3. 将光标定位在要拆分的单元格中，单击"表格工具"|"布局"选项卡下"合并"选项组中的"拆分单元格"按钮，弹出"拆分单元格"对话框，并设置各参数，如图 7-84 所示。

4. 单击"确定"按钮，即可拆分单元格，效果如图 7-85 所示。

图 7-84　设置行数与列数

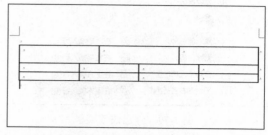

图 7-85　拆分单元格后的效果

7.5.3　表格排序

在日常工作中，常常需要对表格中的数据进行排序，Word 提供了方便的排序功能，可以对数据进行升序或降序排列。表格排序的具体操作步骤如下：

1. 打开如图 7-86 所示的文档。

2. 将光标定位于表格中的任意单元格中，如图 7-87 所示。

员工工资数据表

员工编号	姓名	性别	年龄	所属部门	工资额
0001	李榕	女	23	销售部	￥2,040.00
0002	陈晨	女	20	销售部	￥1,879.70
0003	于亮	男	26	销售部	￥2,045.30
0004	刘辉	男	24	销售部	￥1,915.00
0005	周波	男	21	销售部	￥1,820.00
0006	苏倩	女	20	销售部	￥1,725.00
0007	元康	男	26	销售部	￥2,210.00

图 7-86　打开文档

员工工资数据表

员工编号	姓名	性别	年龄	所属部门	工资额
0001	李榕	女	23	销售部	￥2,040.00
0002	陈晨	女	20	销售部	￥1,879.70
0003	于亮	男	26	销售部	￥2,045.30
0004	刘辉	男	24	销售部	￥1,915.00
0005	周波	男	21	销售部	￥1,820.00
0006	苏倩	女	20	销售部	￥1,725.00
0007	元康	男	26	销售部	￥2,210.00

图 7-87　定位光标

3. 切换至"表格工具"|"布局"选项卡，单击"数据"选项组中的"排序"按钮，如图 7-88 所示。

4. 执行操作后，将弹出"排序"对话框，如图 7-89 所示。

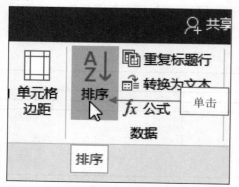

图 7-88　单击"排序"按钮

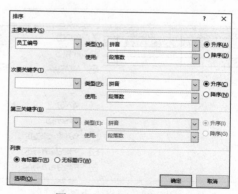

图 7-89　"排序"对话框

5. 单击"主要关键字"文本框右侧的下拉三角按钮，在弹出的列表框中选择"工资额"选项，如图 7-90 所示。

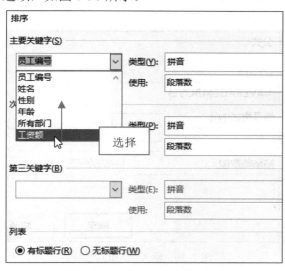

图 7-90　选择"工资额"选项

6. 单击"确定"按钮，表格中的数据和文本即以工资额的升序进行排列，如图 7-91 所示。

员工工资数据表

姓名	性别	年龄	所属部门	工资额
苏健	女	20	销售部	￥1,725.00
周波	男	21	销售部	￥1,820.00
陈晨	女	20	销售部	￥1,879.70
刘辉	男	24	销售部	￥1,915.00
李梅	女	23	销售部	￥2,040.00
于亮	男	26	销售部	￥2,045.30
元康	男	26	销售部	￥2,210.00

图 7-91　升序排列

7.5.4　表格计算

Word 提供了简单的数值计算功能，能帮助用户快速地对表格中的数据进行简单的计算，如求和、求平均值和求最大值等。在表格中进行计算的具体操作步骤如下：

1. 打开文档，将光标定位于需要计算平均值的单元格中，如图 7-92 所示。

2. 切换至"表格工具"|"布局"选项卡，单击"数据"选项组中的"公式"按钮，如图 7-93 所示。

员工工资数据表

姓名	性别	年龄	所属部门	工资额
苏健	女	20	销售部	￥1,725.00
周波	男	21	销售部	￥1,820.00
陈晨	女	20	销售部	￥1,879.70
刘辉	男	24	销售部	￥1,915.00
李梅	女	23	销售部	￥2,040.00
于亮	男	26	销售部	￥2,045.30
元康	男	26	销售部	￥2,210.00
	平均值		求和	

图 7-92　定位光标

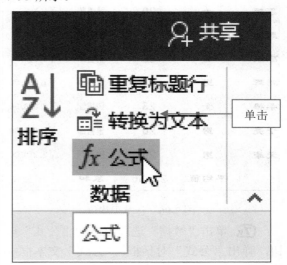

图 7-93　单击"公式"按钮

3. 弹出"公式"对话框，清除"公式"文本框中的公式，单击"粘贴函数"文本框右侧的下三角按钮，在弹出的列表框中选择"AVERAGE"选项，如图7-94所示。

4. 执行操作后，在"公式"文本框中将显示所选择的公式，再在括号中输入"ABOVE"，如图7-95所示。

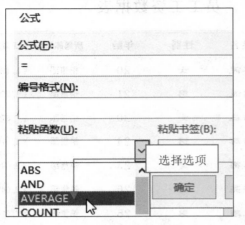

图7-94 选择"AVERAGE"选项

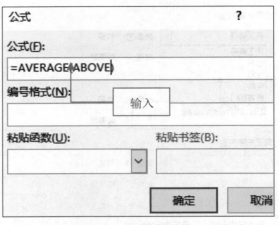

图7-95 输入"ABOVE"

5. 单击"确定"按钮，即可在所选单元格中显示计算出的年龄平均值，如图7-96所示。

6. 将光标定位于需要计算求和的单元格中，如图7-97所示。

图7-96 计算平均值

员工工资数据表

姓名	性别	年龄	所属部门	工资额
苏健	女	20	销售部	¥1,725.00
周波	男	21	销售部	¥1,820.00
陈晨	女	20	销售部	¥1,879.70
刘辉	男	24	销售部	¥1,915.00
李梅	女	23	销售部	¥2,040.00
于亮	男	26	销售部	¥2,045.30
元康	男	26	销售部	¥2,210.00
平均值	22.86	求和		

图7-96 计算平均值

员工工资数据表

名	性别	年龄	所属部门	工资额
健	女	20	销售部	¥1,725.00
波	男	21	销售部	¥1,820.00
晨	女	20	销售部	¥1,879.70
辉	男	24	销售部	¥1,915.00
梅	女	23	销售部	¥2,040.00
亮	男	26	销售部	¥2,045.30
康	男	26	销售部	¥2,210.00
平均值	22.86	求和		

图7-97 定位光标

7. 单击"数据"选项组中的"公式"按钮，弹出"公式"对话框，"公式"文本框中显示了求和公式，如图7-98所示。

8. 单击"确定"按钮，即可在所选单元格中显示计算结果，如图7-99所示。

第七章

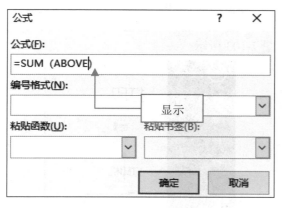

<table>
</table>

图 7-98　"公式"对话框

员工工资数据表

员工编号	姓名	性别	年龄	所属部门	工资额
0006	苏俊	女	20	销售部	￥1,725.00
0005	周波	男	21	销售部	￥1,820.00
0002	陈晨	女	20	销售部	￥1,879.70
0004	刘辉	男	24	销售部	￥1,915.00
0001	李梅	女	23	销售部	￥2,040.00
0003	于亮	男	26	销售部	￥2,045.30
0007	元康	男	26	销售部	￥2,210.00
	平均值	22.86		求和	￥13,635.00

图 7-99　计算求和

7.6　文档的打印

文档编辑完成后，就可以进行打印，这也是制作文档的最后一项工作。为了使文档打印输出的效果更加美观，在打印之前还需对文档进行设置。

7.6.1　打印设置

打印设置主要是为了设置打印的相关内容，使用户以正确的方式打印文档。打印设置的具体操作步骤如下：

1 打开 Word 文档，单击"文件"|"打印"命令，切换至"打印"选项，如图 7-100 所示。

2 在打印选项区中设置打印的相关参数，如图 7-101 所示。

扫码观看本节视频

第七章

图 7-100　单击相关命令

图 7-101　设置打印参数

7.6.2　预览和打印

打印预览，可以提前预览打印出的文档效果。打印预览可以直接反映打印的情况，如果有错误就可以及时纠正。打印预览的具体操作步骤如下：

1. 打开 Word 文档，单击"文件"按钮，在文件窗口中选择"打印"选项后，在窗口右侧将显示打印预览，如图 7-102 所示。

2. 参照打印预览设置打印参数，设置完成后，单击"打印"按钮，即可打印文档，如图 7-103 所示。

图 7-102　打印预览

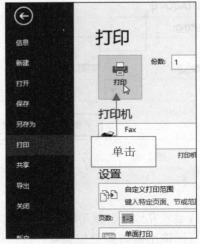

图 7-103　单击"打印"按钮

专 家 提 醒

　　打印预览是打印文档前必须进行的操作，这样才能确定用户需要打印的文档内容是否全部显示出来或是否存在错误。

●学习笔记

第八章

Excel 轻松制表

Excel 是 Office 办公软件的重要组成部分，它具有强大的组织、分析、统计数据和图表等功能，是目前制作电子表格最常用的软件之一。本章将主要介绍使用 Excel 制作表格的操作方法。

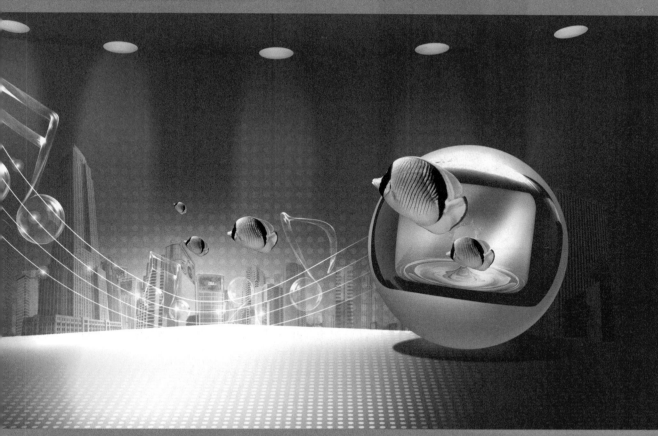

8.1 了解 Excel 的工作界面

Excel 2016 是 Office 办公软件中的核心软件之一，也是目前最流行且最实用的电子表格制作软件之一。了解 Excel 的工作界面是熟练掌握 Excel 操作最基本的前提。

8.1.1 启动与退出 Excel

启动与退出 Excel 是使用 Excel 最基本的操作，下面将分别介绍启动与退出 Excel 的方法。

1. 启动 Excel 应用程序

使用 Excel 之前，首先需要启动 Excel 应用程序，然后才能进行下一步操作。启动 Excel 的具体操作步骤如下：

1. 在 Windows 系统桌面中，单击"开始"|"Excel"命令，如图 8-1 所示。

2. 打开 Excel 2016 工作界面，如图 8-2 所示。

图 8-1　单击相关命令

图 8-2　打开 Excel 工作界面

知识链接

使用 Excel 可以记录、管理、计算、统计、分析以及输入数据，并通过创建简单的统计图表，可以使数据更加直观、专业地表达出来。

2. 退出 Excel 应用程序

使用 Excel 处理完数据后，就可以退出 Excel 应用程序了，退出 Excel 可以通过单击标题栏右侧的"关闭"按钮 ✕ 。

8.1.2 了解 Excel 的工作界面

Excel 的工作界面主要由快速访问工具栏、标题栏、选项卡、功能区、名称框、编辑栏、列标、行号、工作区、工作表标签、状态栏和视图栏等部分组成（如图 8-3 所示），与 Word 的工作界面相比略有不同，其编辑区由一个个小方格（即单元格）组成，同时也增加了列标和行号，且多出一个数据编辑栏。下面将分别介绍各部分的功能。

第八章

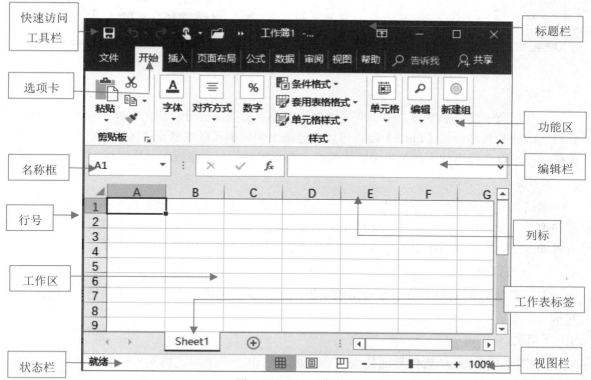

图 8-3　Excel 工作界面

1．标题栏

　　标题栏位于整个工作界面的顶端，主要功能是显示当前正在运行的程序以及文件的名称等信息。打开新的 Excel 文档，标题栏左侧显示的是"工作簿 1- Excel"，它是 Excel 应用程序新建时默认的文件名称，标题栏右侧显示的是常用的窗口控制按钮，主要包括"功能区显示选项"钮 囲 、"最小化"按钮 ━ 、"最大化 □ /还原 □ "按钮和"关闭"按钮 ✕ 。

2．快速访问工具栏

　　快速访问工具栏位于标题栏左侧，默认情况下由"保存"、"撤销"、"恢复"和"自定义快速访问工具栏"等按钮组成，用户可以根据需要单击"自定义快速访问工具栏"下拉按钮，在弹出的下拉菜单中选择要加入到快速访问工具栏中的按钮项。

3．选项卡

　　选项卡位于标题栏的下面，由"文件"、"开始"、"插入"、"页面布局"、"公式"、"数据"、"审阅"、"视图"八个选项卡以及一个"搜索"文本框组成，每个选项卡下均有一组相关的操作命令，单击其中的命令，系统就会执行相应的操作，界面就会显示出相应的功能面板选项。

4．功能区

功能区位于标题栏下方，由众多选项卡按钮和与之对应的功能区组成，单击相应的选项卡，即可在功能区打开相应的功能区，图 8-4 所示为单击"开始"选项卡后的功能区。

第八章

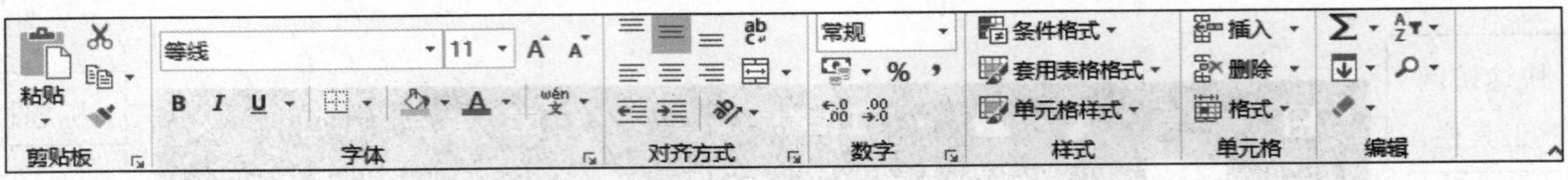

图 8-4　功能区

5．名称框

名称框位于功能区下方，由一个文本框和一个下拉按钮组成，在文本框中输入单元格、单元格区域或其名称后按【Enter】键，可以快速选定相应单元格或单元格区域。单击其右侧的下拉按钮，可以在弹出的下拉菜单中快速选择之前编辑过的单元格或单元格区域。

6．编辑栏

编辑栏位于名称框右侧，是一个可以改变大小的文本输入区。由于在工作表中的单元格占用的地方一般很少，当需要在单元格中输入较长的数据（例如文本字符和公式）时，使用该栏会更加方便，用户只需选中要输入数据的单元格，然后在该栏中输入数据即可。

7．行号和列标

在工作区的左侧和上方，行号由数字组成，列标由字母构成，用于帮助用户快速定位单元格。

8．工作区

工作区占了 Excel 软件界面的大部分区域，它由一个个单元格组成，是用户处理数据的地方。

9．工作表标签

默认情况下，一个工作簿由一张工作表组成，但很多时候，往往需要更多的工作表，工作表标签用于帮助用户对工作表进行新建、复制、移动、删除、重命名等操作。

10．状态栏

在工作表标签下方，用于显示当前工作簿信息。

11．视图栏

在软件界面右下方，由"普通" 、"页面布局" 、"分页预览" 三个视图切换按钮和一个比例调整滑块 构成，Excel 的工作簿在默认情况下为 100%比例的普通视图。

8.2　工作簿的基本操作

工作簿在 Excel 中是计算和存储数据的文件，用户可以在一个工作簿文件中管理各种类型的数据。下面将介绍使用工作簿的基本操作。

8.2.1　创建工作簿

启动 Excel 应用程序后，用户需新建一个空白工作簿，其中包含一张工作表，创建新工作簿的具体操作步骤如下：

1. 启动 Excel 2016，单击"文件"｜"新建"选项，如图 8-5 所示。

2. 在新建面板中选中"空白工作簿"按钮，即可创建一个新工作簿，如图 8-6 所示。

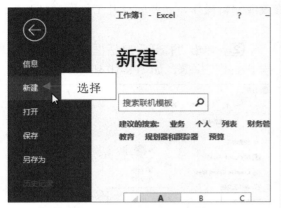

图 8-5　选择"新建"选项

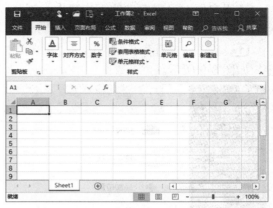

图 8-6　新建工作簿

8.2.2　保存工作簿

用户制作好一份电子表格或完成工作簿的编辑工作后，应该将其保存，以便日后使用。用户在工作中应该养成及时保存文档的好习惯，以防突然断电或死机等突发事件造成文件和数据丢失，将损失降低到最小。保存工作簿的具体操作步骤如下：

专家提醒

如果用户是第一次保存工作簿文档，单击"文件"｜"保存"命令，则会自动切换到"另存为"选项，在"另存为"对话框中，需要用户选择文档的存放位置和输入相应的文件名，否则，系统将直接以原文件名将文档保存于默认的位置。

1. 单击"文件"｜"保存"命令，第一次保存会自动切换到"另存为"选项，单击"浏览"按钮，如图 8-7 所示。

2. 弹出"另存为"对话框，在其中设置保存路径和文件名（如图 8-8 所示），单击"保存"按钮，即可完成对工作簿的保存。

图 8-7　单击"保存"按钮

图 8-8　设置保存路径和文件名

8.2.3 打开工作簿

若用户要对已保存过的工作簿进行浏览、修改或编辑操作，需要先打开工作簿。打开工作簿的具体操作步骤如下：

1. 单击"文件"｜"打开"｜"浏览"按钮，如图 8-9 所示。

2. 弹出"打开"对话框，选择需要打开的 Excel 工作簿，如图 8-10 所示。

图 8-9　单击"浏览"按钮

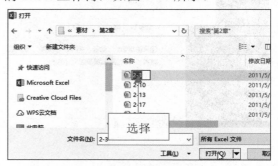

图 8-10　选择工作簿

3. 单击"打开"按钮，即可打开该工作簿，如图 8-11 所示。

	A	B	C	D	E
1	姓名	性别	年龄	工资	民族
2	陆飞	男	28	2000	苗族
3	张顺	男	36	2100	汉族
4	李右历	男	41	5000	藏族
5	王楼	男	32	4200	汉族
6	伍磷	男	19	1500	维吾尔族
7	高强	男	20	1200	苗族
8	钱凤	女	21	1600	汉族
9	马文强	男	31	3200	蒙古族
10	李娟	女	25	2600	汉族
11	张静	女	23	2800	汉族
12					

图 8-11　打开工作簿

专家提醒

当用户在打开工作簿时，出现异常而无法打开的情况，可采用修复文档的方法进行打开，这只需在"打开"对话框中，选择需要打开的文档，单击"打开"按钮右侧的下拉按钮，在弹出的下拉列表中选择"打开并修复"选项，即可将文档修复并打开。

8.2.4 关闭工作簿

对工作簿编辑完成后，就可以将工作簿关闭，如果工作簿修改后没有进行保存，关闭时就会弹出一个提示信息框，询问用户是否保存修改后的文档。关闭工作簿的具体操作步骤如下：

1. 完成工作簿的修改后，单击"文件"按钮，切换到"文件"窗口，单击"关闭"按钮，如图 8-12 所示。

2. 弹出提示信息框（如图 8-13 所示），单击"保存"按钮，即可保存对文件的编辑并关闭该工作簿。

图 8-12　单击"关闭"按钮

图 8-13　保存更改

8.3 工作表的基本操作

在 Excel 中新建空白工作簿后,系统自动在该工作簿中添加了一张空白工作表,并命名为"Sheet1"。工作表的基本操作包括切换、重命名、插入、删除、移动和复制等。

8.3.1 插入和删除工作表

用户可以根据工作需要插入和删除工作表,这样可以方便对工作表的管理。下面将分别介绍插入与删除工作表的方法。

1. 插入工作表

如果工作簿中的工作表数量不能满足工作需要,用户可以在工作簿中插入工作表。插入工作表的具体操作步骤如下:

1. 打开 Excel 工作簿,将鼠标指针移至标签 Sheet1 上,单击鼠标右键,在弹出的快捷菜单中选择"插入"选项,如图 8-14 所示。

2. 弹出"插入"对话框,在"常用"选项卡中单击"工作表"图标,如图 8-15 所示。

图 8-14 选择"插入"选项

图 8-15 单击"工作表"图标

3. 单击"确定"按钮,即可插入标签名为 Sheet2 的工作表,如图 8-16 所示。

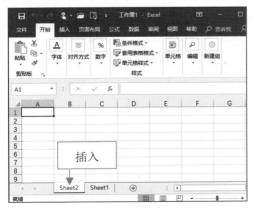

图 8-16 插入新工作表

专家提醒

在"插入"对话框的"常用"选项卡中,可以选择其他的图标,以插入相应的工作表。

另外,切换至"电子表格方案"选项卡,其列表框中提供了许多表格模板可进行选择并插入。

第八章

2. 删除工作表

在使用工作表编辑文档时，对于多余的工作表，用户可以根据需要将其删除。删除工作表的具体操作步骤如下：

1. 在需要删除的工作表标签上，单击鼠标右键，弹出快捷菜单，选择"删除"选项，如图 8-17 所示。

2. 即可将该工作表删除掉，如图 8-18 所示。

图 8-17　弹出快捷菜单

图 8-18　工作表被删除

8.3.2　切换工作表

默认情况下，Excel 工作簿中有一张空白的工作表。在实际工作中，有可能一张工作表不够用，那么用户就需要在多张工作表间进行切换。切换工作表的具体操作步骤如下：

1. 打开 Excel 工作簿，显示的工作表标签为 Sheet1，如图 8-19 所示。

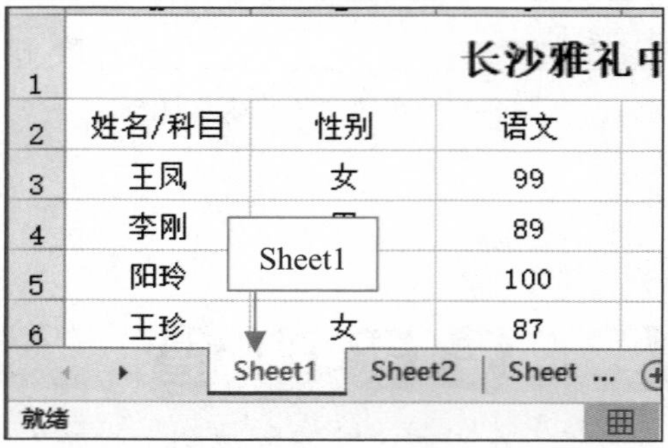

2. 单击标签 Sheet2，即可切换至标签为 Sheet2 的工作表，如图 8-20 所示。

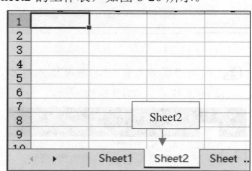

图 8-19　Sheet1 工作表

图 8-20　Sheet2 工作表

8.3.3　重命名工作表

在实际工作中，用户可以对工作表进行重命名操作，以便快速地查找和使用需要的工作表。重命名工作表的具体操作步骤如下：

1. 打开 Excel 工作簿，右击 Sheet1 工作表的标签，在弹出的快捷菜单中选择"重命名"选项，如图 8-21 所示。

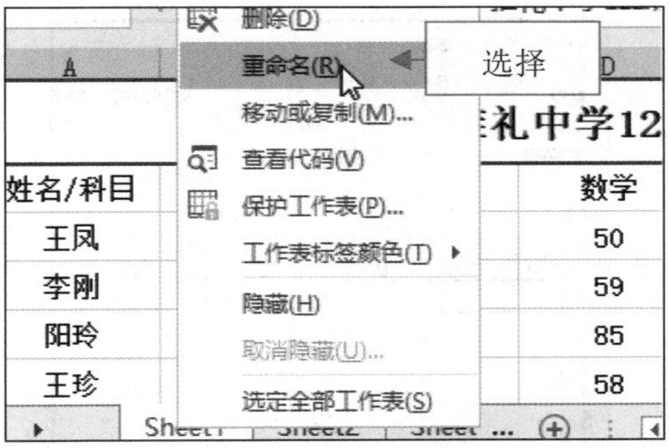

2. 当工作表标签处于编辑状态时，输入新名称，按【Enter】键确认即可，如图 8-22 所示。

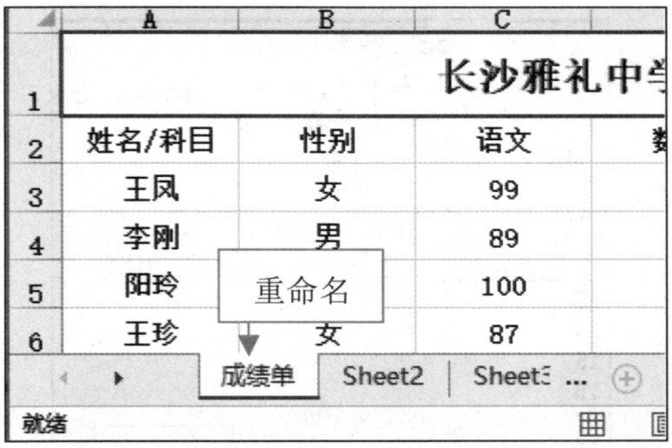

图 8-21　选择"重命名"选项

图 8-22　输入新名称

8.3.4　移动和复制工作表

在实际工作中，工作表的位置会随着工作的需要进行移动和复制。下面将分别介绍移动和复制工作表的操作方法。

1. 移动工作表

用户在工作中，有时候会根据工作的需要对工作表进行移动。移动工作表的具体操作步骤如下：

1. 打开 Excel 工作簿，将鼠标指针移至工作表标签 Sheet3 上，按住鼠标左键并向左拖曳，如图 8-23 所示。

2. 至工作表标签 Sheet1 前，释放鼠标左键，即可完成该工作表的移动，如图 8-24 所示。

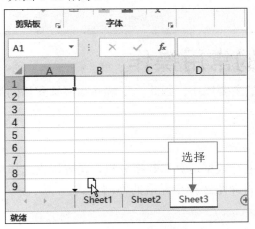

图 8-23　按住鼠标左键并向左拖曳

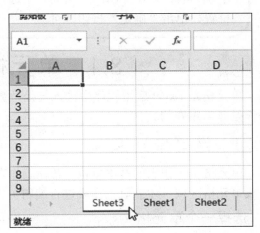

图 8-24　完成工作表的移动

2. 复制工作表

在实际工作中，复制工作表可以快速地创建工作表模板，从而提高工作效率，复制工作表的具体操作步骤如下：

1. 打开 Excel 文档，将鼠标指针移至工作表标签 Sheet3 上，按住【Ctrl】键的同时，按住鼠标左键并向右拖曳，如图 8-25 所示。

2. 至适当位置后依次释放鼠标左键和【Ctrl】键，即可对该工作表进行复制，如图 8-26 所示。

图 8-25 按住【Ctrl】键和鼠标左键并向右拖曳

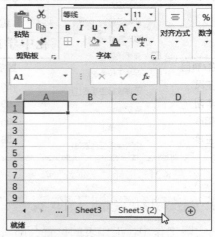

图 8-26 完成工作表的复制操作

知识链接

> 工作表除了可在同一个工作簿中移动或复制外，还可以移动或复制到其他工作簿中。这只需在所要移动或复制的工作表的标签上，单击鼠标右键，弹出快捷菜单，选择"移动或复制工作表"选项，弹出"移动或复制工作表"对话框，单击"工作簿"下拉列表框，在弹出的下拉列表中选择需要移动到或复制到的工作表，并选定插入的位置，单击"确定"按钮即可。

8.4 单元格的常用操作

单元格是 Excel 应用程序中输入与处理数据的主要场所，因此，了解并掌握单元格的常用操作是非常重要的。

8.4.1 选择单元格

单元格是工作表的基本单位，若在工作表中进行数据运算和数据分析，就应该先选择单元格或单元格区域，才能对工作表进行编辑。下面将介绍选择单元格的不同方式。

1. 选择一个单元格

选择一个单元格是非常简单的，将鼠标指针移至工作表中的某单元格上，单击鼠标左键，即可选择该单元格，效果如图 8-27 所示。

2. 选择相邻的多个单元格

选择相邻的多个单元格与选择一个单元格相似，将鼠标指针移至工作表中的任意单元格上，单击鼠标左键并向右下方拖曳，至目标位置后释放鼠标左键，即可选择连续的单元格区域，效果如图 8-28 所示。

图 8-27　选择一个单元格 　　　　　图 8-28　选择相邻的多个单元格

3．选择不相邻的多个单元格

当用户需要对不相邻的多个单元格同时进行操作时，首先应该选中这些不相邻的单元格。将鼠标指针移至工作表中，按住【Ctrl】键的同时，在需要选择的单元格上单击鼠标左键，即可选择多个不相邻的单元格，效果如图 8-29 所示。

4．选择全部单元格

除了以上的选择方式外，用户还可以对整个工作表的所有单元格进行选择，按【Ctrl＋A】组合键，即可快速地选中所有的单元格，效果如图 8-30 所示。

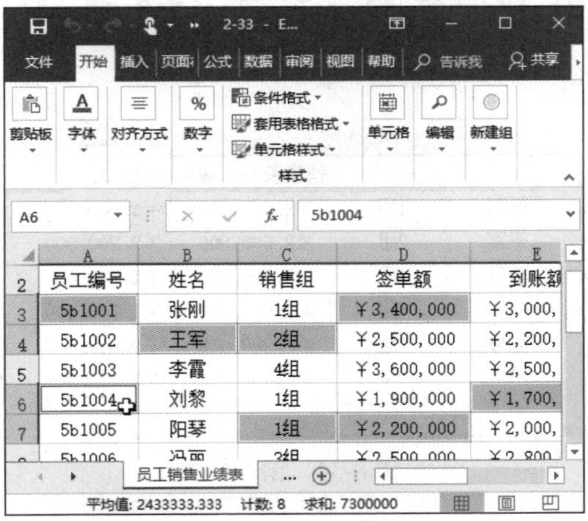

图 8-29　选择不相邻的多个单元格 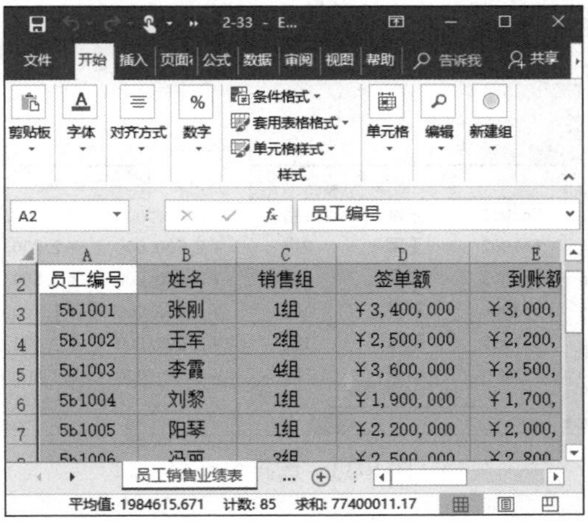　　　　　图 8-30　选择所有单元格

5．选择定位单元格

选择定位单元格是一种特殊的选择方式，用户可以通过此命令对某一个指定的单元格进行选择。选择定位单元格的具体操作步骤如下：

1 打开 Excel 工作簿，在编辑栏的名称框中输入 E7，如图 8-31 所示。

2 按【Enter】键确认，即可将需要的单元格选中，如图 8-32 所示。

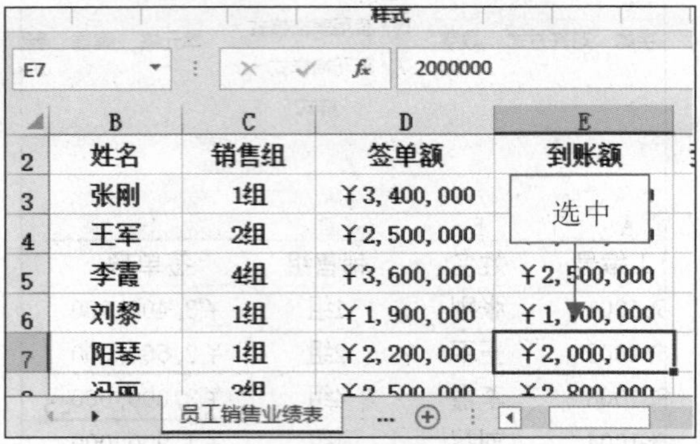

图 8-31　输入单元格名称

图 8-32　选中定位单元格

8.4.2　数据的输入与修改

单元格主要功能是用来记录工作簿中的数据，输入或修改数据都是在单元格中进行的。下面将分别介绍输入与修改数据的方法。

1．输入数据

使用 Excel 进行数据输入，既可以在单元格中直接输入数据，也可以在编辑栏中输入数据。输入数据的具体操作步骤如下：

1 打开 Excel 工作簿，选择需要输入数据的单元格区域，如图 8-33 所示。

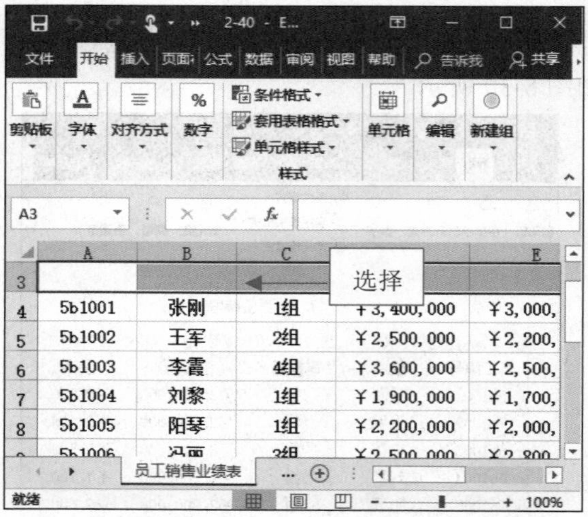

2 在"对齐方式"面板中单击"合并后居中"按钮，然后输入数据，如图 8-34 所示。

图 8-33　选择单元格

图 8-34　输入数据

知识链接

在选中的单元格中按【Enter】键，将自动选中下一行的单元格；按【Tab】键，将选中同一行右侧的单元格；按【Shift＋Tab】组合键，将选中同一行左侧的单元格。

2．修改数据

若用户在编辑数据过程中发现所输入的数据有错误，则可对其进行修改。修改数据的具体操作步骤如下：

1. 打开如图 8-34 所示的工作簿，选择需要修改数据的单元格，如图 8-35 所示。

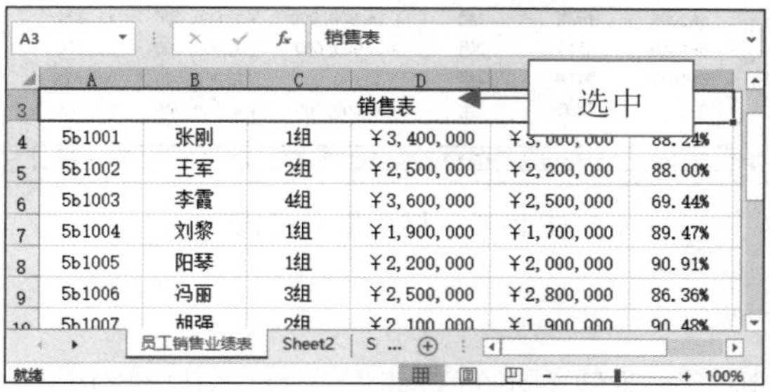

2. 输入需要更改的内容即可，如图 8-36 所示。

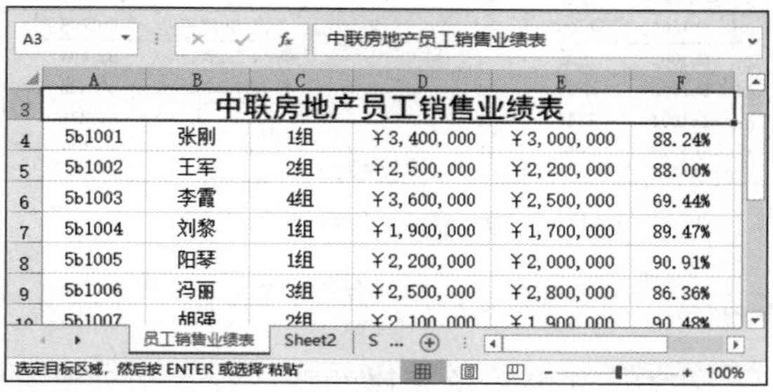

图 8-35　选择需要修改数据的单元格

图 8-36　输入新内容

8.4.3　复制和移动单元格内容

在操作过程中，经常会对单元格中的内容进行复制或移动。下面将分别介绍复制和移动单元格内容的方法。

1．复制单元格内容

在工作中，某些数据可能会重复出现，此时便可以对该数据进行复制，以便快速地编辑内容，提高工作效率。复制单元格内容的具体操作步骤如下：

1. 打开 Excel 工作簿，选择需要复制数据的单元格，单击鼠标右键，弹出快捷菜单，选择"复制"选项，如图 8-37 所示。

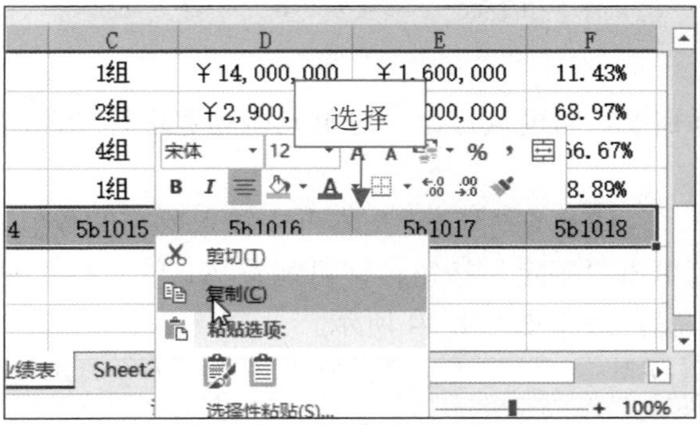

2. 选择 A19 单元格，单击鼠标右键，弹出快捷菜单，选择"粘贴"选项，即可复制单元格内容，如图 8-38 所示。

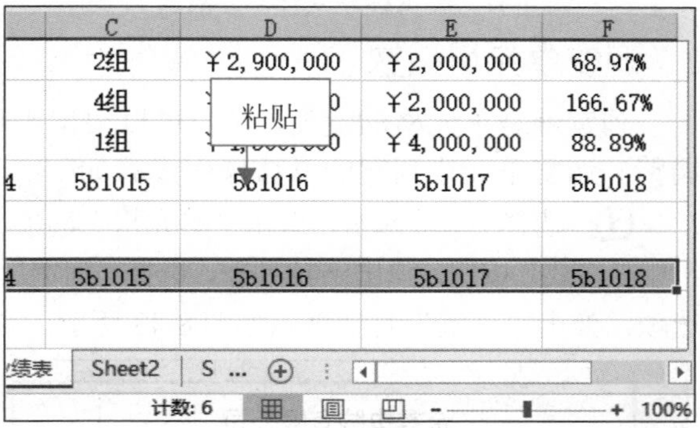

图 8-37　选择"复制"选项

图 8-38　复制单元格内容

2．移动单元格内容

移动单元格内容就是将数据从当前单元格移至另一个单元格中，移动后不必再删除当前单元格中的内容。

移动单元格内容的具体操作步骤如下：

1. 打开如图 8-38 所示的工作簿，选择需要移动数据的单元格，单击鼠标右键，弹出快捷菜单，选择"剪切"选项，如图 8-39 所示。

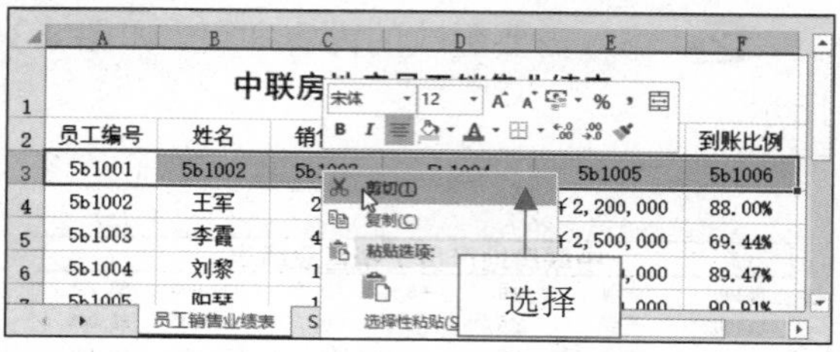

2. 选择 A16 单元格，单击鼠标右键，弹出快捷菜单，选择"粘贴"选项，即可完成单元格数据的移动操作，如图 8-40 所示。

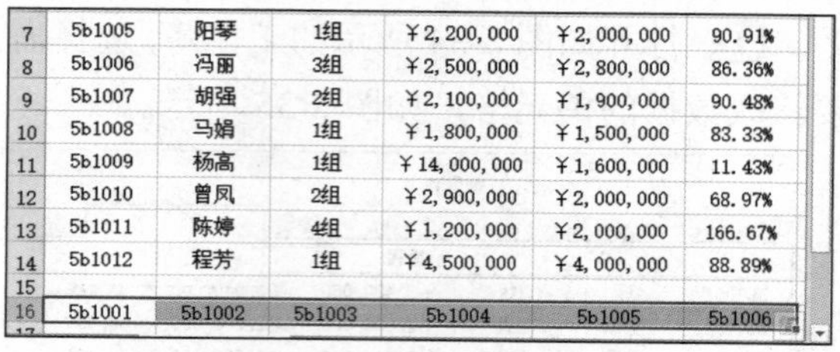

图 8-39　选择"剪切"选项

图 8-40　移动单元格内容

8.4.4　调整单元格行高和列宽

在 Excel 中，单元格的默认行高和列宽有时并不能满足工作的需要，此时，用户可以根据内容的需求对单元格的大小进行适当的调整。下面将分别介绍调整行高和列宽的操作方法。

1. 调整单元格行高

行高就是单元格的高度，在工作中倘若编辑的文字字号较大，可以对单元格的高度进行调整，使文字完整地显示出来。调整单元格行高的具体操作步骤如下：

1. 打开 Excel 文档，将鼠标指针移至需要调整行高的行号下方分隔线上，鼠标指针呈 ✛ 形状，如图 8-41 所示。

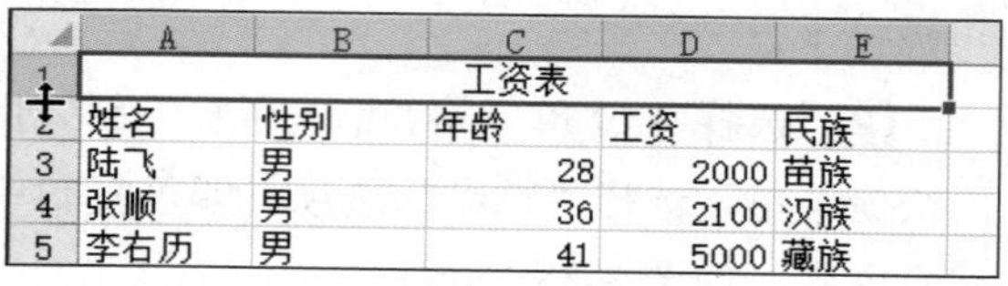

2. 单击鼠标左键并向下拖曳，至适当位置后释放鼠标左键，即可调整该行的行高，效果如图 8-42 所示。

图 8-41　将鼠标移至行号分隔线上

图 8-42　调整行高后的效果

2. 调整单元格列宽

列宽就是单元格的宽度，用户可以根据实际需要，通过执行命令对单元格列宽进行精确的调整。调整单元格列宽的具体操作步骤如下：

1. 选择 A1 单元格，单击"单元格"选项组中"格式"按钮，弹出下拉列表，选择"列宽"选项，弹出"列宽"对话框，如图 8-43 所示。

2. 在"列宽"文本框中输入所需的数值，单击"确定"按钮，即可调整 A1 单元格的列宽，效果如图 8-44 所示。

图 8-43　弹出"列宽"对话框

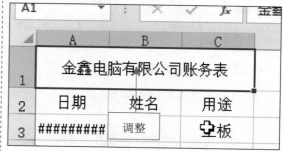

图 8-44　调整列宽后的单元格效果

在调整单元格行高和列宽的操作中，用户既可以通过执行命令输入精确的数值对行高和列宽进行调整，也可以使用鼠标直接调整单元格的行高和列宽。

8.4.5　合并和拆分单元格

为了让表格制作得更加专业和美观，有时需要根据表格中的内容对单元格进行合并或拆分。下面分别介绍合并和拆分单元格的方法。

1．合并单元格

若输入的内容太多，默认的单元格大小无法将内容全部显示，此时，可以选中多个单元格将其合并，其具体操作步骤如下：

1. 打开 Excel 工作簿，选中 A1:D1 单元格区域，单击"开始"选项卡下"对齐方式"选项组右下角的对话框启动器按钮，如图 8-45 所示。

2. 弹出"设置单元格格式"对话框，如图 8-46 所示。

图 8-45　单击对话框启动器按钮

图 8-46　"设置单元格格式"对话框

3. 切换至"对齐"选项卡，在其中勾选"合并单元格"复选框，如图 8-47 所示。

4. 单击"确定"按钮，即可将选中的单元格区域合并，如图 8-48 所示。

图 8-47　勾选"合并单元格"复选框

图 8-48　合并单元格

2．拆分单元格

在 Excel 中，拆分单元格的操作只能在合并后的单元格的基础上进行。拆分单元格的具体操作步骤如下：

① 打开 Excel 工作簿，选中合并后的单元格 A1，如图 8-49 所示。

② 在"开始"选项卡下"对齐方式"选项组中单击"合并后居中"下拉按钮，在下拉列表中选择"取消单元格合并"命令，如图 8-50 所示。

图 8-49　选中单元格

图 8-50　拆分单元格

8.4.6　插入和删除单元格

在实际操作过程中，用户可以根据工作的需要，随时插入或删除单元格。下面将分别介绍插入和删除单元格的方法。

1．插入单元格

在操作过程中，当用户发现制作的表格中有被遗漏的数据，可以在需要添加单元格的位置上插入单元格。

插入单元格的具体操作步骤如下：

① 打开 Excel 工作簿，选中 A5 单元格，单击"开始"选项卡下"单元格"选项组中的"插入"下拉按钮，如图 8-51 所示。

② 弹出下拉菜单，选择"插入单元格"选项，弹出"插入"对话框，选中"整行"单选按钮，如图 8-52 所示。

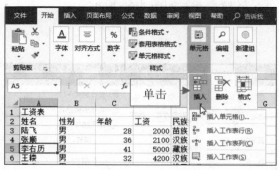

图 8-51　单击"插入"下拉按钮

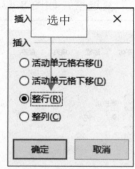

图 8-52　选中"整行"单选按钮

3 单击“确定”按钮，即可插入整行，如图 8-53 所示。

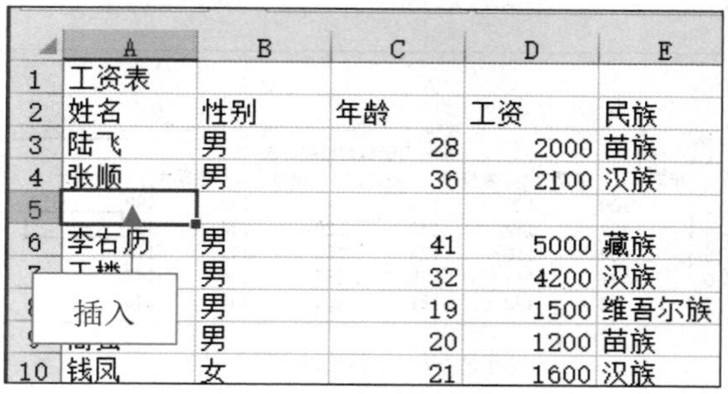

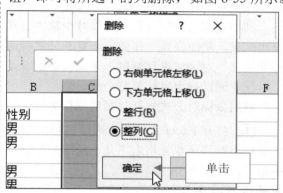

	A	B	C	D	E
1	工资表				
2	姓名	性别	年龄	工资	民族
3	陆飞	男	28	2000	苗族
4	张顺	男	36	2100	汉族
5					
6	李右历	男	41	5000	藏族
7	[illegible]	男	32	4200	汉族
8	[illegible]	男	19	1500	维吾尔族
9	[illegible]	男	20	1200	苗族
10	钱凤	女	21	1600	汉族

图 8-53　插入整行

专家提醒

用户在“插入”对话框中，若选中“活动单元格右移”单选按钮，则在所选单元格的左侧插入一个单元格；若选中“活动单元格下移”单选按钮，则在所选单元格的上面插入一个单元格；若选中“整列”单选按钮，则在所选单元格的左侧插入一列。

2．删除单元格

使用删除单元格命令可以将不需要的单元格、行或列删除，其具体操作步骤如下：

1 打开如图 8-49 所示的工作簿，选中需要删除的列，单击鼠标右键，弹出快捷菜单，如图 8-54 所示。

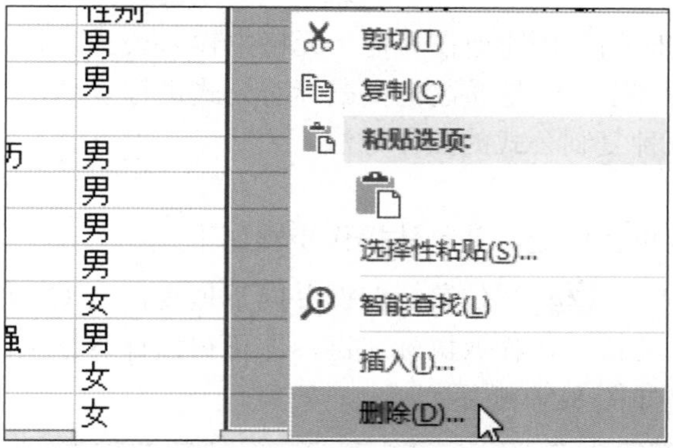

图 8-54　弹出快捷菜单

2 选择“删除”选项，在弹出的“删除”对话框中单击“整列”，然后单击“确定”按钮，即可将所选中的列删除，如图 8-55 所示。

图 8-55　删除整列

8.5　应用公式、函数和图表

在 Excel 应用程序中，除了编辑、修改和输入数据外，它还具有强大的数据处理、分析和运算等功能。

扫码观看本节视频

8.5.1　应用公式计算

应用公式计算是 Excel 中处理数据最基本的操作方法，只要输入计算公式，Excel 将会自动、精确且快速地对数据进行运算处理，下面将介绍应用公式计算的方法。

1．输入公式

在 Excel 中，用户既可以在编辑栏中输入公式，也可以在单元格中直接输入。输入公式的具体操作步骤如下：

1. 打开 Excel 工作簿，选择 G3 单元格，在编辑栏中输入公式"=A3＋B3＋C3＋D3＋E3＋F3"，如图 8-56 所示。

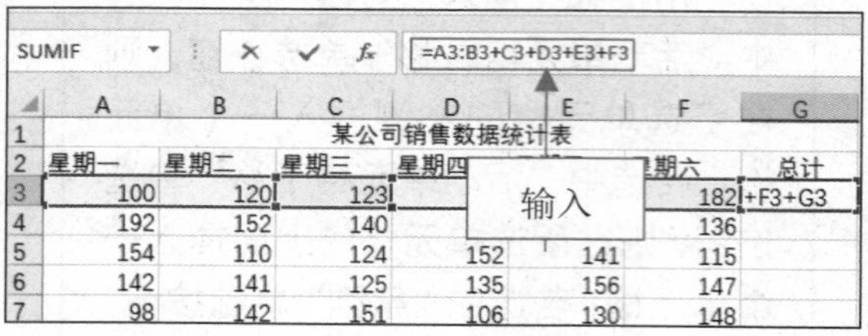

2. 按【Enter】键确定，即会在 G3 单元格中显示计算结果，如图 8-57 所示。

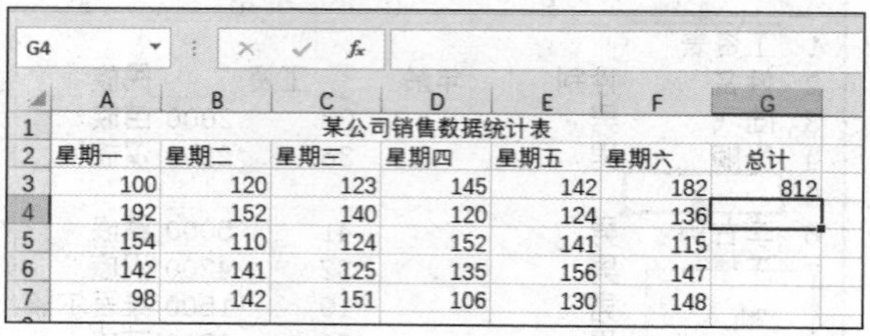

图 8-56　输入公式

图 8-57　得出计算结果

专 家 提 醒

用户使用 Excel 输入公式时，必须遵守等号在最前面、计算的元素和运算符在后面的原则。

2．复制公式

利用复制公式的操作，可以减少输入公式的时间，快速地在其他单元格中输入公式，并计算出结果，从而提高工作效率。复制公式有两种方法：一是通过拖曳鼠标对公式进行复制，二是通过命令对公式进行复制。下面将分别介绍两种复制公式的操作方法。

通过拖曳鼠标复制公式

利用鼠标对公式进行复制的操作方法十分简单且便捷，其具体操作步骤如下：

1. 打开 Excel 工作簿，选择 G3 单元格，将鼠标指针移至单元格右下角，鼠标指针会呈＋形状，如图 8-58 所示。

2. 按住鼠标左键并向下拖曳，至 G7 单元格后，释放鼠标左键，即可得出计算结果，如图 8-59 所示。

图 8-58　将鼠标指针移至单元格右下角

图 8-59　得出计算结果

通过命令复制公式

通过命令复制公式就是对公式执行复制、粘贴的操作，其具体操作步骤如下：

1 打开如图 8-57 所示的工作簿，选择 G3 单元格，单击鼠标右键，弹出快捷菜单，选择"复制"选项，如图 8-60 所示。

2 选择 G4 单元格，单击鼠标右键，弹出快捷菜单，选择"粘贴"选项，即可得出计算结果，如图 8-61 所示。

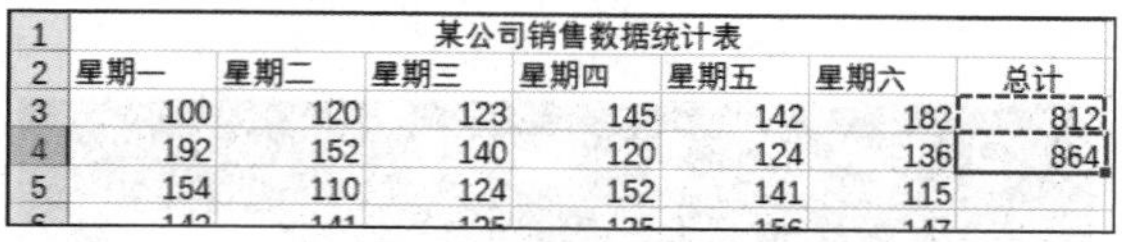

图 8-60　选择"复制"选项

某公司销售数据统计表						
星期一	星期二	星期三	星期四	星期五	星期六	总计
100	120	123	145	142	182	812
192	152	140	120	124	136	864
154	110	124	152	141	115	
142	141	125		156	147	

图 8-61　得出计算结果

8.5.2　应用函数计算

Excel 中有各种各样的函数公式，只要操作方法正确，使用函数进行数据运算非常快速、方便，且可以减少错误的发生。使用函数进行计算就必须先输入函数，输入函数计算通常有两种方式，一种是手工输入，另一种是向导输入。下面将分别介绍两种输入方式输入函数计算的方法。

1．手工输入

手工输入比较简单，但需要用户记住函数的名称、参数和作用，对于一些简单的函数可以使用手工输入的方法。手工输入的具体操作步骤如下：

1 打开 Excel 工作簿，选择 H3 单元格，在编辑栏中输入"="号，再输入函数"SUM（D3：G3）"，如图 8-62 所示。

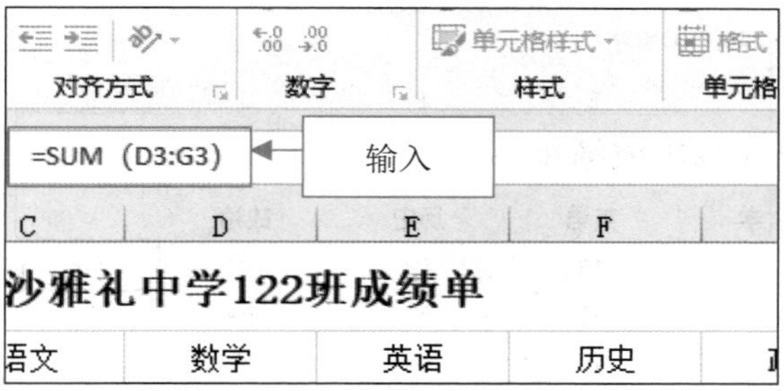

2 按【Enter】键确定，即可在 H3 单元格中显示计算结果，如图 8-63 所示。

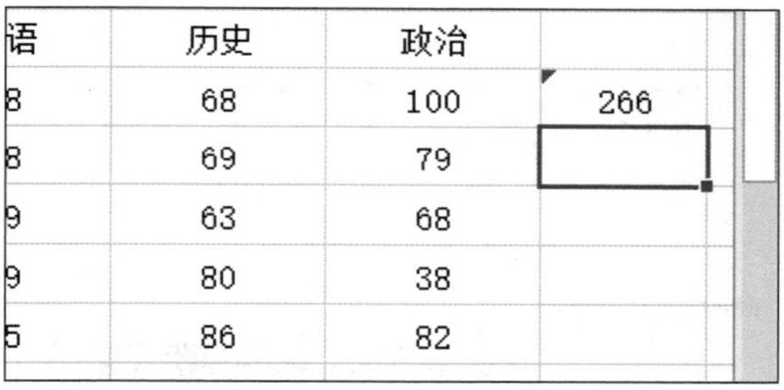

图 8-62　输入函数

图 8-63　得出计算结果

2．向导输入

向导输入方式的输入过程虽然比较复杂，但不必记忆函数的名称、参数和参数的顺序等，向导输入的具体操作步骤如下：

专 家 提 醒

如果用户熟悉所要使用的函数，在"插入函数"对话框中可以不使用"搜索函数"文本区，再单击"转到"按钮查找函数，只需在"或选择类别"下拉列表框中，选择需要使用的函数类别，在"选择函数"列表框中直接选择需要的函数即可。

1. 打开如图 8-63 所示的工作簿，选择 H3 单元格，选择"公式"选项卡，单击"插入函数"按钮，如图 8-64 所示。

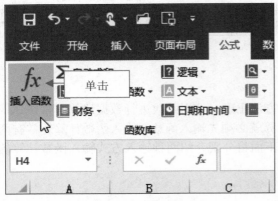

图 8-64 单击"插入函数"按钮

3. 单击"确定"按钮，弹出"函数参数"对话框，单击 Number1 文本框右侧的按钮，在工作表中选择 D3:G3 单元格区域，按【Enter】键确认，返回"函数参数"对话框，如图 8-66 所示。

函数参数

SUM

| Number1 | D3:G3 | ↑ | = (50,48,68,100) |
| Number2 | | ↑ | = 数值 |

= 266

计算单元格区域中所有数值的和

Number1: number1,number2,... 1 到 255 个待求和的数值。单元格中的逻辑值和文本将被忽略。但当作为参数键入时，逻辑值和文本有效

计算结果 = 266

有关该函数的帮助(H)   确定   取消

图 8-66 "函数参数"对话框

2. 弹出"插入函数"对话框，在"搜索函数"文本区中输入"相加"，单击"转到"按钮，在"选择函数"列表框中选择 SUM 选项，如图 8-65 所示。

插入函数

搜索函数(S):

相加

或选择类别(C): 常用函数

选择函数(N):

SUM ← 选择
SUMIF
AVERAGE

图 8-65 选择 SUM 选项

4. 单击"确定"按钮，在 H3 单元格中将自动计算出函数的结果，如图 8-67 所示。

=SUM(D3:G3)

D	E	F	G	H
			122班成绩单	
	英语	历史	政治	
0	48	68	100	266
9	98	69	79	
5	49	63	68	
8	99	80	38	
0	85	86	82	
5	86	87	98	

图 8-67 得出计算结果

专家提醒

选择单元格后，单击"自动求和"右侧的下拉按钮，在弹出的下拉列表中，选择相应的选项，即可得出 SUM（求和）的计算结果。此种操作方式只适用于较为简单的函数计算，而较为复杂的函数计算还是需要通过向导命令来完成。

8.5.3 创建数据图表

在 Excel 中不仅可以对数据进行计算和统计等操作,还可以将处理过的数据制成各种图表。图表可以轻松地显示出复杂数据间的关系及其变化的趋势,并使数据达到层次分明、条理清晰和内容直观的效果。

1. 创建图表

使用 Excel 中提供的图表向导,可以快速地创建图表,并且用户可以根据需要自由选择图表的类型。

创建数据图表的具体操作步骤如下:

1. 打开 Excel 工作簿,选择要建立图表的数据区域,如图 8-68 所示。

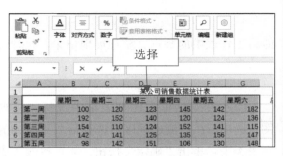

图 8-68 选择数据

2. 切换到"插入"选项卡,单击"图表"|"插入饼图或圆环图"|"三维饼图"选项,如图 8-69 所示。

图 8-69 选择图表类型

3. 执行操作后,即可在表格中插入图表(如图 8-70 所示),并为图表添加数据标记说明,以更加直观地表现数据。

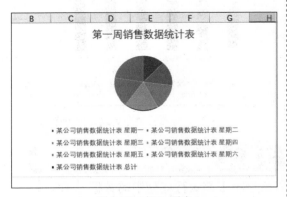

图 8-70 插入图表

4. 切换至"图表工具"|"设计"选项卡,在"图表布局"选项组中单击"添加图表元素"按钮,在弹出的下拉列表中选择"数据标签"|"其他数据标签选项"选项,如图 8-71 所示。

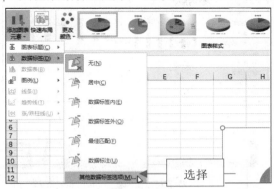

图 8-71 选择相应的选项

5. 弹出"设置数据标签格式"对话框，设置各参数，单击"关闭"按钮，如图 8-72 所示。

图 8-72　设置数据标签格式

6. 修改图表标题，插入图表后的效果如图 8-73 所示。

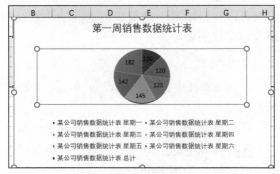

图 8-73　完成图表的创建

2．更改图表类型

创建图表后，若发现所创建的图表类型并不能将工作表中的数据完整地展现出来，此时就需要更改图表的类型，使图表符合实际的要求。

更改图表类型的具体操作步骤如下：

1. 打开如图 8-73 所示的工作簿，选中工作簿中的图表，单击鼠标右键，弹出快捷菜单，选择"更改图表类型"选项，弹出"更改图表类型"对话框，如图 8-74 所示。

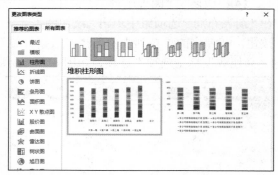

图 8-74　弹出"更改图表类型"对话框

2. 在对话框右侧列表框中选择"柱形图"选项，在右侧选项区中选择需要更改为的图表类型，单击"确定"按钮，即可更改图表类型，如图 8-75 所示。

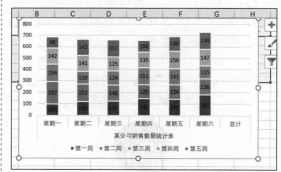

图 8-75　将图表类型更改为柱形图

专 家 提 醒

大多数的图表（如柱形图），都可以直接将工作表行或列中的数据添加在图表中，但某些图表类型（如饼图）则需要用户设置数据的排列方式。

8.5.4　编辑数据图表

图表创建完成后，用户可以根据实际情况或自身的喜好，对图表背景、字体和颜色等进行进一步的编辑。

编辑数据图表的具体操作步骤如下：

专 家 提 醒

在"设置图表区格式"窗格中，用户还可以设置图表的填充效果为图案填充或图片填充。另外，还可以设置图表的其他效果。

1. 打开如图 8-75 所示的工作簿，在创建的图表上双击鼠标左键，弹出"设置图表区格式"窗格，选中"渐变填充"单选按钮，设置渐变填充的各项参数，如图 8-76 所示。

图 8-76　设置渐变填充参数

3. 在展开的选项区中设置渐变填充参数，单击"关闭"按钮，如图 8-78 所示。

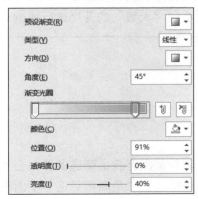

图 8-78　设置渐变填充参数

2. 单击"关闭"按钮，图表填充效果如图 8-77 所示。双击图表绘图区空白处，弹出"设置绘图区格式"窗格，选中"渐变填充"单选按钮。

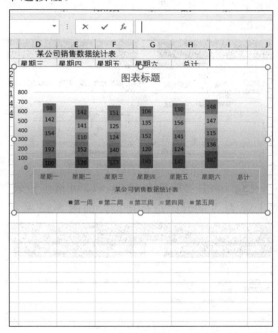

图 8-77　填充效果

4. 返回工作表，添加填充效果后的图表如图 8-79 所示。

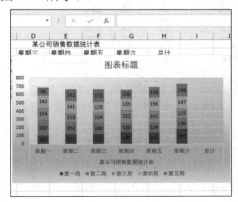

图 8-79　完成图表格式的设置

8.6 对数据进行管理

合理地管理表格中的数据,才能将 Excel 的功能发挥得淋漓尽致,才可以让用户轻松地运用 Excel,管理数据的主要内容包括数据排序、数据筛选和数据汇总等。

8.6.1 对数据进行排序

数据排序就是将数据按照一定的规则进行整理和排列,从而为对数据进行进一步的处理做好准备。对数据进行排序的具体操作步骤如下:

1. 打开 Excel 工作簿,单击"数据"选项卡下"排序和筛选"选项组中的"排序"按钮,如图 8-80 所示。

图 8-80 单击"排序"按钮

2. 弹出"排序"对话框,在"主要关键字"下拉列表框中选择"工资/月"选项,设置"次序"为"升序",如图 8-81 所示。

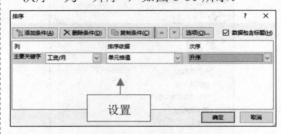

图 8-81 排列条件

3. 单击"确定"按钮,即可将工资表按"工资/月"的升序进行排列,如图 8-82 所示。

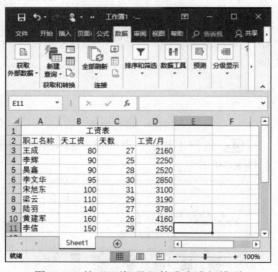

图 8-82 按"工资/月"的升序进行排列

专家提醒

在"排序"对话框中,用户可以单击"添加条件"按钮,设置次要关键字,例如按"天数"升序排列,表格中的数据将主要以"工资/月"的升序排序,当"工资/月"相同时,则会按"天数"的升序进行排列。

8.6.2 对数据进行筛选

数据筛选就是从工作表中筛选出满足条件的数据,若数据没有满足筛选条件则会被隐藏起来,Excel 为用户提供了两种筛选数据的方法:一是自动筛选,二是高级筛选。下面将分别介绍这两种筛选数据的方法。

1. 自动筛选

自动筛选可以快速地查找到符合条件的数据，使用自动筛选功能时，每个字段名称将变成一个下拉列表框的框名，选择其中的选项即可进行数据的筛选。

自动筛选的具体操作步骤如下：

1. 打开 Excel 工作簿，选择 A3:F13 单元格区域，单击"数据"选项卡下"排序和筛选"选项组中的"筛选"按钮，如图 8-83 所示。

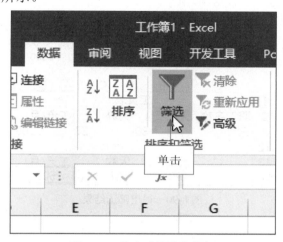

图 8-83　单击"筛选"按钮

2. 单击"应聘职位"名称右侧的下拉按钮，在弹出的下拉列表中选择"文本筛选"|"自定义筛选"选项，如图 8-84 所示。

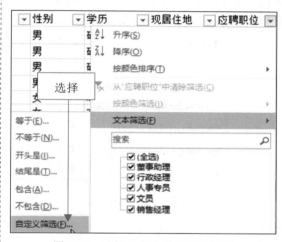

图 8-84　选择"自定义筛选"选项

3. 弹出"自定义自动筛选方式"对话框，在其中进行相应的设置，如图 8-85 所示。

图 8-85　设置筛选条件

4. 单击"确定"按钮，即可筛选出满足条件的数据，其他不满足条件的数据则被隐藏，如图 8-86 所示。

003	李明	男	研究生	吉首	行政经理
006	陈良	男	研究生	岳阳	行政经理
010	张志	男	研究生	湘潭	行政经理
002	郭佳	男	本科	湘潭	人事专员
005	杨芳	女	本科	娄底	文员
007	胡艳	女	本科	湘潭	行政经理
001	王雪	女	大专	长沙	文员
004	周赏	男	大专	邵阳	销售经理
008	曾婷	女	大专	岳阳	人事专员
011	王强	男	大专	长沙	销售经理

图 8-86　得出筛选结果

2. 高级筛选

当数据中的字段比较多时，筛选的条件也比较多时，可以使用高级筛选功能来对数据进行筛选。

高级筛选的具体操作步骤如下：

1. 打开 Excel 工作簿，在 B13:D14 单元格区域中依次输入筛选条件，如图 8-87 所示。

2. 单击"数据"选项卡下"排序和筛选"选项组中的"高级"按钮，如图 8-88 所示。

第八章

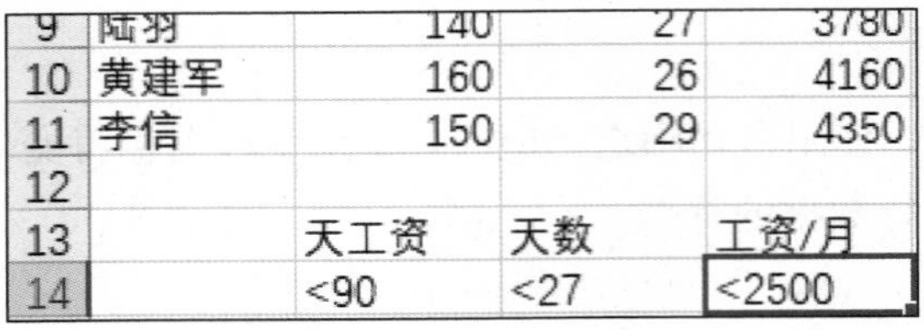

9	陆羽	140	27	3780
10	黄建军	160	26	4160
11	李信	150	29	4350
12				
13		天工资	天数	工资/月
14		<90	<27	<2500

图 8-87 输入筛选条件

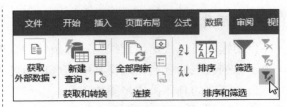

图 8-88 单击“高级”按钮

3 弹出“高级筛选”对话框，选中“在原有区域显示筛选结果”单选按钮，在“列表区域”文本框和“条件区域”文本框中分别选择相应的单元格区域，如图 8-89 所示。

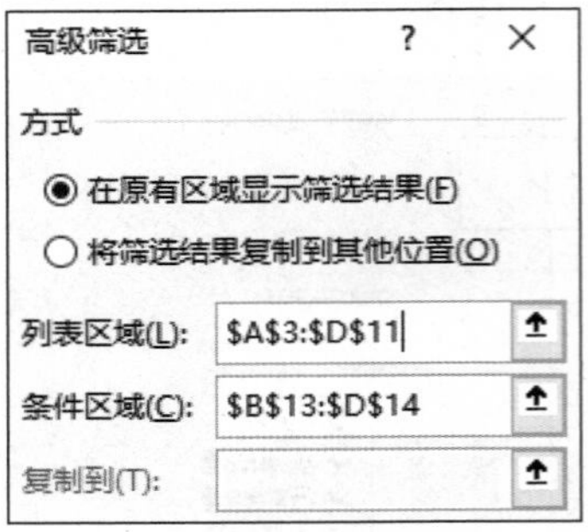

图 8-89 设置数据区域

4 单击“确定”按钮，即可筛选出满足条件的数据，其他不满足条件的数据则被隐藏，如图 8-90 所示。

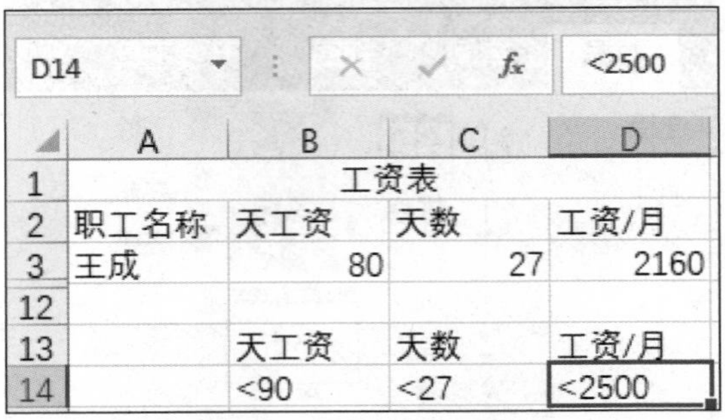

D14 <2500

	A	B	C	D
1	工资表			
2	职工名称	天工资	天数	工资/月
3	王成	80	27	2160
12				
13		天工资	天数	工资/月
14		<90	<27	<2500

图 8-90 得出筛选结果

8.6.3 对数据进行汇总

对数据进行汇总就是对数据进行分类汇总，它是数据处理中最重要的一种方法，常用于对表格数据或原始数据进行分析处理，并可以自动插入汇总信息行。使用分类汇总功能，可以得出清晰、明了的总结报告，还可以设置在报告中只显示需要层次的信息。

对数据进行汇总的具体操作步骤如下：

1 打开 Excel 文档，在工作表中选择需要汇总的单元格区域，单击“数据”选项卡下“分级显示”选项组中的“分类汇总”按钮，如图 8-91 所示。

图 8-91 单击“分类汇总”按钮

2 弹出“分类汇总”对话框，在“分类字段”下拉列表框中选择“职工名称”选项，在“汇总方式”下拉列表框中选择“求和”选项，在“选定汇总项”列表框中，选中“工资/月”复选框，如图 8-92 所示。

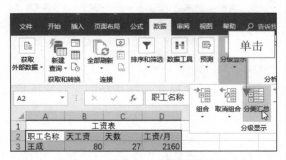

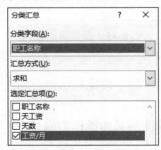

图 8-92 设置各选项区的选项参数

3 单击"确定"按钮，即可完成对数据进行分类汇总的操作，效果如图 8-93 所示。

4 在工作区左上角，单击分级显示符号 2，即可以第 2 级汇总数据的形式显示，效果如图 8-94 所示。

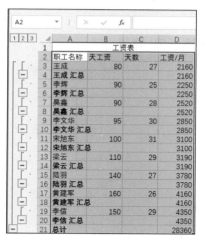

图 8-93　分类汇总效果

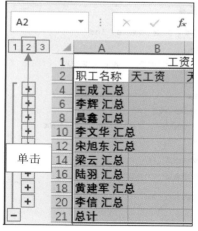

图 8-94　以第 2 级汇总数据显示的效果

专 家 提 醒

对数据进行分类汇总设置前，一定要先对数据按类进行排序，否则得不到正确结果。

8.6.4　对数据进行打印

制作好表格后，就可以将表格中的数据打印出来，打印设置主要包括设置页面、设置打印区域和打印预览等，其具体操作步骤如下：

1 打开 Excel 工作簿，单击"文件"｜"打印"选项，如图 8-95 所示。

2 点击右下角"显示边距"按钮 ▥ 或"缩放到页面"按钮 ▣，可预览打印效果，如图 8-96 所示。

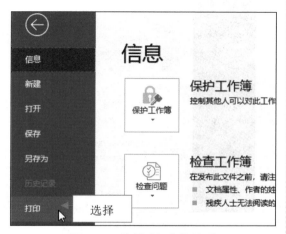

图 8-95　选择"打印"选项

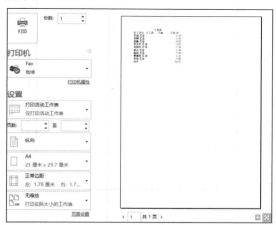

图 8-96　预览打印效果

第八章

3. 单击 "页面设置" 按钮, 弹出 "页面设置" 对话框, 在其中进行相应的页面设置, 如图 8-97 所示。

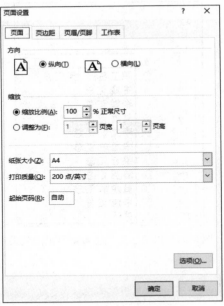

图 8-97　进行相应的页面设置

5. 依次设置 "页眉页脚" 和 "工作表" 选项卡, 设置完成后, 单击 "打印预览" 按钮, 即可预览设置后的打印效果, 如图 8-99 所示。

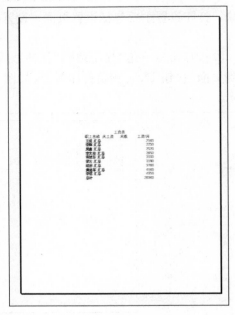

图 8-99　预览打印效果

4. 切换至 "页边距" 选项卡, 在 "居中方式" 选项区中, 选中 "水平" 和 "垂直" 复选框, 如图 8-98 所示。

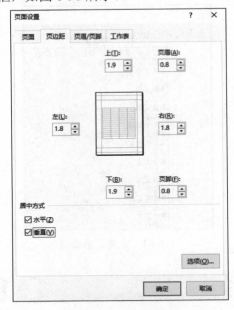

图 8-98　选中 "水平" 和 "垂直" 复选框

6. 在窗口中间区域设置相关打印参数, 如页数、份数、起始页、打印机等 (如图 8-100 所示), 单击 "打印" 按钮, 即可打印该工作表。

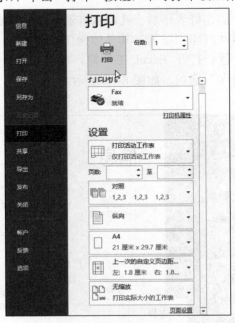

图 8-100　进行相应的打印设置

第九章

软件程序管理

Windows 10 系统安装完成后，还需要在电脑中安装相应的应用程序、驱动程序和常用的工具软件，才能为工作、娱乐和休闲等提供更完善的服务。本章将主要介绍应用程序的安装与删除以及驱动程序的安装等内容。

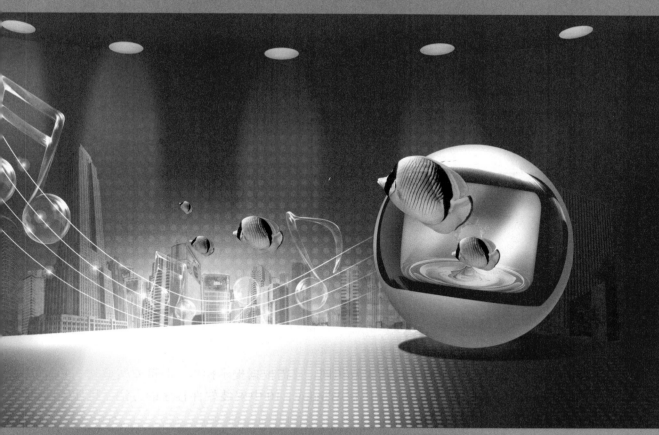

9.1 安装应用软件

应用软件是为了解决用户的各种实际问题而编制的程序，它是电脑的重要组成部分，因此了解并掌握常用应用软件的安装是非常必要的。

9.1.1 安装软件程序的常用方法

安装应用软件就是将软件安装于操作系统中，通常大部分软件的安装文件的名称为 Setup.exe 或 Install.exe，而一些小型软件则以软件名称作为标记，常见的安装程序图标如图 9-1 所示。常用的应用程序有两种安装方式：一种是光盘安装，另一种是从硬盘或其他移动设备直接安装，下面将分别介绍这两种安装方法。

图 9-1 常用的安装程序图标

1．光盘安装

使用光盘安装应用程序，只需将所要安装的应用程序的光盘放入光驱中，打开光驱，然后双击安装文件，系统将会自动进行安装，用户只需根据提示进行操作，即可安装成功。

2．硬盘或其他移动设备安装

安装程序若存放在硬盘或其他移动设备中，只需双击安装程序图标，即可运行安装向导，然后根据提示进行操作，将软件安装于电脑中。

知识链接

硬盘或其他移动设备安装的三个优势如下：

- ☼ 不必考虑安装驱动程序。
- ☼ 安装速度较快，因为系统读取硬盘中的数据比读取光驱中的数据快。
- ☼ 安装一些新的驱动程序时，系统会要求放入 Windows 安装光盘，如果先将安装文件复制到硬盘中，系统便会自动到对应的硬盘目录中读取需要的文件，而不必再去插入光盘。

9.1.2 安装 Office 软件程序

安装各种软件程序的操作步骤大致相同，只需根据提示操作，即可安装成功。下面以安装 Office 2016 软件程序为例，介绍在 Windows 10 中安装软件程序的方法，其具体操作步骤如下：

1. 在 Office 2016 安装程序目标文件夹中，双击安装文件 setup.exe，弹出"Microsoft Office 2016 安装"窗口，如图 9-2 所示。

2. 弹出安装界面，如图 9-3 所示。

图 9-2　准备就绪

图 9-3　安装界面

3. 系统自动安装，安装完成后，出现如图 9-4 所示对话框，单击"关闭"安装完成。

图 9-4　"安装已完成"界面

专家提醒

在 Office 2016 安装程序的文件夹中，选中安装文件后，单击鼠标右键，在弹出的快捷菜单中选择"打开"选项，也可以启动 Office 2016 安装向导，进入安装向导界面。

9.2　卸载应用软件

当电脑中安装的应用程序过多时，就会导致电脑运行速度变慢，此时用户可以将不常用的软件程序卸载，从而提高电脑的运行速度，节省磁盘空间。

9.2.1　通过软件自带的卸载程序

软件安装完成后，大多数软件都会自带一个 Uninstall（卸载）程序，通过软件自带的卸载程序进行卸载，可以使安装文件很快地清除干净。下面以卸载"百度网盘"为例，介绍软件通过自带的卸载程序进行卸载的方法，其具体操作步骤如下：

1. 单击"开始" | "百度网盘" | "卸载百度网盘"命令，如图9-5所示。

2. 弹出"卸载百度网盘"对话框，单击"卸载"按钮，如图9-6所示。

图9-5 单击"卸载百度网盘"命令

图9-6 单击"卸载"按钮

3. 进入卸载界面，下方会出现卸载进度条，单击"完成"即可卸载成功，如图9-7所示。

图9-7 单击"完成"按钮

9.2.2 通过控制面板手动卸载

如果需要卸载的应用软件中没有自带的卸载程序，则用户可以通过控制面板的"添加或删除程序"功能将其删除。下面以卸载"QQ浏览器"程序为例，介绍通过控制面板手动卸载软件的方法，其具体操作步骤如下：

1. 单击"开始"|"控制面板"命令，打开"控制面板"窗口，单击"程序和功能"图标，如图 9-8 所示。

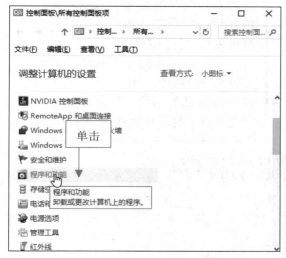

图 9-8 单击"程序和功能"图标

3. 此时将弹出如图 9-10 所示窗口，单击"继续卸载"按钮。

图 9-10 单击"继续卸载"按钮

2. 打开"程序和功能"窗口，在窗口中间的程序列表框中，选择"QQ 浏览器"选项，单击程序列表上方的"卸载/更改"按钮，如图 9-9 所示。

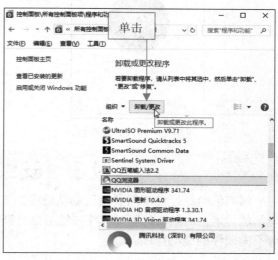

图 9-9 单击"卸载/更改"按钮

4. 弹出如图 9-11 所示窗口，勾选"同时删除书签、历史记录及个人设置数据"复选框，单击"确认卸载"按钮。

图 9-11 单击"确认卸载"按钮

5. 进入卸载界面，卸载进度条进行完之后即卸载完成，如图9-12所示。

图9-12　进入卸载界面

知识链接

　　软件可以分为注册软件和绿色软件。注册软件指的是在安装的时候，会将软件的注册信息写入到注册表中的软件；绿色软件指的是不需要安装就可以直接使用的软件。

　　另外，真正的绿色软件的卸载是非常简单容易的，因为它不需要向系统中添加任何信息，因此可以像删除普通文件一样进行删除。

9.3　安装驱动程序

　　所有的电脑硬件都需要相应驱动程序的支持才能够正常运行，并且好的驱动程序能够提高电脑的性能，而默认的驱动程序往往不是最新的，性能也不是最好的。因此，需要用户手动安装不同硬件的驱动程序。

9.3.1　安装显卡驱动程序

　　显卡的品质决定了显示画面的优劣，通常情况下，不安装显卡驱动，图像颜色显示不精确，图像分辨率偏低。由此可见，显卡驱动程序的安装至关重要。下面以安装 AMD Radeon R5 M315 显卡驱动程序为例，介绍显卡驱动程序的安装方法。安装显卡驱动程序的具体操作步骤如下：

1. 打开光驱，将驱动程序安装光盘放入光驱中，或下载相对应的驱动程序。双击显卡驱动安装文件，弹出安装界面，如图9-13所示。

2. 单击"INSTALL"按钮，进入选择安装界面，选择安装语言，单击"下一步"按钮，如图9-14所示。

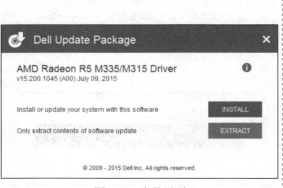

图9-13　安装界面

图9-14　单击"下一步"按钮

第九章

3 弹出新对话框，选择安装位置，保持默认设置，单击"下一步"按钮，如图 9-15 所示。

图 9-15　单击"下一步"按钮

4 进入"最终用户许可协议"界面，保持默认设置，单击"接受"按钮，如图 9-16 所示。

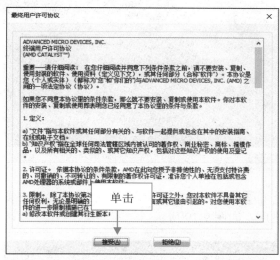

图 9-16　单击"接受"按钮

5 接下来，根据提示单击"下一步"按钮，即可完成安装。

知识链接

用户也可以在 Internet 上下载适合自己主机配置的显卡驱动程序。

通常情况下，建议用户将驱动程序安装在系统盘中，这样可以保持系统的稳定性。

9.3.2　安装声卡驱动程序

如果使用的是集成主板，并使用集成声卡，需要安装主板驱动盘附带的声卡驱动程序。下面以安装瑞昱声卡为例，介绍安装声卡驱动程序的方法。安装声卡驱动程序的常用方法有两种：

方法一：双击主板驱动安装文件所在的盘符。

方法二：右击"此电脑"图标，选择"属性"|"设备管理器"|"声音、视频和游戏控制器"选项，在打开的列表，右击需安装驱动程序的声卡名称。

第九章

1. 执行以上任一操作，系统启动安装程序，如图 9-17 所示。

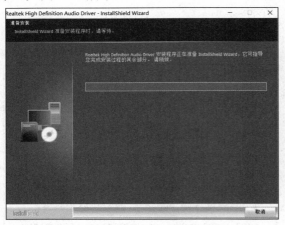

图 9-17 准备安装

2. 进入安装界面后，单击"下一步"按钮，如图 9-18 所示。

图 9-18 单击"下一步"按钮

3. 进入"安装状态"界面，并显示安装进度，如图 9-19 所示。

图 9-19 显示安装进度

4. 安装完成后，进入"安装完成"界面（如图 9-20 所示），单击"完成"按钮即可。

图 9-20 "安装完成"界面

知识链接

> 如果使用的是独立声卡，应在断电情况下将声卡插入一个 PCI 插槽中，然后再开机，系统会提示发现新硬件，此时在光驱中插入声卡的驱动盘，按提示安装声卡驱动。

9.3.3 安装网卡驱动程序

一般情况下，Windows 10 操作系统在安装的时候会将网卡驱动一起安装，但并非所有的系统都会安装上网卡驱动，本节将讲述网卡驱动的安装方法，具体操作步骤如下：

①　打开电脑光驱，将主板驱动程序安装光盘放入光驱中，打开"此电脑"窗口，双击网卡驱动安装文件所在的盘符，弹出驱动程序对话框，如图 9-21 所示。

②　切换到"安装单项驱动"选项卡，单击网卡驱动程序选项右侧的 Install 按钮，如图 9-22 所示。

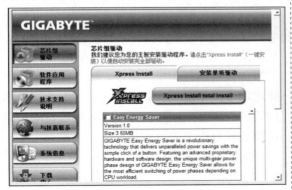

图 9-21　驱动程序对话框

图 9-22　单击 Install 按钮

③　弹出安装对话框，单击"下一步"按钮，如图 9-23 所示。

④　弹出开始安装界面，单击"安装"按钮，如图 9-24 所示。

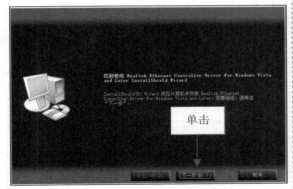

图 9-23　单击"下一步"按钮

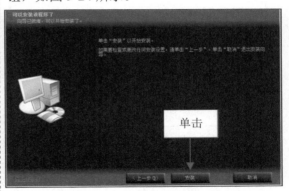

图 9-24　单击"安装"按钮

⑤　执行操作后，系统开始安装网卡驱动程序，如图 9-25 所示。

⑥　安装完成后，弹出"完成安装"界面，单击"完成"按钮即可，如图 9-26 所示。

图 9-25　开始安装网卡驱动程序

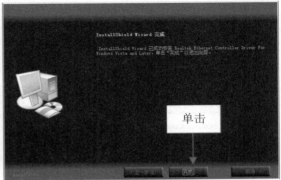

图 9-26　单击"完成"按钮

第九章

9.4 安装打印机

随着科技的发展和生活、工作的需要，打印机的作用越来越重要，它是电脑常用的输出设备之一，可以将电脑中的字符、汉字、表格和图像等信息以单色或彩色的形式打印到纸张上。连接好打印机后，必须安装打印机驱动程序才能使用打印机。下面以安装惠普打印机驱动程序为例，介绍安装打印机驱动程序的方法，其具体操作步骤如下：

1. 在"控制面板"窗口中双击"设备和打印机"图标，打开"设备和打印机"窗口，如图9-27所示。

2. 在该窗口的菜单栏中，单击"文件"|"添加设备和打印机"命令，或者在窗口的快捷选项卡区单击"添加打印机"按钮。打开"添加设备"窗口，如图9-28所示，系统自动搜索连接到计算机上的打印机。

图9-27 "设备和打印机"窗口

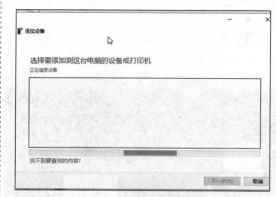

图9-28 打开"添加设备"窗口

3. 在搜索列表中选择要添加的打印机型号，用户也可以手动添加，选择"我所需的打印机未列出"选项，在该窗口中，选择"通过手动设置添加本地打印机或网络打印机"单选项，单击"下一步"按钮，如图9-29所示。

4. 弹出"选择打印机端口"对话框，在该对话框中使用默认的端口，单击"下一步"按钮，如图9-30所示。

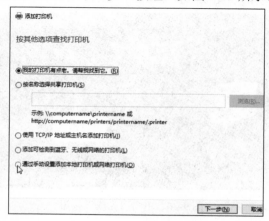

图9-29 "添加打印机"窗口

图9-30 选择打印机端口

5. 从弹出的对话框中选择打印机的生产厂商和型号（如果有所需打印机的启动安装盘，也可以单击"从磁盘安装"按钮），单击"下一步"按钮，如图 9-31 所示。

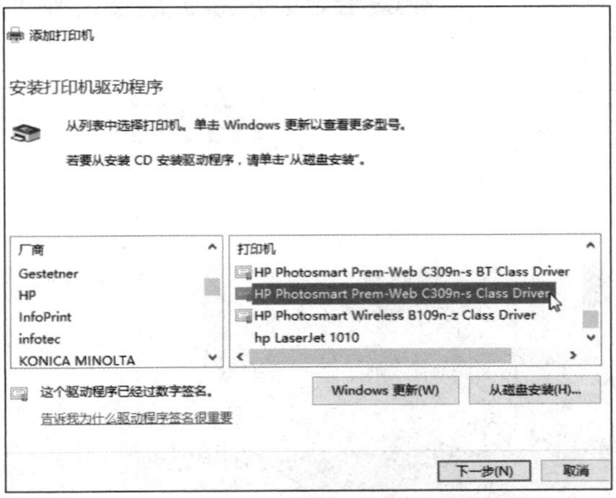

图 9-31 选择打印机厂商和型号

6. 在打开的对话框中，查看打印机名称是否有误，单击"下一步"按钮，在弹出的"打印机共享"对话框中选择是否共享，单击"下一步"按钮，如图 9-32 所示。

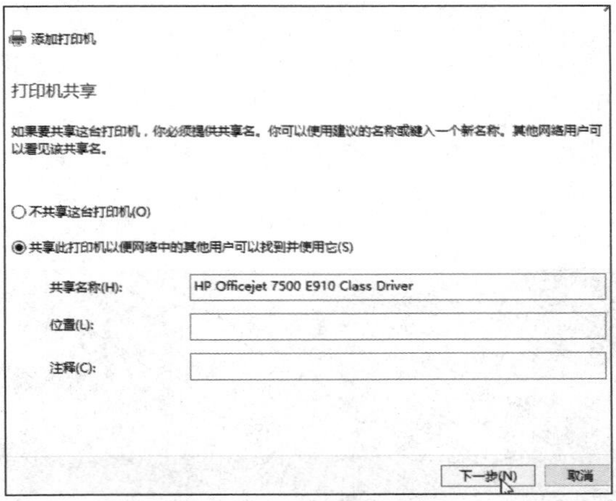

图 9-32 "打印机共享"对话框

7. 在弹出的对话框中，若需要打印测试页，可单击"打印测试页"按钮，单击"完成"按钮，即可完成打印机的安装操作，如图 9-33 所示。

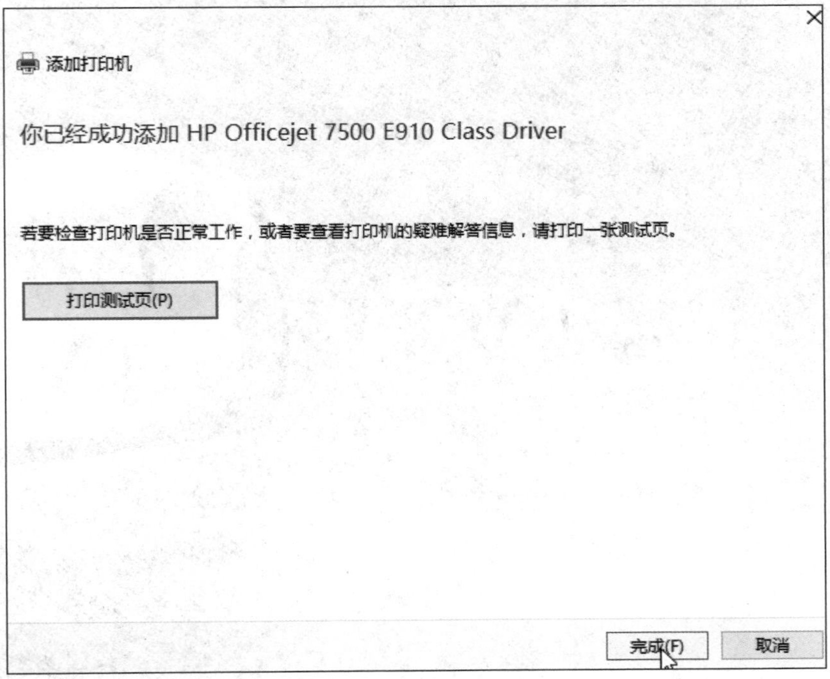

图 9-33 完成安装

第九章

197

第十章

常用工具

在电脑操作过程中，经常会用到一些常用的辅助软件，如压缩/解压工具——WinRAR、看图工具——ACDSee、音乐播放器和视频播放器等。本章将主要介绍常用工具软件的使用方法。

10.1　压缩工具——WinRAR

当用户从网上或他人电脑中拷贝大量文件时，需要对文件进行压缩使文件容量减小，以免占用太多的磁盘空间。压缩工具——WinRAR 是目前使用最为广泛的压缩软件之一，它支持大部分的压缩文件格式，其操作方法简单，并能够创建压缩文件，以及修复已损坏的压缩文件，是电脑用户必备的软件之一。

扫码观看本节视频

10.1.1　压缩文件

随着工作的开展，电脑中的各类文件也越来越多，使得电脑磁盘中的可用空间减少，电脑运行速度也将受到影响，此时，用户可以利用压缩工具将一些文件进行压缩保存。压缩文件通常有两种方法：直接压缩和通过 WinRAR 窗口进行压缩。

1. 直接压缩

直接压缩文件的具体操作步骤如下：

1. 打开用户文档窗口，在图片文件夹上单击鼠标右键，弹出快捷菜单，选择"添加到压缩文件"选项，如图 10-1 所示。

2. 弹出"压缩文件名和参数"对话框，在"常规"选项卡中保持各参数的默认设置，如图 10-2 所示。

图 10-1　选择"添加到压缩文件"选项

图 10-2　保持默认设置

3. 单击"确定"按钮，弹出"正在创建压缩包"提示信息框，并显示压缩进度，如图 10-3 所示。

4. 待压缩完成后，用户文档窗口中即添加了名为图片的压缩包，如图 10-4 所示。

图 10-3　显示压缩进度

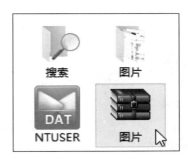

图 10-4　图片压缩包

第十章

一般情况下，在"压缩文件名和参数"对话框中，各参数保持默认设置即可，但用户也可根据自身需要进行相应的参数设置。

2. 通过 WinRAR 窗口压缩

WinRAR 压缩软件的窗口与其他窗口的区别在于：其他窗口中的地址栏在 WinRAR 窗口中称为目标栏，其他部分基本相似。

通过 WinRAR 窗口压缩文件的具体操作步骤如下：

1. 打开 WinRAR 窗口，在目标栏下拉列表框中定位文件夹所在的磁盘，选择需压缩的文件夹，如"图片"文件夹，如图 10-5 所示。

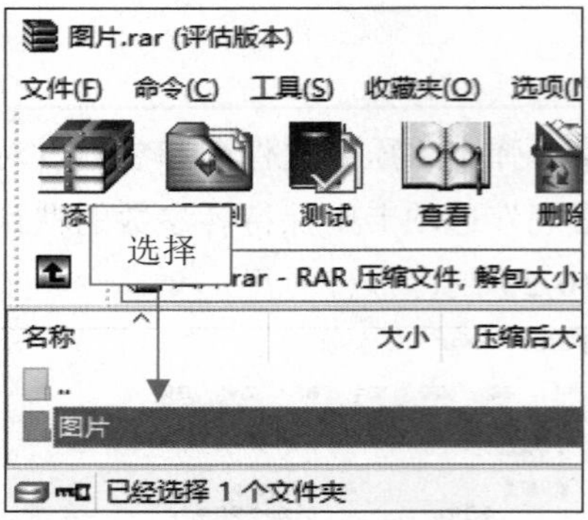

2. 单击"添加"按钮，弹出"压缩文件名和参数"对话框，设置压缩文件名称、格式等参数，如图 10-6 所示。

图 10-5　选择"图片"文件夹

图 10-6　设置压缩文件名、格式等参数

用户可以对压缩文件进行保密设置，在"压缩文件名和参数"对话框中，切换至"常规"选项卡，单击"设置密码"按钮，弹出"输入密码"对话框，在其中输入密码，并选中"加密文件名"复选框，单击"确定"按钮即可。

3. 设置参数完成后单击"确定"按钮，弹出"正在更新压缩文件 图片.rar"提示信息框，开始压缩文件并显示压缩进度，如图 10-7 所示。

4. 待压缩完成之后，返回 WinRAR 窗口，此时"图片"压缩包已添加成功，如图 10-8 所示。

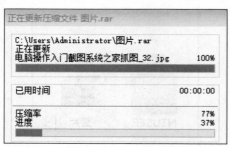

图 10-7　开始压缩文件

图 10-8　添加"图片"压缩包

知识链接

> WinRAR 是一款非常优秀的压缩软件，它拥有小巧的体积、高效的压缩比率、强大的档案管理功能和出色的安全性，大部分压缩文件格式都能适用，它对 RAR 和 ZIP 格式的文件完全支持，能解压 ARJ、LZH、ACE、TAR、JAR 和 GZ 等格式的文件。

10.1.2 解压缩文件

当用户需要查看压缩包中的资料时，首先需要对压缩包进行解压。解压缩文件的具体操作步骤如下：

1. 打开 WinRAR 窗口，在目标栏下拉列表框中定位压缩文件所在磁盘，选择需解压的文件压缩包，如"金山打字通"，如图 10-9 所示。

2. 单击"解压到"按钮，弹出"解压路径和选项"对话框，在"常规"选项卡下设置解压路径，如图 10-10 所示。

图 10-9 选择"金山打字通"压缩包

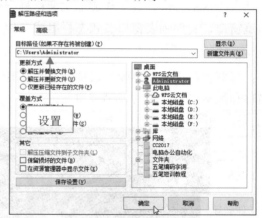

图 10-10 设置解压路径

3. 单击"确定"按钮，弹出"正在从 金山打字通.rar 中提取"提示信息框，并显示解压进度，如图 10-11 所示。

4. 解压完成之后，打开解压路径所在的文件夹，即可查看解压后的文件，如图 10-12 所示。

图 10-11 显示解压进度

图 10-12 查看解压后的文件

知识链接

若要采用直接解压的方式对压缩包进行解压，只需在选择的压缩文件上单击鼠标右键，在弹出的快捷菜单中选择相应的解压选项即可。

10.2　看图软件——ACDSee

ACDSee 是目前最流行的专业图形浏览软件，它功能十分强大，能实现图像浏览、管理和处理等功能，并能支持大部分的图形文件格式。

10.2.1　ACDSee 的界面

ACDSee 具有独特的双窗口分配界面、强大且方便的浏览功能。安装好 ACDSee 软件后，启动 ACDSee 程序，其工作界面主要由标题栏、菜单栏、工具栏、路径栏、文件夹导航窗格、预览窗口、文件列表窗口及状态栏组成（如图 10-13 所示），下面将分别介绍各部分的功能。

1．标题栏

标题栏位于工作界面的最顶端，主要用于显示所打开的文件或文件夹的名称、应用软件的名称和版本以及常用的控制按钮。

图 10-13　ACDSee 工作界面

2．菜单栏

菜单栏由"文件"、"编辑"、"视图"、"工具"和"帮助"五个菜单项组成，通过菜单栏可以访问 ACDSee 中所有的命令和功能。

3．工具栏

ACDSee 中的工具栏以图标加文字的方式集中显示了一些常用的命令，可以使用户对工具栏中的命令一目了然，从而提高操作效率。

4．地址栏

位于文件列表窗口的上方，主要用于显示图片文件的路径来源。

5．文件夹导航窗格

文件夹导航窗格位于窗口左侧，窗格中的目录以树型结构排列，它可以显示 Windows 应用程序中的常见文件夹，选择其中的选项，在文件列表窗口中将显示相应的内容。

6．预览窗格

位于文件夹导航窗格的下方，当用户选中某图像文件时，该窗口就会显示该图像的预览图。

7．文件列表窗口

位于整个工作界面的中央部位。ACDSee 中的文件列表窗口以缩略图的形式显示当前目录下的文件。

8．状态栏

位于工作界面的最下端，它主要用于显示所选目录中的文件数量，以及所选图像的名称、大小和修改时间等。

10.2.2 浏览图片

浏览图片是 ACDSee 最基本的功能，可以以缩略图的形式浏览，也可以全屏浏览、自动播放或以幻灯放映的形式浏览。浏览图片的具体操作步骤如下：

1. 打开 ACDSee 程序，打开目标文件夹，选择需要浏览的图片，如图 10-14 所示。

2. 双击鼠标左键，即可打开该图片，并对其进行浏览，如图 10-15 所示。

图 10-14 选择图片

图 10-15 打开并浏览图片

③ 在工具栏上单击"上一个"按钮,即可浏览上一幅图像。在图片上单击鼠标右键,弹出快捷菜单,如图 10-16 所示。

④ 选择"全屏幕"选项,即可以全屏形式浏览图片,如图 10-17 所示。

图 10-16　快捷菜单

图 10-17　全屏浏览图片

⑤ 在图片上单击鼠标右键,在弹出的快捷菜单中选择"幻灯放映"选项,如图 10-18 所示。

⑥ 单击"确定"按钮,系统将自动切换图片进行幻灯片放映,如图 10-19 所示。

图 10-18　选择"幻灯放映"选项

图 10-19　以幻灯片形式进行放映

10.2.3　批量改名

当许多图片存放于电脑中时,都是以原下载图片的名称存放的,为了使日后可以快速地查找图片,用户可以对图片进行重命名操作。在 ACDSee 应用程序中,用户使用批量重命名的功能,可以同时对大量的图片进行重命名操作。批量重命名的具体操作步骤如下:

1. 打开需要重命名图片所在文件夹，将图片全部选中，执行"编辑"|"重命名"命令，如图 10-20 所示。

图 10-20　执行"重命名"命令

2. 弹出"批量重命名"对话框，在"模板"选项卡的"模板"文本框中，输入"图片###"，如图 10-21 所示。

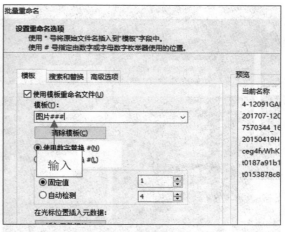

图 10-21　输入模板名称

3. 单击"开始重命名"按钮，进入"正在重命名文件"界面，并显示重命名进度，如图 10-22 所示。

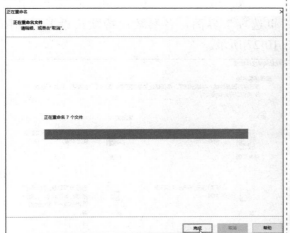

图 10-22　开始重命名

4. 重命名完成后，单击"完成"按钮，返回 ACDSee 工作界面，即可查看重命名后的效果，如图 10-23 所示。

图 10-23　重命名后的效果

10.2.4　转换图片格式

使用 ACDSee 不仅可以方便且快速地浏览图片、批量重命名，还可以对图片格式进行转换，既可以进行单张格式转换，也可以进行批量转换。转换图片格式的具体操作步骤如下：

1. 在文件列表窗口中选中需要转换为同一格式的所有图片,选择"工具"|"批量"|"转换文件格式"命令,如图 10-24 所示。

图 10-24　执行"转换文件格式"命令

2. 弹出"批量转换文件格式"对话框,在"格式"选项卡的列表框中,选择"TIFF 标记图像文件格式"选项,如图 10-25 所示。

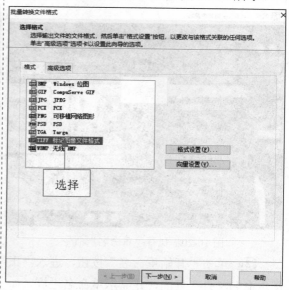

图 10-25　选择转换的格式

3. 单击"下一步"按钮,进入"设置输出选项"界面,各参数保持默认设置,如图 10-26 所示。

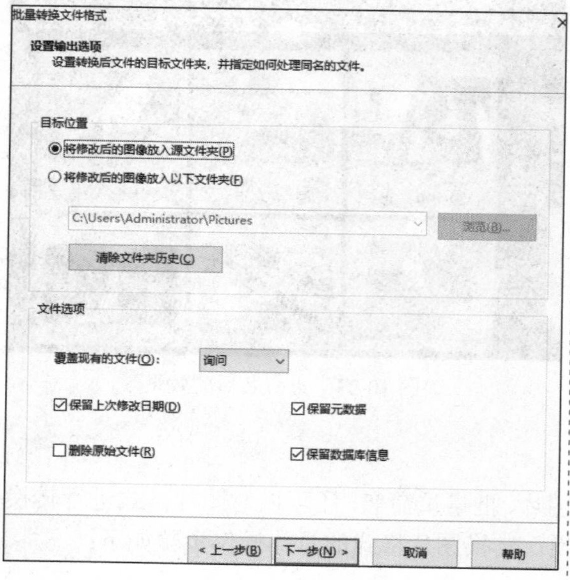

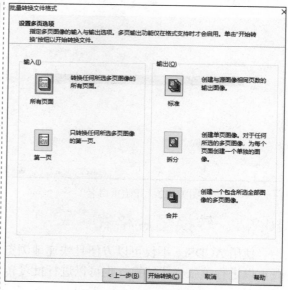

图 10-26　进入"设置输出选项"界面

4. 单击"下一步"按钮,进入"设置多页选项"界面,各参数保持默认设置,如图 10-27 所示。

图 10-27　进入"设置多页选项"界面

第十章

5 单击"开始转换"按钮，进入"转换文件"界面，并显示转换进度，如图 10-28 所示。

6 转换完成后，单击"完成"按钮，返回 ACDSee 工作界面，即可查看转换格式后的效果，如图 10-29 所示。

图 10-28　显示转换进度

图 10-29　转换格式后的效果

10.3　播放音乐——千千静听

千千静听是目前较为流行的一款完全免费的音频播放软件，它外观小巧、操作简单且功能强大，能将播放、音效、搜索和歌词等功能集于一身。

10.3.1　加载想听的音乐

使用千千静听播放音乐文件时，首先需要将音乐文件加载到"播放列表"窗口中。加载音乐的具体操作步骤如下：

1 单击"开始"｜"千千静听"命令，打开"千千静听"窗口，如图 10-30 所示。

2 在"播放列表"窗口中，执行"添加"｜"文件"命令，如图 10-31 所示。

图 10-30　打开"千千静听"窗口

图 10-31　执行"文件"命令

3. 弹出"打开"对话框，在其中选择需要添加的音乐文件，如图 10-32 所示。

4. 单击"打开"按钮，此时所选音乐文件将添加至"播放列表"窗口中，如图 10-33 所示。

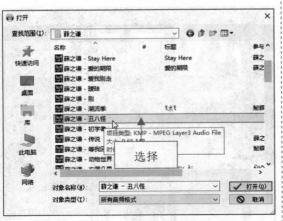

图 10-32　选择音乐文件

图 10-33　添加音乐文件

10.3.2　播放音乐

将音乐文件添加至"播放列表"窗口后，就可以选择音乐文件进行播放。播放音乐的具体操作步骤如下：

1. 打开"千千静听"窗口，在"播放列表"窗口中添加音乐文件，如图 10-34 所示。

2. 在需要播放的音乐文件上双击鼠标左键，即可播放该音乐文件，如图 10-35 所示。

图 10-34　添加音乐文件

图 10-35　播放音乐文件

10.3.3　搜索音乐

千千静听拥有音乐搜索功能，用户可以通过此功能搜索出想听的音乐文件，并将其添加至"播放列表"窗口中。搜索音乐文件的具体操作步骤如下：

1. 打开"千千静听"窗口，在"播放列表"窗口中，执行"添加"|"本地搜索"命令，如图 10-36 所示。

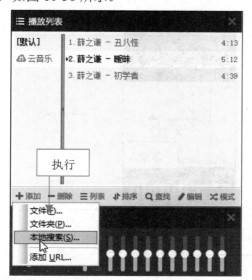

图 10-36 执行"本地搜索"命令

3. 弹出"浏览文件夹"对话框（如图 10-38 所示），在其中选择音乐文件所存放的文件夹，单击"确定"按钮。

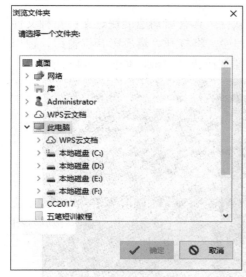

图 10-38 弹出"浏览文件夹"对话框

2. 打开"搜索计算机上的音乐"窗口，在"搜索位置"下拉列表中选择"自定义"选项，如图 10-37 所示。

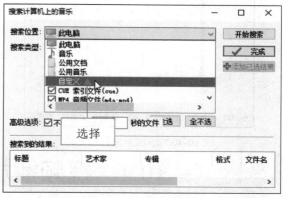

图 10-37 选择"自定义"选项

4. 返回"搜索计算机上的音乐"窗口，单击"开始搜索"按钮，在"搜索到的结果"列表中选择音乐文件，如图 10-39 所示。

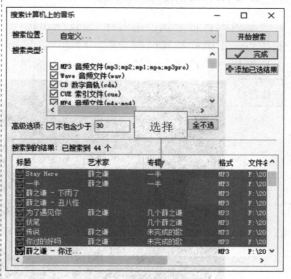

图 10-39 选择音乐文件

专家提醒

在"搜索到的结果"列表中，按住【Ctrl】键的同时，单击需要选择的音乐文件，即可选择多个音乐文件。

5. 单击"添加已选结果"按钮，即可将所选择的音乐文件添加至"播放列表"窗口中，如图 10-40 所示。

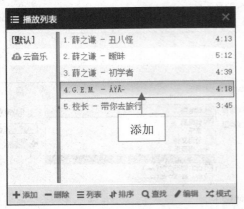

图 10-40 添加所选音乐文件

6. 在窗口中选择需要播放的音乐文件，双击鼠标左键，即可播放该音乐文件，并显示播放进度，如图 10-41 所示。

图 10-41 播放音乐文件

10.4 视频播放——暴风影音

暴风影音是国内最流行的媒体播放软件之一，它提供了对绝大多数影音文件和流媒体的支持，如 DVD、RM、AVI 和 HDTV 等。暴风影音可以说是 Windows Media Player 的补充与完善，其定位于软件的整合和服务。

10.4.1 初识暴风影音

暴风影音是一款占用内存空间较小的影音播放软件，具有启动速度快、支持多种文件格式的优点。正确安装暴风影音后，启动"暴风影音"程序，将打开"暴风影音"窗口，窗口主要由标题栏、栏目区、播放列表区、多媒体播放区和控制按钮区组成，如图 10-42 所示。

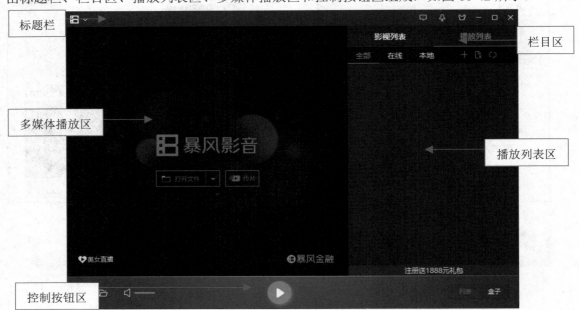

图 10-42 "暴风影音"窗口

知识链接

> 暴风影音采用 NSIS 封装，是标准的 Windows 安装程序，特点是单文件多语种（目前为简体中文和英文），它具有稳定灵活的安装、卸载、维护和修复功能。

10.4.2 添加或删除文件

用户可以根据需要将喜欢的各种格式的文件添加至暴风影音的播放列表区中，也可以将播放列表区中不需要的文件直接删除，便于文件的管理。添加和删除文件的具体操作步骤如下：

1 打开"暴风影音"窗口，单击播放列表区中的"添加到播放列表"按钮 ，弹出"打开"对话框，如图 10-43 所示。

2 在其中选择需要添加的文件，并单击"打开"按钮，即可将所选择的文件添加至播放列表中，如图 10-44 所示。

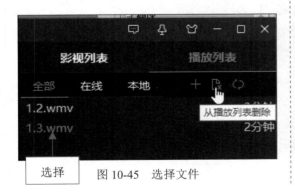

图 10-43 弹出"打开"对话框

图 10-44 添加文件

3 在播放列表中选择不需要的文件，如图 10-45 所示。

4 单击播放列表区中的"从播放列表删除"按钮，即可将所选择的文件删除，如图 10-46 所示。

选择

图 10-45 选择文件

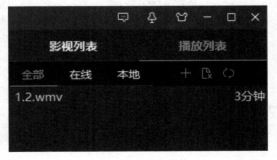

图 10-46 删除文件

专家提醒

在播放列表区中，选中需要删除的文件，按【Delete】键也可以将所选择的文件从列表中删除。

10.4.3 播放多媒体文件

　　暴风影音可以支持大部分的文件格式，使用暴风影音播放多媒体文件的操作方法和使用其他播放软件的操作方法相似。使用暴风影音播放多媒体文件的具体操作步骤如下：

　　1 打开"暴风影音"窗口，选择"主菜单"｜"打开文件"命令，弹出"打开"对话框，如图10-47所示。

　　2 在其中选择需要播放的多媒体文件，单击"打开"按钮，返回"暴风影音"窗口，即可观看多媒体文件，如图10-48所示。

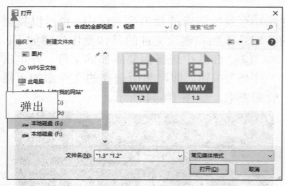

图 10-47　弹出"打开"对话框

图 10-48　观看多媒体文件

知识链接

　　要使用暴风影音播放 DVD，电脑必须安装有 DVD-ROM 驱动器、DVD 解码软件，如果未安装兼容的 DVD 解码器，播放器将不会显示与 DVD 相关的命令、选项以及控件，也就无法播放 DVD。

●学习笔记

第十一章

Internet 网上冲浪

随着信息时代的发展，Internet 与人们生活和工作的联系越来越密切，它是目前世界上最大的计算机网络，可以把世界各地的计算机连接在一起。通过 Internet，用户可以轻松且快速地了解世界各地的信息，本章将主要介绍 Internet 网上冲浪的相关内容。

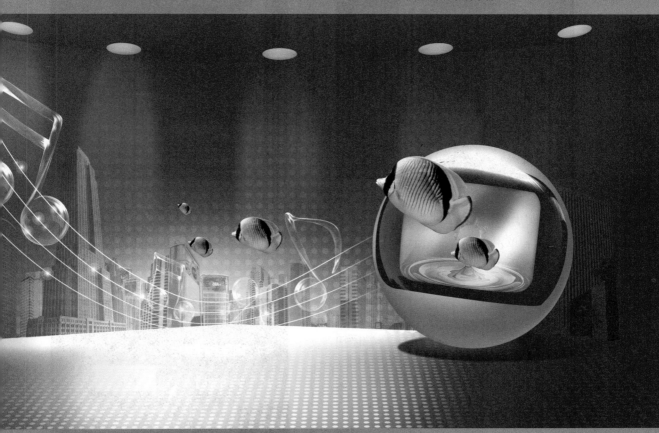

11.1 使用 Internet Explorer 浏览网页

要浏览网站或网页，就要使用浏览器。浏览器安装在客户端的计算机上，它是一种客户端软件，能够把用超文本标记语言描述的信息转换成便于理解的形式。浏览器有很多种，目前最常用的 Web 浏览器是 Microsoft 公司的 Internet Explorer（简称 IE）和 Mozilla 公司的 Firefox。下面以 Internet Explorer 为例，介绍浏览器的功能和使用方法。

11.1.1 启动和退出 Internet Explorer

1．Internet Explorer 的启动

双击桌面上的 Internet Explorer 图标（如图 11-1 所示），或者单击"开始"|"Windows 附件"|"Internet Explorer"图标，即可启动 Internet Explorer，如图 11-2 所示。

图 11-1　双击 IE 浏览器图标

图 11-2　单击 IE 浏览器图标

2．Internet Explorer 的退出

方法 1：单击窗口右上角的"关闭"按钮，退出 Internet Explorer，如图 11-3 所示。

方法 2：用鼠标右键单击标题栏，在弹出的快捷菜单中选择"关闭窗口"命令，如图 11-4 所示。

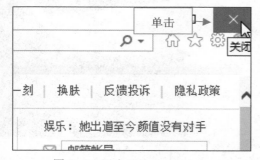

图 11-3　退出 Internet Explorer

图 11-4　退出 Internet Explorer

第十一章

11.1.2 Internet Explorer 窗口简介

启动 Internet Explorer 后，将打开如图 11-5 所示的 Internet Explorer 窗口，窗口的组成与常用的 Windows 窗口十分相似，主要由标题栏、菜单栏、地址栏、主窗口和状态栏等几个部分组成。

图 11-5　Internet Explorer 窗口

1．标题栏

标题栏位于窗口的顶端，其左侧为"返回"◀和"前进"▶按钮，依次是地址栏和网址名称，右侧是三个窗口控制按钮："最小化"按钮、"最大化"按钮和"关闭"按钮，分别用于对窗口进行最小化、最大化和关闭操作。

2．菜单栏

菜单栏位于标题栏的下方，它包含"文件""编辑""查看""收藏""工具"和"帮助"六个菜单，这六个菜单包括了 Internet Explorer 所有的操作命令，用户可以通过这些菜单，实现保存 Web 页、查找内容、收藏站点等操作。

3．收藏夹栏

收藏夹栏位于菜单栏的下方，它列出了用户收藏的网页名称，用户可以通过"收藏夹"菜单命令添加或整理收藏夹栏。

4．主窗口

主窗口位于 Internet Explorer 窗口的中央，用于显示网页内容，如果网页页面较大，用户可以拖曳窗口右侧和下方的滚动条来进行浏览。

5．状态栏

状态栏显示了 Internet Explorer 当前的状态信息，用户通过状态栏可以查看到网页时的打开过程。

第十一章

11.1.3　浏览网页

　　用户可以在 Web 网站上浏览各种信息，每个 Web 网站上的信息将按照一定的格式分门别类地加以组织，使用户可以通过一层层的链接关系来查找有用的信息。在浏览网页时，只要单击这些超链接即可转到相应的网页上。

　　在 Internet Explorer 窗口中单击地址栏中的"搜索"按钮🔍，即可获得搜索建议、来自 Web 的搜索结果、用户的浏览历史记录和收藏夹。用户也可以通过"百度搜索"、"搜狗搜索"和"360 搜索"等浏览网页。例如"360 搜索"，在文本框中输入要浏览网页的名称，单击"搜索"按钮，用户可以很轻松地浏览该网页上的信息，如图 11-6 所示。

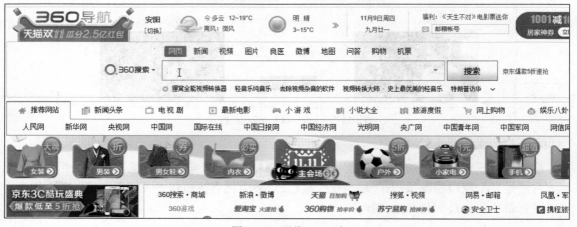

图 11-6　浏览 Web 页

　　当用户将鼠标指针移动到链接点上时，鼠标指针将变为🖑形状，这时可以单击该项目来切换到它所链接的网页上。

11.1.4　保存网页

　　在查看网页时，会发现很多有用的信息，这时需要将它们保存下来以便日后参考，使得不进入 Web 网页便可直接查看这些信息，或者与其他用户分享。要保存 Web 页上的信息，可以使用以下方法：

第十一章

1. 将当前页保存在计算机上

1. 单击"文件"|"另存为"命令，打开"保存网页"对话框，选择用于保存网页的目标位置，如图 11-7 所示。

2. 在"文件名"下拉列表框中输入该页的名称，然后再单击"保存"按钮，如图 11-8 所示。

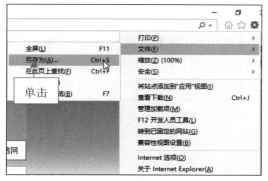

图 11-7　执行"另存为"命令

图 11-8　设置文件名称和保存位置

专家提醒

　　如果想浏览保存的网页，只需打开保存网页的文件夹，然后双击需要打开的网页，即可打开并浏览该网页。用户若没有上网，则只能打开保存的网页，而网页中的超链接是无法打开的，因为它们所链接的是其他未保存的网页。

2. 将信息从 Web 页复制到文档

1. 选中要复制的信息，若要复制整页的文本，单击"编辑"|"全选"命令，然后单击"编辑"|"复制"命令，如图 11-9 所示。

2. 打开需要编辑信息的程序（如记事本），单击放置这些信息的位置，在该文档的"编辑"菜单中单击"粘贴"命令，或者直接按"Ctrl+V"组合键粘贴即可，如图 11-10 所示。

图 11-9　复制文档

图 11-10　将文档粘贴到编辑区

专家提醒

　　若用户所选择的图片要当作素材使用，建议用户选择分辨率较高的图片，并对所需要的图片进行全屏预览后，再对图片进行保存，这是为了保证用户所使用的图片效果达到最佳。

11.1.5 收藏网页

将经常需要浏览的网页地址添加到收藏夹或收藏夹栏中，可以让开启网页的操作变得更加简单，方便用户快速地选择需要浏览的网页，免去输入地址的麻烦，也不用去记忆复杂的网站域名，其具体操作方法如下：

1．添加到收藏夹

启动 IE 浏览器，进入相应的网页，单击"收藏夹"|"添加到收藏夹"命令，弹出"添加收藏"对话框，保持默认设置，单击"确定"按钮，即可将自己喜欢的网页添加至收藏夹中，如图 11-11 所示。这时单击"收藏夹"命令，在菜单中将显示用户已收藏的网页。

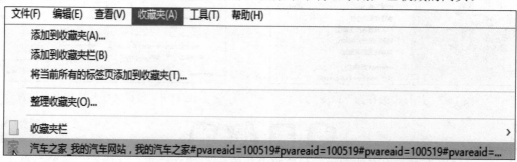

图 11-11　添加到收藏夹

2．添加到收藏夹栏

单击"收藏夹"|"添加到收藏夹栏"命令，即可将自己喜欢的网页添加至收藏夹栏中，如图 11-12 所示。

图 11-12　添加到收藏夹栏

11.2　浏览器——Microsoft Edge

Windows 10 除内置的 Internet Explorer 浏览器外，又新增加了 Microsoft Edge 浏览器，Microsoft Edge 浏览器的一些功能细节包括：支持内置 Cortana 语音功能；内置了阅读器、笔记和分享功能；设计注重实用和极简主义；渲染引擎被称为 EdgeHTML。Microsoft Edge 浏览器在 Internet Explorer 浏览器的基础上又增添了许多功能，使用户浏览网页时更加方便、快捷。是专门打造的更快更安全的浏览器。本节将详细介绍 Microsoft Edge 浏览器的使用。

扫码观看本节视频

11.2.1　启动 Microsoft Edge

单击"开始"|"Microsoft Edge"命令，或者单击任务栏上的"启动浏览器"图标 ，即可启动 Microsoft Edge。

11.2.2　Microsoft Edge 窗口简介

启动 Microsoft Edge 后，将打开如图 11-13 所示的 Microsoft Edge 窗口，与 Internet Explorer 窗口相比更简洁，更方便。

第十一章

图 11-13　Microsoft Edge 窗口

1．标签栏

标签栏位于窗口的顶端，其左侧"搁置标签页"按钮和"已搁置标签页"按钮，依次是标签页，右侧是三个窗口控制按钮："最小化"按钮、"最大化"按钮和"关闭"按钮，分别用于对窗口进行最小化、最大化和关闭操作。

2．功能键区

功能键区包括功能键和"地址栏"。从左到右依次是"返回""前进""刷新""主页""地址栏""阅读视图""收藏夹""Windows Ink 工作区""设置"等。用户利用功能键区实现 Microsoft Edge 的所有功能。

3．主窗口

主窗口位于 Microsoft Edge 窗口的中央，用于显示网页内容，和 Internet Explorer 主窗口的操作方法一样。

4．状态栏

状态栏位于窗口的底部，在 Microsoft Edge 中，属于隐藏状态，如果用户做操作时，状态栏会自动显示出来并显示当前的状态信息，这样更利于用户浏览网页。

11.2.3　整理和预览标签页

当用户打开多个网页时，网页的标签页将全部显示在标签栏中，这时用户如果想在各个网页切换会很麻烦，但在 Microsoft Edge 中用户可以妥善整理标签页，还可以预览、分组标签页，也可将 Web 标签页保存。不必离开正在浏览的网页，即可快速找到、管理并打开已经整理好的标签页，是在工作中整理思路的最快方式。

1．整理标签页

整理标签页即整理已打开的网页，单击标签栏上的"搁置这些标签页"按钮 ，所有显示的标签页将全部移到"已搁置的标签页"文件夹中，这时单击"已搁置的标签页"按钮，将打开"已搁置的标签页"列表，在该列表将显示已搁置的网页和个数，如图 11-14 所示。若要还原单个标签页只需单击要还原的标签页即可恢复，如果想还原所有标签页，单击"还原标签页"按钮即可全部恢复到标签栏中。

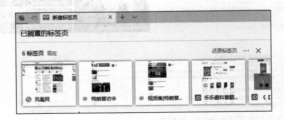

图 11-14　"已搁置的标签页"列表

2．预览已打开的标签页

利用 Microsoft Edge 的预览功能，用户可以先预览已打开的网页，不必离开当前浏览网页。用鼠标指针指向标签页上，即可弹出该网页的预览框。如果预览全部打开的网页，则单击"标签页"右侧的"显示标签页预览"按钮，即可打开标签页预览界面，如图 11-15 所示。在该预览窗口中用户可以预览已打开的网页，单击该网页图标即可切换，单击"隐藏标签页预览"按钮即可退出预览界面。

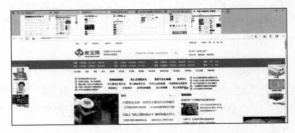

图 11-15　标签页预览界面

3．固定标签页

在 Microsoft Edge 中，除把打开还用的标签页放在搁置标签页文件夹中外，还可以将有用的网页先固定在标签栏的最前方，这样无论再打开多少网页，这个网页始终固定在前面，大大方便了再次浏览该网页。

右击要固定的标签页，例如"百度百科"。在弹出的快捷菜单中选择"固定"命令，如图 11-16所示。则该网页的标签页将以图标形式固定在标签栏的前面。

若要取消固定，则右击已固定的网页图标，在快捷菜单中选择"解锁"即可取消固定。

图 11-16　固定标签页

11.2.4　网页阅读视图

在 Microsoft Edge 中，可将浏览的网页变为简洁的阅读模式，获得干净简洁的布局，使用户更方便查看该网页的所有内容。

单击"地址栏"右侧的"阅读视图"按钮，即可切换到网页阅读视图，如图 11-17 所示。在该视图中用户可以设置该视图的主题样式，也可对该网页进行编辑和打印。

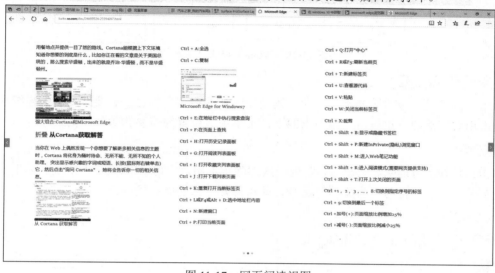

图 11-17　网页阅读视图

11.2.5　在网页上书写

Microsoft Edge 是唯一一款能够让用户直接在网页上记笔记、书写、涂鸦和突出显示的浏览器，如图 11-18 所示。Web 就是用户生活的调色板，在浏览网页上直接修改、书写，然后将该网页保存或分享给好友或同事。

图 11-18　在网页上书写

第十一章

单击"功能区"中的"做 Web 笔记"按钮 ✐，可以在当前所在页面进行修改、书写，并打开 Windows Ink 工具栏，如图 11-19 所示。

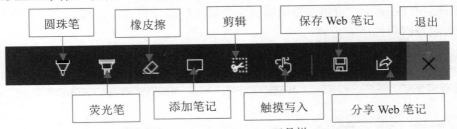

图 11-19　Windows Ink 工具栏

1．圆珠笔和荧光笔

单击"圆珠笔"或"荧光笔"按钮，则使用默认的粗细和颜色。若要改变笔的粗细和颜色，直接单击相对应笔的下拉按钮，在弹出的下拉菜单中，设置为需要的颜色和粗细即可。

2．橡皮擦

单击该按钮，可擦除修改墨迹，若要一次擦除全部墨迹，则单击该按钮的下拉按钮，在弹出的快捷菜单中选择"擦除所有墨迹"命令，即可擦除全部的修改墨迹。

3．添加笔记

在网页中可用批注的形式添加笔记。

4．剪辑

单击该按钮后拖动鼠标，可以将所画区域裁剪并保存到剪贴板上。用户可到其他程序中进行粘贴。

5．触摸手写

若显示器支持触摸功能，单击该按钮可在网页直接进行触摸手写输入。

6．保存 Web 笔记

可将该 Web 笔记保存到 OneNote、收藏夹或阅读列表中。

7．分享 Web 笔记

可将该 Web 笔记分享到其他应用程序中，或作为邮件的形式发送给好友。

8．退出

单击该按钮，可退出 Web 笔记编辑界面，返回到浏览网页界面。

11.3　网络资源的搜索与下载

Internet 是一个信息的宝库，它可以提供丰富的信息资源，用户可以在网络上搜索到自己需要的信息，并可以对其进行下载操作。

11.3.1　使用百度搜索资源

百度搜索引擎是全球最大的专业中文搜索引擎，其功能非常强大，有相关搜索、中文人名识别、简繁体中文自动转换、网页预览等。使用百度搜索资源的具体操作步骤如下：

1. 启动 IE 浏览器，在地址栏中输入 http://www.baidu.com，按【Enter】键确认，打开百度网站首页，如图 11-20 所示。

2. 在搜索栏中输入"高考作文"，单击"百度一下"按钮，搜索与该关键词相关的网页，并将搜索到的结果显示出来，如图 11-21 所示。

图 11-20　百度网站首页

图 11-21　搜索出相关链接

3. 单击需要查看的超链接，即可打开相应的网页，如图 11-22 所示。

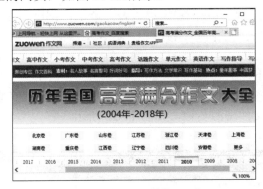

图 11-22　打开链接网页

知识链接

　　搜索引擎就是一个网站，专门为用户提供信息检索服务，它使用特有的程序对因特网上的所有信息进行归类，帮助用户在信息巨库中快速地搜索出需要的信息。

　　搜索引擎主要是由存放信息的大型数据库、信息提取系统、信息管理系统、信息检索系统和用户搜索界面组成。

11.3.2　使用门户网站搜索资源

　　门户网站最初提供搜索引擎、目录服务，后来由于市场竞争日益激烈，门户网站快速地拓展各种新的业务类型，以通过门类众多的业务来吸引和留住互联网用户，从而导致目前门户网站的业务包罗万象，国内著名的门户网站有网易、新浪、搜狐和中华网等。

　　下面以在搜狐门户网站搜索资源为例，介绍在门户网站搜索资源的方法，使用门户网站搜索资源的具体操作步骤如下：

1. 打开 IE 浏览器，在地址栏中输入搜狐网首页网址 http://www.sohu.com，如图 11-23 所示。

2. 按【Enter】键，进入搜狐网站首页，在"搜狐"文本框中输入关键词，如"服装设计"，如图 11-24 所示。

图 11-23　输入搜狐网址

图 11-24　输入搜索内容

3 单击"搜索"按钮,打开相应的网页窗口,如图 11-25 所示。

4 在搜索到的结果中,单击相应的超链接,即可打开所需的网页,并浏览搜索到的资源,如图 11-26 所示。

图 11-25　打开相应的网页

图 11-26　查看搜索内容

11.3.3　使用迅雷快速下载

　　迅雷是一款新型的基于 P2SP 技术的下载软件,在下载的稳定性以及速度上,都比传统的 P2P 资源传输模式有很大的提高,它充分利用宽带上网的特点,带给用户高速下载的全新体验。安装好迅雷并使用迅雷下载资源时,用户可以直接从"迅雷"窗口中输入需要下载的资源名称进行搜索。使用迅雷下载资源的具体操作步骤如下:

1 单击"开始"|"迅雷软件"|"迅雷"命令,启动"迅雷"程序后,打开"迅雷"窗口,如图 11-27 所示。

2 在"搜索"文本框中输入需要搜索的文件资源名称,如图 11-28 所示。

图 11-27　打开"迅雷"窗口

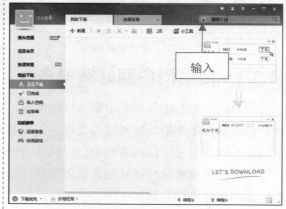

图 11-28　输入文件资源名称

3 单击"搜索"按钮,即可打开搜索网页,并显示搜索结果,如图 11-29 所示。

4 在合适的超链接上单击鼠标右键,在弹出快捷菜单中选择"使用迅雷下载全部链接"选项,如图 11-30 所示。

图 11-29　显示搜索结果

图 11-30　选择"使用迅雷下载全部链接"选项

5. 弹出"选择下载地址"对话框，在其中用户可以根据需要选择任务类型、保存路径，如图 11-31 所示。

图 11-31　弹出相应的对话框

6. 单击"立即下载"按钮，即可开始下载文件并显示下载进度，下载完成后将提示文件下载完毕，可单击 "已完成"选项查看，如图 11-32 所示。

图 11-32　资源下载完毕

知识链接

　　P2P 是一种点对点的下载技术，其主要特点是直接连接其他用户的电脑下载资源，并不断将所下载的资源上传到网络中供他人下载。P2SP 模式包含了 P2P 资源传输模式的优点，并有效地将孤立的服务器和其镜像资源以及 P2P 资源进行了整合。

11.4　网上收发电子邮件

电子邮件就是 Electronic Mail，简称 E-mail，它是一种通过网络快捷、方便且可靠地传送和接收消息的现代化通信工具，因此成为 Internet 中应用最广泛的服务之一。

11.4.1　申请免费邮箱

　　邮箱是管理和存放电子邮件的网站空间，它主要分为收费邮箱和免费邮箱。目前，网络上有许多免费邮箱，如 163、126、新浪和雅虎等，申请邮箱的过程也十分简单且方便。

　　下面以申请 126 免费邮箱为例，介绍申请免费邮箱的方法，其具体操作步骤如下：

1. 启动 IE 浏览器，在地址栏中输入 http://www.126.com，按【Enter】键，打开 126 免费邮箱网页，如图 11-33 所示。

图 11-33　126 免费邮箱网页

2. 在"网易邮箱"首页中单击"注册免费邮箱"超链接，将进入如图 11-34 所示的注册界面。

图 11-34　设置相关信息

3. 注册信息填写完成后，单击"立即注册"按钮，即可申请成功，自动登录邮箱，并弹出提示信息，提示注册邮箱成功，如图 11-35 所示。

图 11-35　注册成功

知识链接

电子邮件的最大特点就是能在任意一台可以上网的电脑上收、发电子信件，并且不受时间和空间的限制，为用户的生活和办公提供方便。通过 IE 浏览器收发电子邮件是目前最常用的信件往来方式，它具有快捷、可靠性高、形式丰富和简单实用等特点。

11.4.2　接收与回复电子邮件

使用电子邮箱不仅可以向他人发送邮件，还可以接收并查看他人发送到自己邮箱中的邮件，并且回复邮件。

接收和回复电子邮件的具体操作步骤如下：

1. 打开"163 网易免费邮"网页，输入账号和密码后，登录电子邮箱，单击"收信"标签，如图 11-36 所示。

2. 在进入收件箱页面后，将显示接收的电子邮件，如图 11-37 所示。

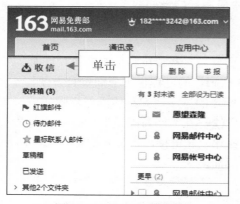

图 11-36　登录电子邮箱

图 11-37　显示接收的电子邮件

3. 若要回复收到的邮件，则单击"回复"按钮，在打开的写信窗口中进行编辑邮件内容即可，编辑过程和创建电子邮件相同。编辑完成后单击"发送"按钮完成回复。

11.5　使用 QQ 在线沟通

信息交流是日常生活和工作中必不可少的重要部分，腾讯 QQ 是一款基于 Internet 的即时通信工具，是目前国内使用频率最高的网络聊天工具之一。

11.5.1　下载并安装 QQ

腾讯 QQ 是由深圳腾讯公司开发的，它具有强大的功能和易用的操作界面，是目前使用最为广泛的即时通信软件，使用 QQ 软件进行聊天之前，需要先登录腾讯官方网站，下载并安装 QQ 软件才能使用，下载并安装 QQ 的具体操作步骤如下：

1. 打开浏览器，在地址栏中输入网址 http://www.qq.com，按【Enter】键确认，打开腾讯网站首页，如图 11-38 所示。

2. 在首页右侧选项区中，单击"软件"超链接，打开"腾讯软件中心"网页，点击"QQ"图标，打开"QQ 下载"界面，如图 11-39 所示。

图 11-38　腾讯网站首页

图 11-39　打开"QQ 下载"界面网页

3. 单击"普通下载"或"高速下载"按钮即可下载，下载完成后可进行安装，如图 11-40 所示。

图 11-40　正在安装

知识链接

　　QQ 支持在线聊天、聊天室、断点续传文件、共享文件、网络硬盘、自定义面板、QQ 邮箱和手机短信服务等多种功能。使用 QQ 不仅可以传输文本信息、图像、视频、音频以及电子邮件，还可以获得各种网上社区体验以及增值服务。

11.5.2　申请 QQ 号码

用户必须先申请 QQ 账号，才能通过账号登录到 QQ 界面，与朋友进行聊天。申请 QQ 账号可以使用注册向导申请，或登录腾讯网站进行申请，QQ 账号的申请分为免费申请和收费申请。

通过使用注册向导申请免费 QQ 账号的具体操作步骤如下：

1. 单击"开始"|"腾讯软件"|"腾讯QQ"命令,打开QQ登录界面,如图11-41所示。

图 11-41 打开 QQ 登录界面

2. 单击"注册账号"按钮,弹出"QQ注册"网页,输入相关信息,单击"立即注册"按钮。如图11-42所示。

图 11-42 输入相关信息

3. 申请成功后,可获得一个QQ号码,如图11-43所示。

图 11-43 注册成功

专家提醒

另外,用户一定要记住注册时所填写的问题与答案,如果 QQ 号码被盗,可以通过这些问题和答案取回QQ号码。

11.5.3 添加 QQ 好友

用新申请到的 QQ 号码登录后,通过添加好友的 QQ 号码后,就可以进行网上聊天了。添加 QQ 好友的具体操作步骤如下:

1 在桌面上双击"腾讯 QQ"图标，弹出 QQ 对话框，分别输入 QQ 账号和密码，如图 11-44 所示。

图 11-44　输入 QQ 账号和密码

3 在界面底部单击"查找"按钮 ，弹出"查找"对话框，在"账号"文本框中输入好友的 QQ 账号，如图 11-46 所示。

图 11-46　弹出"查找"对话框

5 单击"+好友"按钮，弹出"添加好友"对话框，输入验证消息，单击"下一步"按钮，在"分组"下拉列表框中选择所需的选项，如图 11-48 所示。

图 11-48　选择相应的选项

2 单击"安全登录"按钮，稍等片刻后，即可登录 QQ 界面，如图 11-45 所示。

图 11-45　登录 QQ 界面

4 单击"查找"按钮，显示查找结果，如图 11-47 所示。

图 11-47 显示查找结果

6 单击"下一步"按钮，弹出提示信息框，提示添加请求已发送成功，单击"完成"按钮即可，如图 11-49 所示。

图 11-49　添加请求发送成功

11.5.4 使用 QQ 聊天

通过对方确认后，就可成功添加好友，并使用 QQ 与好友聊天了。

使用 QQ 聊天的具体操作步骤如下：

1 添加好友后，在 QQ 好友的头像上，双击鼠标左键，即可打开聊天窗口，在下方的文本框中输入聊天内容，如图 11-50 所示。

2 单击"发送"按钮即可发送信息，若好友在线，稍等片刻后，即可收到好友回复的信息，如图 11-51 所示。

图 11-50 输入聊天内容

图 11-51 收到好友的回复信息

11.5.5 使用 QQ 传送文件

使用 QQ 除了与好友聊天外，还可以给好友传送文件，其具体操作步骤如下：

1 打开与好友聊天的窗口（如图 11-52 所示），单击"传送文件"按钮□，选择"发送文件"选项。

2 弹出"打开"对话框，选择需要发送的文件，如图 11-53 所示。

图 11-52 打开聊天窗口

图 11-53 选择发送的文件

3. 单击"打开"按钮，返回聊天窗口，显示"已发送"提示信息，并等待好友接收文件，如图 11-54 所示。

4. 当好友接收文件后，窗口会显示"成功接收文件"提示信息，如图 11-55 所示。

图 11-54　等待好友接收文件

图 11-55　成功接收文件

11.5.6　导出聊天记录

使用 QQ 聊天过程中，可能会有重要的聊天信息，此时，用户可以使用"导出聊天记录"功能，将聊天记录导出并保存，其具体操作步骤如下：

1. 单击 QQ 界面下方的"主菜单"|"消息管理"按钮，打开"消息管理器"窗口，选择联系人，右击选择"导出消息记录"选项，如图 11-56 所示。

2. 弹出"另存为"对话框，在其中根据需要，设置保存路径、文件名和保存类型（如图 11-57 所示），单击"保存"按钮，即可导出聊天信息。

图 11-56　选择相应的选项

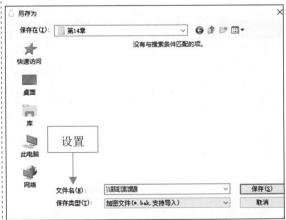

图 11-57　进行相应的设置

专家提醒

如果用户的电脑安装了话筒和摄像头等设备，则可通过 QQ 与好友进行语音和视频聊天。

另外，在 QQ 中也有 QQ 邮箱，其功能和其他邮箱差不多，而且是免费开通的。

11.6 享受网上精彩生活

随着网络技术的飞速发展，Internet 已经成为人们生活和工作中必不可少的部分，如今许多信息都与网络相连，通过网络人们可以享受到更多的精彩服务，如天气查询、交通地图和网络学习等。

11.6.1 查询天气预报

在网络未得到普及与完善时，人们只能在一定的时间段内通过电视或广播，才能了解到未来几天的天气预报。如今，通过网络人们可以随时、准确并快速地查询出各地天气预报，极大地方便了人们的生活与出行。查询天气预报的具体操作步骤如下：

1 打开百度网站首页，在搜索栏中输入文字"天气预报"，如图 11-58 所示。

2 单击"百度一下"按钮，即可打开"百度搜索_天气预报"网页，如图 11-59 所示。

图 11-58 输入信息

图 11-59 打开相应网页

3 单击其中的超链接，即可打开所需的网页，并查看天气预报，如图 11-60 所示。

4 在"城市天气查询"右侧的下拉列表框中，选择需要查询的城市，单击"查询"按钮即可查看所选城市的天气预报，如图 11-61 所示。

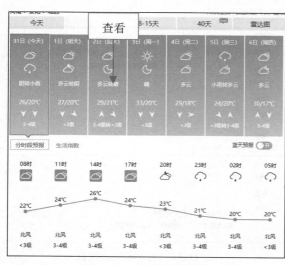

图 11-60 查看天气预报

图 11-61 查看天气预报

11.6.2　查看交通地图

通过搜索引擎同样可以查看交通地图，为外出乘车或旅游提前做好准备。查看交通地图的具体操作步骤如下：

1. 打开百度网站首页，在搜索栏中输入文字"交通地图"，单击"百度一下"按钮，打开相应的网页，如图 11-62 所示。

2. 单击所需的超链接，即可打开所选的网页，查看交通地图的情况，如图 11-63 所示。

图 11-62　打开相应的网页

图 11-63　查看交通地图

11.6.3　在线欣赏音乐

现在各种类型的音乐很多，用户不可能全部收藏，通过网络可以查找各种音乐曲目，并可以直接在网络上欣赏想听的音乐。在线欣赏音乐的具体操作步骤如下：

1. 打开百度网站首页，在搜索区输入"音乐"单击"百度一下"按钮，打开相应的网页，如图 11-64 所示。

2. 单击所需的超链接，即可打开所选的网页，即可在线欣赏音乐，如图 11-65 所示。

图 11-64　打开相应的网页

图 11-65　欣赏音乐

11.6.4　在线观看电影

网络中的电影资源相当丰富，且有许多专业的电影网站，在线观看电影是一种美好的享受。在线看电影需要用户有足够的网络带宽，才能观看到流畅、清晰的电影。在线观看电影的具体操作步骤如下：

1. 启动 IE 浏览器，在地址栏中输入网址 http://www.tudou.com，按【Enter】键即可打开"土豆网"首页，如图 11-66 所示。

2. 浏览或查询需要观看的电影，然后选择需要观看的电影，单击鼠标左键，即可在线观看电影，如图 11-67 所示。

图 11-66 切换至"视频"页面

图 11-67 观看电影

目前较好的电影网站有如下几个：

🌸 土豆网：http://www.tudou.com。

🌸 优酷网：http://www.youku.com。

11.6.5 旅游前的准备

随着人们生活水平的提高，出门旅游休闲的人越来越多，在出发之前，可以提前做好准备，为旅游带来更多的轻松与方便。

1. 网上查询旅游地图

旅游者在出发之前，先上网查询旅游目的地的地理情况，是十分有必要的。查询旅游地图的具体操作步骤如下：

1. 打开 IE 浏览器，在地址栏中输入网址 http://www.51yala.com，按【Enter】键打开"中国旅游网"首页，如图 11-68 所示。

2. 单击"中国最美五大湖"超链接，打开相应的网页，如图 11-69 所示。

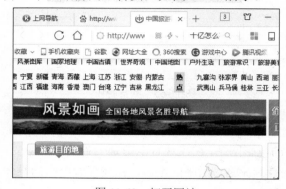

图 11-68 打开网站

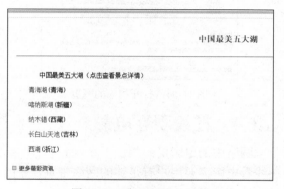

图 11-69 打开相应的网页

3　单击"青海湖"超链接，即可打开"青海湖旅游"网页，此时可以浏览图片及简介，如图 11-70 所示。

图 11-70　浏览图片及简介

4　在"目的地导航"下方列表中，单击"地图"超链接，即可打开相应的网页，并查看该风景区的旅游地理情况，如图 11-71 所示。

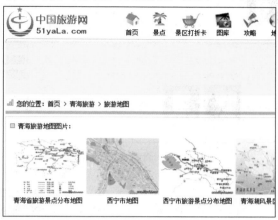

图 11-71　查看地理情况

2．网上预订酒店

确定旅游地点后，在当地预订酒店是出门旅游的一个重要环节，提前预订酒店可以提前解决住宿问题，也可以避免在旅游高峰期酒店住房紧张的情况。预订酒店的具体操作步骤如下：

1　打开"中国旅游网"首页，在页面上单击"酒店"图标，输入相应的信息，单击"搜索"按钮，如图 11-72 所示。

图 11-72　进行相应的设置

3　选择符合自己标准的酒店，进入相应的网页后，查看合适的房间类型与房价，如图 11-74 所示。

2　进入网页再次进行设置，单击"搜索"按钮，即可显示搜索到的结果（如图 11-73 所示），用户可以浏览、查看并比较各酒店的相关信息。

图 11-73　搜索结果

4　单击"预订"按钮，进入相应的网页，填写相关信息，单击"提交订单"按钮，即可成功预订酒店，如图 11-75 所示。

第十一章

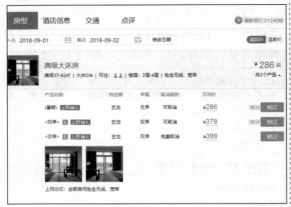

图 11-74　查看房型与房价

图 11-75　预订酒店

专 家 提 醒

　　"中国旅游网"是一个较为全面的旅游网站，通过它用户可以享受预订机票、欣赏风景、查询天气和户外商城等服务。

11.6.6　网络游戏

　　近年来，网络游戏飞速发展，各种各样的网络游戏层出不穷，并成为网络中的亮点，也成为人们娱乐休闲的另一种方式。下面以"斗地主"游戏为例，介绍网上进行游戏的方法，其具体操作步骤如下：

　　1 安装 QQ 游戏大厅程序后，登录 QQ 游戏大厅，如图 11-76 所示。

　　2 在游戏大厅左侧的窗格中，选择"欢乐斗地主"选项，如图 11-77 所示。

图 11-76　登录游戏大厅

图 11-77　选择游戏

③ 依次单击"斗地主"|"经典模式"，在展开的列表中，选择并进入想要玩游戏的房间，如图 11-78 所示。

图 11-78 进入游戏房间

⑤ 单击"开始游戏"按钮，即可进入游戏界面开始游戏，在需要出牌的纸牌上，单击鼠标左键，该纸牌将自动跳出，如图 11-80 所示。

图 11-80 选择出牌对象

⑦ 玩转几轮后，如果自己手中的牌大不过其他玩家时，可要求系统弹出提示信息（如图 11-82 所示），这只需单击"提示"按钮即可。

图 11-82 系统提示信息

④ 在房间中选择座位，即可进入游戏准备界面，如图 11-79 所示。

图 11-79 进入游戏准备界面

⑥ 单击"出牌"按钮即可出牌，如图 11-81 所示。

图 11-81 单击"出牌"

⑧ 游戏结束后，系统将自动弹出"得分统计"提示信息框，显示各游戏玩家的得分情况，如图 11-83 所示。

图 11-83 显示得分情况

11.6.7 网络学习

如今通过网络学习的方式越来越流行，它可以及时地给学习者带来最新的学习信息与学习资料，帮助学习者学到更多更好的知识。通过网络阅读书籍的具体操作步骤如下：

1 启动任意浏览器，在地址栏中输入http://book.sina.com.cn，按【Enter】键打开新浪读书网页，如图11-84所示。

2 在首页首屏的右侧单击"更多分类"超链接，在打开的新页面中，可浏览分类，以便寻找想看的书籍，如图11-85所示。

图11-84　打开读书网页

图11-85　浏览分类

3 单击首页"小说"超链接，打开小说网页，浏览图书目录以及相关书籍信息，如图11-86所示。

4 选择并打开想看的书籍链接后，单击相应章节的超链接，即可阅读书籍内容，如图11-87所示。

图11-86　浏览相关信息

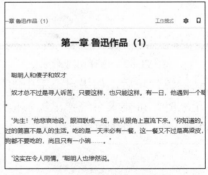

图11-87　阅读书籍内容

专 家 提 醒

用户输入网站地址后，即可打开相应的网页。通过网络，用户可以在线进行初级学习和高级学习，还可以与国内或国外的学校网站联系，接受远程教育。

11.6.8 网上求职

网上求职可以免去在各种招聘会中来回穿梭之苦，在正规的求职网站上求职，不必担心用人单位的资质，以及如何创建一份好的简历。

在网上需要为自己创建一份简历并投递出去，才称得上"网上求职"。填写并投递简历的具体操作步骤如下：

1. 在如图 11-88 所示的"58 同城"网页中，单击"招聘"|"简历"命令，切换至"58 同城求职"页面，单击搜索右边"登记简历"按钮，进入"填写简历"页面，如图 11-88 所示。

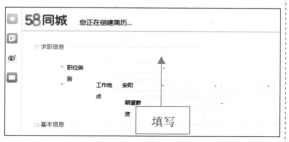

图 11-88 进入相应的页面

3. 单击"去找好工作"超链接切换至"职位搜索"选项卡，并在"搜索"选项区中进行相应的设置，如图 11-90 所示。

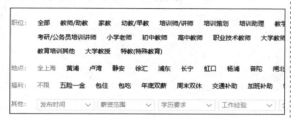

图 11-90 进行相应设置

5. 确定某个职位后，单击该职位超链接按钮，进入相应的网页（如图 11-92 所示），单击"申请职位"按钮即可。

图 11-92 进入相应的页面

2. 根据提示填写相关信息，填写完成后单击"保存简历"按钮，即可成功保存简历，如图 11-89 所示。

图 11-89 保存简历成功

4. 填好选项卡，页面下方会自动列举搜索结果，以便查看各职位的相关信息，如图 11-91 所示。

图 11-91 查看相关信息

专 家 提 醒

在网上求职切忌以下几点：
- 漫不经心地四处张贴简历。
- 应聘信长但没有实质内容。
- 盲目投递简历。
- 随意在简历上列出证明人。
- 在同一家公司同时应聘数个职位。

第十二章

照片处理与相册制作

随着数码技术的不断进步,越来越多的家庭拥有了数码相机,并把生活中的每个重要时刻拍摄记录下来。利用视频编辑软件制作成视频短片或电子相册,可以为生活增添更多的精彩。本章将主要介绍利用图像和视频编辑软件对照片进行处理和制作相册的方法。

12.1 轻松使用 Photoshop 处理数码照片

由于技术或各种自然条件的影响，用数码相机拍摄出的照片往往存在一些不足，我们可以用 Photoshop 轻松地修改数码照片中的瑕疵，从而使照片更加完美。本节将通过几个实例讲解一些照片后期处理过程中常见问题的解决方法。

12.1.1 裁剪照片

可以运用裁剪工具对图像进行裁剪操作，将照片中不需要的部分裁去以简化照片，具体操作步骤如下：

1. 正确启动 Photoshop 软件后，单击"文件"|"打开"命令，打开一个素材文件（如图12-1 所示），在工具箱中选取裁剪工具。

2. 移动鼠标至图像编辑窗口，并在图像编辑窗口中按住鼠标左键并拖曳以创建一个裁剪控制框，如图12-2 所示。

图 12-1 打开素材文件

图 12-2 创建裁剪控制框

3. 移动鼠标指针至控制框上方中间的控制点上，按住鼠标左键并向下拖曳，调整裁剪控制框，如图12-3 所示。

4. 执行操作后，在控制框内双击鼠标左键，图像将被裁剪成用户指定的大小，效果如图12-4 所示。

图 12-3 调整裁剪范围

图 12-4 裁剪后的效果

12.1.2 旋转照片

有时在打开照片文件时，会发现图像出现颠倒、反向等问题，此时就需要对画布进行旋转操作，具体操作步骤如下：

1 单击"文件"|"打开"命令，打开一个素材文件，如图 12-5 所示。

2 单击"图像"|"图像旋转"|"180 度"命令，即可旋转图像，效果如图 12-6 所示。

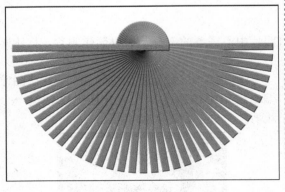

图 12-5　素材文件

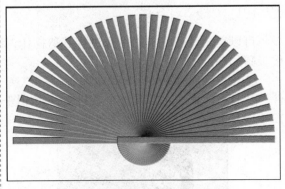

图 12-6　旋转后的图像文件

专 家 提 醒

使用"图像旋转"命令可以旋转或翻转整个照片，但不适用于单个的图层、图层中的一部分、选区及路径。如果需要对单个图层、图层中的一个部分、选区以及路径进行旋转或翻转，可以通过执行"编辑"|"变换"命令来完成操作。

12.1.3 处理照片清晰

如果拍摄的照片比较模糊，可以运用"智能锐化"工具对照片进行编辑处理，使模糊的照片变得清晰，具体操作步骤如下：

1 单击"文件"|"打开"命令，打开一个素材文件，如图 12-7 所示。

2 单击"滤镜"|"锐化"|"智能锐化"命令，弹出"智能锐化"对话框，并进行参数设置，如图 12-8 所示。

图 12-7　打开素材文件

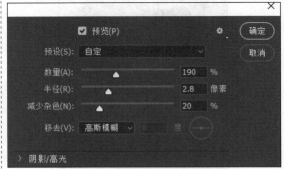

图 12-8　设置参数

3. 执行操作后，单击"确定"按钮，即可将模糊的照片变得清晰，效果如图12-9所示。

图 12-9 最终效果

12.1.4 替换单一背景

背景单一的照片画面缺少亮点，在 Photoshop 中，可以进行简单的操作替换单一背景，具体操作步骤如下：

1. 单击"文件" | "打开"命令，打开一个素材文件，如图12-10所示，选取工具箱中的魔棒工具。

2. 单击工具属性栏上的"添加到选区"按钮，在图像编辑窗口中重复单击图像背景，如图12-11所示。

图 12-10 素材文件

图 12-11 单击图像背景

3. 执行操作后，在菜单栏中单击"选择" | "反选"命令，将选区反向，此时形成人物选区，如图12-12所示。

4. 按【Ctrl＋C】组合键复制选区图像，单击"文件" | "打开"命令，打开一个素材文件，如图12-13所示。

图 12-12 反选选区

图 12-13 素材文件

5. 在图像编辑窗口中，按【Ctrl＋V】组合键，在图像编辑窗口中粘贴图像，效果如图 12-14 所示。

6. 按住【Ctrl＋T】组合键，调出变换控制框，将图像缩小至适当的大小，并调整图像的位置，按【Enter】键确认，效果如图 12-15 所示。

图 12-14　粘贴图像

图 12-15　最终效果

12.1.5　消除照片上的红眼

在夜晚等场景中拍摄的人物照片往往会出现红眼现象，可以先调整照片整体效果，然后再通过使用"红眼工具"消除照片中的红眼，具体操作步骤如下：

1. 单击"文件"|"打开"命令，打开一个素材文件，如图 12-16 所示。

2. 单击"图像"|"调整"|"色阶"命令，弹出"色阶"对话框，设置各参数值分别为 0、1.17、230，如图 12-17 所示。

图 12-16　素材文件

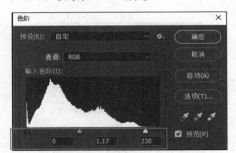

图 12-17　"色阶"对话框

3. 执行操作后，单击"确定"按钮，即可调整图像编辑窗口中照片的色阶，效果如图 12-18 所示。

4. 在菜单栏中单击"图像"|"调整"|"亮度/对比度"命令，弹出"亮度/对比度"对话框，设置"亮度"、"对比度"分别为 6、8，如图 12-19 所示。

图 12-18　调整照片的色阶

图 12-19　设置亮度、对比度

⑤ 执行操作后，单击"确定"按钮，即可调整图像编辑窗口中照片的亮度、对比度，效果如图 12-20 所示。

图 12-20　调整照片的亮度、对比度

⑦ 执行操作后，单击鼠标左键，即可去除红眼，效果如图 12-22 所示。

图 12-22　去除红眼

⑥ 选取工具箱中的红眼工具，移动鼠标指针至图像编辑窗口中右侧的眼睛处，如图 12-21 所示。

图 12-21　定位鼠标

⑧ 用与上述相同的方法，去除图像编辑窗口左侧的红眼，效果如图 12-23 所示。

图 12-23　最终效果

12.1.6　制作单色照片

使用"黑白"命令可以更改照片中颜色的亮度值，通常这类命令只适用于增强颜色与产生特殊效果，而不用于校正颜色，具体操作步骤如下：

① 单击"文件"|"打开"命令，打开一个素材文件，如图 12-24 所示。

图 12-24　素材文件

② 单击"图像"|"调整"|"黑白"命令，弹出"黑白"对话框，设置参数如图 12-25 所示。

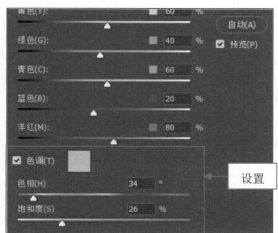

图 12-25　"黑白"对话框

245

3 执行操作后，单击"确定"按钮，即可制作单色照片，效果如图 12-26 所示。

图 12-26 最终效果

12.2 运用会声会影制作电子相册

会声会影是目前比较流行的一款制作电子视频的软件，利用会声会影进行视频编辑，即使是视频方面的新手，也可以轻松地进行操作，并可以从中感受到视频编辑的魅力，本节将带领大家走进会声会影的全新世界。

12.2.1 了解会声会影

在使用会声会影之前，一定要对软件的基本概念、音频格式、主要特点和应用等有所了解，才有助于对会声会影的进一步学习。

1．会声会影的基本概念

会声会影是一款非线性视频编辑软件，也是世界上第一款面向非专业用户的视频编辑软件。会声会影为用户提供了简单易用而且灵活的功能，其工作界面的编辑步骤清晰明了，使得编辑影片与拍摄影片一样精彩有趣。

会声会影是一款简单易用且功能强大的视频编辑软件。用户可以通过两个步骤进行视频制作：一是以最快的方式编辑家庭影片并刻录到光盘上，二是选择功能优异并易于使用的视频编辑程序，合理运用其中上千种精致的特效和音频工具，再应用影片制作向导模式与 Flash 动画覆叠，将网络上的 Flash 动画与影片结合在一起，完成视频制作。

会声会影能让用户充分体验影片剪辑的快乐，只要三个步骤就可快速制作出 DV 影片，即使是入门新手也可以在短时间内制作出效果出众的电影。同时该软件具有操作简单、功能强大的编辑模式，从捕获、剪接、转场、特效、覆叠、字幕、配乐，到刻录，用户可全程参与制作，编辑出属于自己的美丽动人的家庭电影。

2. 会声会影的音频格式

目前的主流音频格式有很多，不同的格式有着不同的用途。下面介绍几种常用的音频文件格式：

⚙ MP3 格式

MP3 的全称是 MPEG Layer3，它是 Fraunhofer-IIS 研究所的研究成果。MP3 是第一个实用的有损音频压缩编码。一般的音频编码压缩比例为 4:1，而 MP3 的音频编码压缩比例高达 12:1，MP3 在如此高的压缩比例下，仍能保持高音质的效果，是因为它利用人耳的特性，削减了音乐中人耳听不到的部分，同时尽可能地维持原来的声音质量。目前所有的音频播放软件和编辑软件都支持 MP3 格式，并将该格式作为默认的文件保存格式之一。

⚙ MP3 Pro 格式

为了使 MP3 在未来仍然充满生命力，Fraunhofer-IIS 研究所联合 Coding Technologies 公司以及法国的 Thomson multimedia 公司共同推出了 MP3 Pro。这种音频格式与之前的 MP3 格式相比，最大的特点就是在 64Kbps 的比特率下，仍然可以提供近似 CD 的音质（MP3 是 128Kbps），它在原来 MP3 技术的基础上，专门针对原来 MP3 技术中损失的音频细节进行了独立编码处理，并捆绑在原来的 MP3 数据上，在播放时通过再合成而达到良好的音质效果。

⚙ WAV 格式

WAV 是 Microsoft Windows 本身提供的音频格式，由于 Windows 的垄断地位，它已经成为事实上的通用音频格式。

⚙ WMA 格式

WMA 是 Microsoft 公司在 Internet 音频领域的有力杰作，WMA 格式利用减少数据流量并保持音质的方法来达到高压缩率的目的，其压缩率一般可以达到 18:1。另外，WMA 格式还可以通过 DRM（Digital Rights Management）方案防止拷贝，或者限制播放时间、播放次数以及限制播放器，从而有效地防止盗版。

⚙ MIDI 格式

MIDI 又称为乐器数字接口，是数字音乐电子合成乐器的国际统一标准。它定义了计算机音乐程序、数字合成器以及其他电子设备交换音乐信号的方式，规定了不同厂家的电子乐器与计算机连接的电缆和硬件及设备之间数据传输的协议，可以模拟多种乐器的声音。

⚙ AU 格式

AU 格式是 UNIX 平台下一种常用的音频格式，起源于 Sun 公司的 Solaris 系统。这种格式本身也支持多种压缩方式，但文件结构的灵活性不如 WAV 格式。这种格式出现了很多年，所以许多播放器和音频编辑软件都提供了对它的读/写支持。由于它本身所依附的平台不是面向广大消费者的，因此知道这种格式的用户并不多。目前唯一使用 AU 格式来保存音频文件的就只有 Java 平台。

⚙ AIFF 格式

AIFF 格式是苹果电脑上的标准音频格式，属于 QuickTime 技术的一部分。这种格式的特点就是格式本身与数据无关，因此受到了 Microsoft 公司的青睐，并由此制作出了 WAV 格式。

AIFF 虽然是一种很优秀的音频文件格式，但由于它是苹果电脑中的格式，因此在 PC 平台上并不流行。不过由于苹果电脑多用于多媒体制作以及出版行业，因此大部分音频编辑软件和播放软件都支持 AIFF 格式。AIFF 格式的兼容特性，使它能够支持许多压缩技术。

知识链接

> 会声会影是一款兼容性较强的软件，它所支持的文件格式非常多。会声会影所支持的视频格式和图像格式归纳如下：
>
> 视频格式：AVI、MPEG、WMV、QuickTime、GIF、MICROMV。
>
> 图像格式：BMP、CLP、JPG、PIC、PNG、PSD、RLE、SCT、TIF、WMF。

3. 会声会影的主要特点

会声会影给用户提供了易用且灵活的功能，不论是高级用户，还是入门新手，都可以轻松地享受到影片剪辑的乐趣。会声会影主要有以下两大特点：

⚙ 功能强大

会声会影是一款采用执行技术的软件，可直接将 DV 或 V8 上的视频捕获成 MPEG 格式，并可将编辑好的影片直接输出到电视或摄像机上。

⚙ 富有创造力

向导式的编辑方式，使操作简单而有趣，它拥有上百种视频转场特效、视频滤镜、标题样式和覆盖特效，可以充分激发用户的创造力，从而制作出更加精彩的影片效果。

4. 会声会影的应用

在日常生活和工作中，会声会影主要应用于以下四个方面：

⚙ 将 DV 视频转刻成光盘

用 DV 摄像机拍摄影片后，需要将其保存，用户可以利用会声会影将 DV 带刻录成 VCD 或 DVD 光盘，以便日后欣赏。

⚙ 制作 VCD 电子相册

在每个家庭中，都会存放着许多的相片，但随着时间的流逝，相片会发黄、变色，以致相片不能再被欣赏。而数码相片则可以使用会声会影将相片存入光盘中，并添加文字、音乐、模板和转场效果等，制作完成后就可以将富有动感的电子相册在 VCD 中进行播放。

⚙ 互动学习

在教学活动中，可以把视频资料、三维动画和演示文稿等不同的媒体文件整合在一起，以增添学习的趣味性。

⚙ 动画游戏

一般的动画软件只能制作出一段一段的半成品动画，而利用会声会影为动画添加转场效果，即可将它们连接起来，并能够对不同的视频片段进行编辑。

知识链接

将 DV 视频转刻成光盘的四个优点如下：

⚙ 画面显示效果好

为了更好地显示动态效果，应将 DV 视频放在电视机上播放，电视机的显示效果在亮度和色彩上远高于计算机显示器上的静态图像。

⚙ 容易保存

DV 带容易受潮、发霉，而刻录成 VCD 或 DVD 光盘，可以将其保存 30～50 年，且光盘体积小，更容易保存。

⚙ 容易播放

使用 DV 带进行多次播放后，难免会给 DV 带造成磨损，而且倒带也比较麻烦，但对于 VCD 和 DVD 光盘来说，播放既方便且快捷。

12.2.2　进入影片向导

在会声会影中，使用"影片向导"功能，可以为拍摄的录像或相片添加漂亮的动态效果，并制作出精美的影片。

进入影片向导的具体操作步骤如下：

1. 安装好会声会影程序后，双击桌面上的会声会影快捷方式图标，即可启动"会声会影"程序，进入等待界面，如图 12-27 所示。

2. 稍等片刻后，即可进入会声会影向导模式窗口，如图 12-28 所示。

图 12-27　等待界面

图 12-28　进入相应的窗口

12.2.3　导入数码相片

用户可以根据需要将制作影片的素材导入至影片向导中，导入的素材可以是数码相片、视频、DVD/VCD-VR 片段或捕获 DV 带中的内容。

下面以导入数码相片为例，介绍导入素材的方法。导入数码相片的具体操作步骤如下：

1. 启动会声会影软件之后，单击"导入媒体文件"按钮，如图 12-29 所示。

2. 弹出"浏览媒体文件"对话框，选择需要添加的素材图像，如图 12-30 所示。

图 12-29 单击"导入媒体文件"按钮

图 12-30 选择素材图像

3. 单击"打开"按钮，即可导入选择的素材图像，如图 12-31 所示。

专 家 提 醒

会声会影没有图片编辑功能，所以对那些尺寸、效果不理想的照片，在导入之前应先用相关工具将其调整，以达到最好的效果。

图 12-31 导入素材图像

专 家 提 醒

导入素材主要有以下几种方式：

⚙ 从 DV 捕获视频。

⚙ 添加硬盘上的视频。

⚙ 添加静态图像文件。

⚙ 从 DVD 光盘中截取视频素材。

⚙ 从素材库中添加视频素材。

12.2.4 将照片添加到视频轨道上

成功导入照片素材后，用户可以根据需要将其添加到影片的视频轨道上，在添加照片过程中，可以同时为素材添加不同的转场效果并调整素材的时间长度。将照片添加到视频轨道上的具体操作步骤如下：

第十二章

1. 选择需要添加到视频轨道上的第一幅素材，将其拖动到窗口下方，如图 12-32 所示。

图 12-32　添加素材到视频轨道

2. 将光标移到视频轨道上素材右边缘，此时光标呈双向箭头，拖动光标即可调整素材的时间长度，如图 12-33 所示。

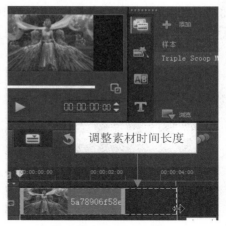

图 12-33　调整素材时间长度

3. 用上述相同的方法拖动第二张图片至视频轨道上，将鼠标放置在轨道两张图片的中间，如图 12-34 所示。

图 12-34　添加素材到视频轨道

4. 切换到"转场"选项卡，在选项区中可以选择所需的转场样式，双击即可添加到视频轨道上，如图 12-35 所示。

图 12-35　添加转场动画

5. 使用同样的方法将所有素材添加到视频轨道上，并为其添加转场动画，调整素材的时间长度，如图 12-36 所示。

图 12-36　添加图片

6. 添加照片素材后，将时间线移到开始位置，在播放窗口中选择"项目"选项，单击"播放"按钮，预览相册，如图 12-37 所示。

图 12-37　预览相册

251

12.2.5　为照片素材添加特效滤镜

　　将照片添加到视频轨道上以后，为了使相册在播放过程中不致单调和生硬，可以为其添加适当的特效滤镜，为照片素材添加特效滤镜的具体操作步骤如下：

　　1₅ 在素材窗口中单击"滤镜"按钮，切换到"滤镜"选项卡，如图 12-38 所示。

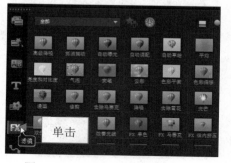

图 12-38　切换到"滤镜"选项卡

　　2₅ 在"画廊"下拉列表框中选择滤镜类型，如图 12-39 所示。

图 12-39　选择滤镜类型

　　3₅ 在"素材"窗口中选择合适的滤镜，将其拖动到视频轨道中需要添加特效的照片上，如图 12-40 所示。

图 12-40　添加滤镜

　　4₅ 在视频轨道上选中添加了特效后的素材，单击"播放"按钮，预览特效滤镜，效果如图 12-41 所示。

图 12-41　滤镜效果

　　5₅ 使用同样的方法为视频轨道中的素材添加合适的特效滤镜，将时间线移动到开始位置，选择"项目"选项，单击"播放"按钮，效果如图 12-42 所示。

图 12-42　播放效果

专家提醒

　　为素材添加滤镜特效时应当注意，由于滤镜的播放时间有可能会较长，所以在添加照片时应当注意设置照片的播放时间，根据滤镜的长短调整照片的时间长度，使特效与照片更好地结合在一起。

第十二章

12.2.6　添加音频文件

视频图像编辑完成后，就可以为相册添加音频文件了，为影片添加音频有两种方法，即通过将音频文件导入到素材窗口，再用拖动的方式进行添加，以及直接在音频轨道上通过右键菜单进行添加。这两种方法的具体操作步骤如下：

1．通过素材窗口添加

在制作影片时，用户应该先把所有需要的素材文件整理归档，以便随时使用。为影片添加音频时，一般先将其导入到素材窗口中，然后再添加到音频轨道上，这样做会使工作更加有条理，有利于复杂影片的编辑，通过素材窗口添加音频文件的具体操作步骤如下：

1 在素材窗口中单击"导入媒体文件"按钮，如图 12-43 所示。

2 弹出"浏览媒体文件"对话框，选择需要导入的音频文件，单击"打开"按钮，如图 12-44 所示。

图 12-43　单击"导入媒体文件"按钮

图 12-44　选择音频文件

3 执行操作后，可以看到音频文件已经导入到素材窗口中，如图 12-45 所示。

4 拖动音频文件，将其添加到音频轨道中，如图 12-46 所示。

图 12-45　导入音频素材

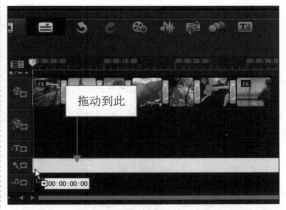

图 12-46　将音频添加到音频轨道上

2．通过音频轨道上的右键菜单添加

当编辑的影片不是很大很复杂时，为了方便，用户可以直接通过音频轨道上的右键菜单添加音频素材。通过音频轨道上的右键菜单添加音频文件的具体操作步骤如下：

1. 在音频轨道上单击右键，在弹出的快捷菜单中选择"插入音频"|"到音乐轨"选项，如图 12-47 所示。

2. 弹出"打开音频文件"对话框，选择音频文件，单击"打开"按钮，如图 12-48 所示。

图 12-47 选择相应的选项

图 12-48 选择音频文件

3. 执行操作后，可以看到音频文件已经被添加到音频轨道上，如图 12-49 所示。

4. 插入音频后，将时间线移到视频素材的结尾处，定位时间线，如图 12-50 所示。

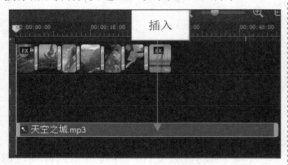

图 12-49 插入音频

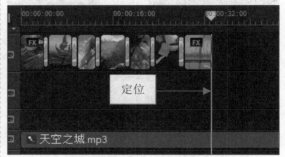

图 12-50 定位时间线

5. 单击播放窗口中的"剪切"按钮✂，从该位置将音频素材剪断，如图 12-51 所示。

6. 选择剪切后的后半段音频素材，按【Delete】键，将其删除，如图 12-52 所示。

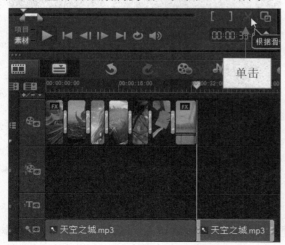

图 12-51 分割音频文件

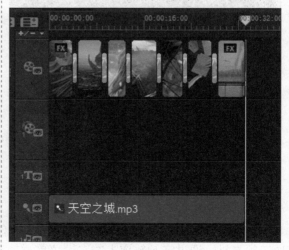

图 12-52 删除音频文件

专　家　提　醒

当制作时间在几分钟之内的影片时，选择的音频文件不应过长，通常几分钟长度的音频文件就可以了。对于完整的音频文件，如有可能应尽量不要将其切割，可以适当调整视频文件的时间长度，使其长度与音频文件相等，一般以添加片头和片尾来达到这一目的。

12.2.7　添加字幕

用户可以为影片添加字幕，以增强其表现力，具体操作步骤如下：

1 在素材窗口中单击"标题"按钮，切换到"标题"选项卡，如图 12-53 所示。

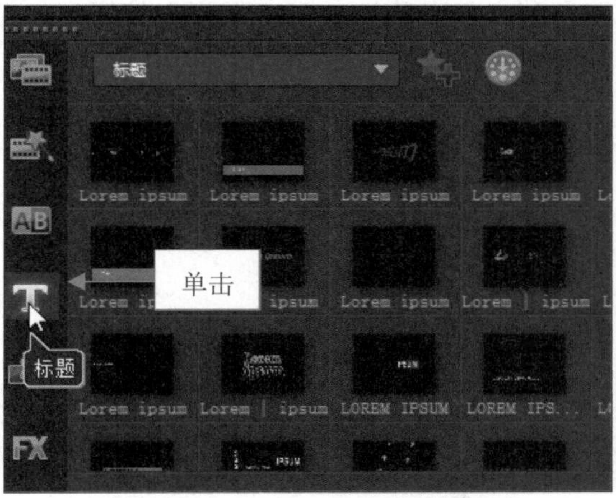

2 选择一种合适的字幕样式，将其拖动至标题轨道上，如图 12-54 所示。

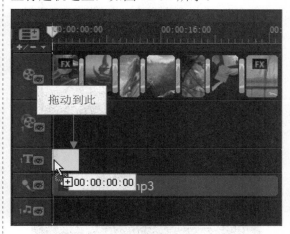

图 12-53　切换到"标题"选项卡

图 12-54　添加字幕

3 在播放窗口中双击字幕文字，转换到输入模式，输入需要的文字内容，如图 12-55 所示。

4 使用同样的方法，在整个视频添加字幕文件，如图 12-56 所示。

图 12-55　修改字幕内容

图 12-56　添加字幕文件

第十二章

专 家 提 醒

除了使用以上方法为视频添加字幕文件外，用户还可以使用导入的方法添加字幕文件，比如用户可以添加与音频文件内容相符合的字幕文件，可以从网上下载字幕，也可以使用字幕编辑软件自己编辑与视频内容相关的说明类字幕，导入字幕的方法与通过右键菜单导入音频文件的方法一样。

12.2.8 导出影片

视频制作完毕后，最后的工作就是将其导出了，由于导出的文件是不可以播放的，因此还需要将其转换成可以在电脑中播放的格式，导出影片和转换文件格式的具体操作步骤如下：

1. 播放影片，确认编辑没有错误后，单击"文件"|"保存"命令，如图 12-57 所示。

2. 在弹出的另存为对话框中设置保存路径和文件名称，单击"保存"按钮，如图 12-58 所示。

图 12-57 执行"保存"命令

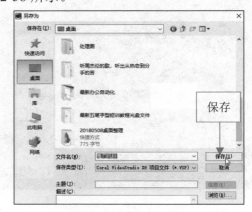

图 12-58 保存文件

3. 保存的文件还不能直接在媒体播放器中播放，需要转换成可播放的媒体文件。单击"文件"|"成批转换"命令，打开"成批转换"对话框，如图 12-59 所示。

4. 单击"添加"按钮，弹出"打开视频文件"对话框，选择刚才保存的视频文件，单击"打开"按钮，如图 12-60 所示。

图 12-59 "成批转换"对话框

图 12-60 打开视频文件

5. 返回"成批转换"对话框，设置转换格式及转换后文件的保存路径，单击"转换"按钮，如图 12-61 所示。

6. 执行操作后，即可将视频文件转成可播放格式，使用媒体播放器播放文件，效果如图 12-62 所示。

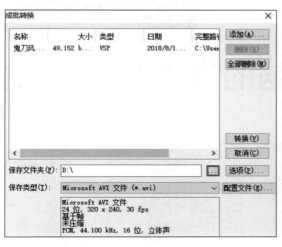

图 12-61　转换视频格式

图 12-62　播放影片

● 学习笔记

第十三章

电脑的维护与安全防护

在使用电脑的过程中，用户难免会遇到电脑系统出现故障的问题，而避免系统出现故障最有效的方法就是加强对电脑的维护与安全防护。本章将主要介绍电脑的维护与安全防护的方法。

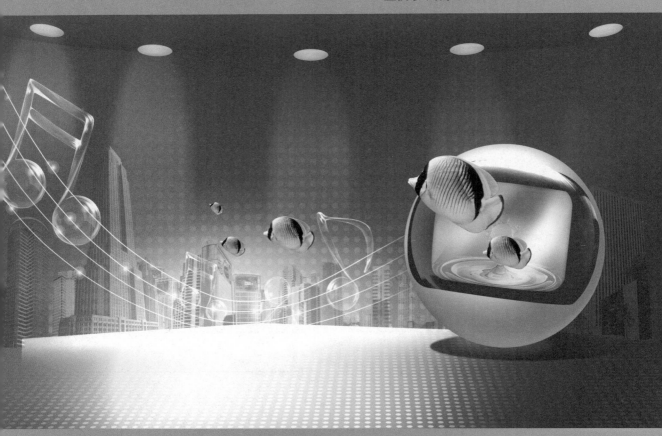

13.1　电脑的日常维护

做好电脑的日常维护工作是保障电脑安全的基础。平时对电脑进行良好的维护，才能使电脑出现故障的概率减小。本节主要介绍电脑日常维护的各种技巧。

13.1.1　电脑外观的维护

影响电脑外观的设备和组件与用户接触得最频繁，维护好这些设备和组件，可以延长电脑的使用寿命。这些设备和组件包括显示器、主机箱、键盘和鼠标等，下面将介绍对它们的日常维护方法。

1. 显示器

显示器的日常维护主要从以下几个方面入手：

注意防潮

潮湿的环境是显示器的最大天敌，电脑显示器在使用过程中，内部存在着高压，如果湿度较大，就会影响电脑的性能，甚至可能产生漏电的危险。电脑的理想相对湿度为30%～80%，如果天气较为潮湿，最好每天都使用电脑，或让电脑通电一段时间，以排除内部潮气。

避免强光照射

如果显示器受到阳光或强光长时间的照射，会老化或变色，而且显像管上的荧光粉在强光照射下也会老化并降低发光效率，从而影响显示器的显示效果。

注意电脑使用时间与温度

显像管是显示器的一大热源，在过高的环境温度下使用电脑，它的工作性能和使用寿命都会降低，并加速显示器中其他元器件的老化，而对于LCD显示器的用户来说，一定不要让LCD长时间的工作，由于LCD的像素是由许许多多的液晶体构筑而成，过长的连续使用LCD会使液晶体老化或烧坏，一旦造成损害将永久性地不可修复。

远离磁场干扰

长期暴露在磁场中可能会磁化或损坏显示器，导致显示器出现偏色或色彩混乱等现象。如果发现显示器局部变色，就表示显示器附近有磁性物质存在，应迅速排除，否则可能会给显示器造成永久性的损害。

注意显示器的清洁

显示器内部的电压达到10～30KV，极易吸附空气中的灰尘颗粒，灰尘长期的积累会影响电子元器件的热量散发，而且灰尘也可能吸收水分，腐蚀显示器内部的电子线路。因此，应随时注意显示器的清洁，以防造成对显示器和元器件的损害。清洁显示器时，一定要切断电源，并切忌使用滴水的布或海绵擦拭，尤其是在擦拭显示器上方散热孔时，最好使用干布，以防有水滴入。

专家提醒

显示器的屏幕切忌用手或有机溶剂擦拭，以免对其造成损伤，清洁显示器屏幕时，最好的办法是使用电脑屏幕专用擦拭布来擦拭。

2．主机箱

用户应该经常清除机箱上的积尘和污垢，而且清洁工作一定要在电脑关机并断开电源的情况下进行。清洁主机箱时，用一块干净抹布蘸水，拧干后轻轻擦拭机壳，直到干净为止。切记抹布的水分不宜过多，以免水分渗入主机箱内部，损坏内部零件。

专 家 提 醒

用户可以在主机箱上放一张薄纸，一方面可以让灰尘都积聚在纸上，另一方面纸张是通风的材质，可以防止主机出现过热的情形。

3．键盘和鼠标

键盘和鼠标的使用频率较高，所以需要经常清洁，清洁的方式与其他设备一样，用拧干的抹布轻轻擦拭键盘和鼠标上的积尘和污垢即可。键盘和鼠标是重要的输入设备，长期使用会导致一些小问题的出现，下面介绍键盘和鼠标会出现的问题以及解决方法。

　　🔅 键盘

键盘按键的缝隙内经常会掉入一些灰尘或小碎屑，这会妨碍键盘的使用，此时，用户可以将键盘翻转，使按键朝下，再用手轻轻拍打键盘，使灰尘和碎屑掉落即可。

　　🔅 鼠标

机械鼠标清洁的要点是传动轴，把鼠标底朝上，按照挡板上指示的方向旋开，取下挡板与滚球，用纸巾或牙签等小工具将灰尘或污垢清除干净即可。光电鼠标的清洁方式很简单，用棉花蘸上少许酒精轻轻擦拭鼠标内底部的电路板，并放置晾干即可。

13.1.2 电脑硬件的维护

电脑硬件是电脑的重要组成部分，做好硬件的日常维护是电脑正常运行的有效保障。

1．CPU 风扇及散热片

拆下 CPU 风扇，将风扇和散热片分开，用皮老虎吹掉风扇上的积尘。而表面细纹比较密集的散热片是很难清洁的，用户可以将纸巾包在钥匙上，并将钥匙推进散热片槽中，然后取出钥匙，再用皮老虎吹吹，这样反复操作几次便可以将散热片上的污垢清除得较为彻底。

2．主板

如果主板不太脏，用户可以用油画笔刷几下，再用吹风机的冷风吹干净即可。如果主板较脏，则需要将主板从机箱上拆下来，然后用油画笔刷将主板的正反两面都刷一刷，再用皮老虎将各个插槽和没刷干净的角落吹干净。

3．硬盘

为了延长硬盘的使用寿命，需要从以下几个方面对硬盘进行日常维护：

　　🔅 硬盘读写数据时不能关掉电源

现在的硬盘在读写数据时，转速一般都高达每分钟 7200 转，如果在硬盘读写数据时忽然关掉电源，就会导致磁头与盘片猛烈摩擦而损害硬盘。关机时，一定要注意主机面板上的硬盘指示灯，确保硬盘完成读写后再关机。

🌼 防止硬盘振动

硬盘是十分精密的设备，硬盘在进行读写时，磁头在盘片表面的浮动高度只有几微米，此时，千万不要移动硬盘或使硬盘受到较大的振动，一旦发生意外可能会造成磁头与盘片发生撞击，导致盘片和磁头损伤，造成硬盘数据区的损坏和硬盘内文件信息的丢失。

🌼 注意防尘、防潮

环境中灰尘过多会被吸附到硬盘印刷电路板的表面或主轴电机内部。硬盘在较为潮湿的环境中工作会使绝缘电阻下降，轻则引起工作不稳定，重则导致某些电子元器件损坏或使某些对灰尘敏感的传感器不能正常工作。因此一定要保持环境卫生，减少空气中的含尘量。

🌼 防止高温、潮湿和磁场对硬盘的影响

硬盘的主轴电机、步进电机及其驱动电路在工作时都会发热，因此在使用过程中一定要严格控制环境温度，以防损伤硬盘，室内的温度最好控制在20℃～25℃。在炎热的夏季也需注意，最好将环境温度控制在40℃以下，在温湿季节要注意使环境干燥，或经常给系统加电，靠硬盘自身的发热将机内的潮气蒸发掉。尽量使硬盘远离较强的磁场，如电视机、电机、音箱喇叭等，以免造成硬盘里所记录的数据因磁化而受到破坏。

🌼 定期整理硬盘

硬盘的整理工作主要包括两个方面，一是根据目录整理，二是硬盘碎块的整理。为硬盘建立一个清晰整洁的目录结构，既能为工作带来方便，也能避免文件的重复放置和垃圾文件的产生，从而节省硬盘空间，加快电脑的运行速度。

🌼 防止电脑病毒对硬盘的破坏

病毒对硬盘中存储的信息有很大的威胁，所以应使用杀毒软件定期对硬盘进行病毒检测，发现病毒应立即清除。尽量避免对硬盘进行格式化，因为硬盘格式化会造成硬盘中的数据全部丢失并缩短硬盘的使用寿命。当用户从移动存储设备拷贝信息资料到硬盘前，应该先对它们进行病毒检查，防止硬盘由此染上病毒而破坏盘内的数据信息。

专家提醒

　　硬盘的设计是密封式的，用户不能自行拆开硬盘盖，否则空气中的灰尘会进入盘内，导致磁头读写操作时将盘片或磁头划伤。如果硬盘出现故障，决不允许在普通条件下拆开外壳，应找专业人员进行处理。

4. 光盘

光盘的日常维护应做到以下几点：

🌼 及时对盘片上的污点进行擦除。

🌼 注意保护盘片的内缘。

🌼 避免长时间读取光盘。

🌼 使盘片处于干燥的环境中。

🌼 避免将盘片置于光照之下。

🌼 不要在盘片上粘贴任何标签纸。

🌼 定期对盘片进行清洁工作，避免灰尘的侵袭。

5．光驱

光驱经过长时间的使用后，读盘能力就会降低，从而导致读盘速度变慢或无法读盘的情况发生，此时，用户应该对光驱激光头进行清洁。清洁激光头有两种方法，一是自动清洁，二是手工清洁。

自动清洁

将专用的光驱清洁盘放入光驱中，在 Windows 系统下，使用"附件"程序中的 Windows Media Player 播放该盘，播放完毕后，把清洁盘取出，即可完成对光驱的清洁。

手工清洁

打开光驱的外壳，在光驱的中央位置有一个玻璃状的小圆球，这就是光驱的激光头，使用干净的棉签，蘸上专用的清洗剂，在激光头的表面轻轻地进行擦拭，待清洗剂完全蒸发后，把光驱外壳盖上即可。

13.1.3　磁盘的清理与维护

磁盘是电脑存储数据和文件的主要场所，如果出现系统启动和运行速度变慢、经常死机或某些文件无法正常打开的情况，则有可能是磁盘故障引起的。因此用户需要定期对磁盘进行维护与清理，主要包括磁盘扫描、磁盘清理和整理磁盘碎片等。

1．磁盘扫描

通过磁盘扫描可以检测出磁盘中是否有错误存在，如果检测出磁盘中有错误，系统可以及时将其修复。磁盘扫描的具体操作步骤如下：

1. 进入 Windows 系统桌面，在"此电脑"图标上单击鼠标右键，弹出快捷菜单，选择"打开"选项，如图 13-1 所示。

2. 打开"此电脑"窗口，在"本地磁盘（C：）"图标上单击鼠标右键，弹出快捷菜单，选择"属性"选项，如图 13-2 所示。

图 13-1　选择"打开"选项

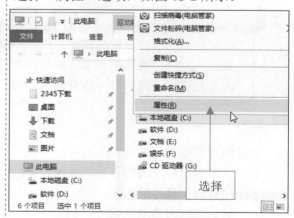

图 13-2　选择"属性"选项

3. 弹出"本地磁盘（C：）属性"对话框，切换至"工具"选项卡，如图 13-3 所示。

4. 在"查错"选项区中单击"检查"按钮，系统将弹出如图 13-4 所示的"错误检查（本地磁盘（C:））"对话框。如果发现坏扇区，扫描程序将进行修复。

第十三章

图 13-3　切换至"工具"选项卡

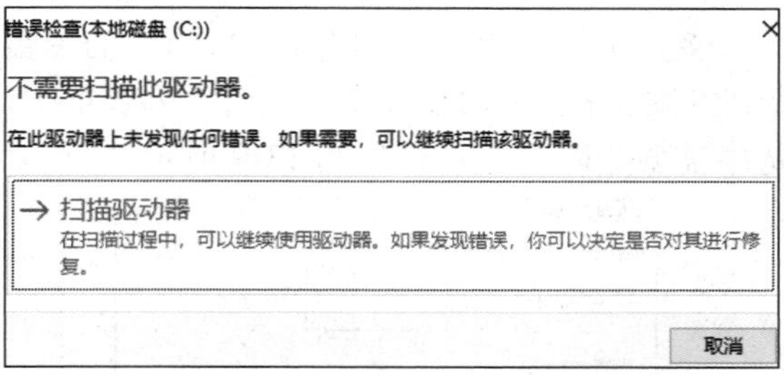

图 13-4　"错误检查（本地磁盘（C:)）"对话框

2．磁盘清理

利用磁盘清理程序将磁盘中的垃圾文件和临时文件清除，可以节省磁盘中的空间，并提高磁盘的运行速度。磁盘清理的具体操作步骤如下：

1 打开"此电脑"窗口，在"本地磁盘（C:)"图标上单击鼠标右键，如图 13-5 所示，弹出快捷菜单，选择"属性"选项，如图 13-6 所示。

2 弹出"本地磁盘（C:）属性"对话框，在"常规"选项卡下单击"磁盘清理"按钮，如图 13-7 所示，弹出"磁盘清理"提示信息框，并显示计算进度，如图 13-8 所示。

图 13-5　右击"本地磁盘（C:)"图标

图 13-7　单击"磁盘清理"按钮

图 13-6　选择"属性"选项

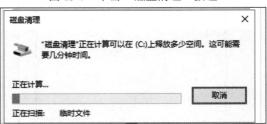

图 13-8　显示计算进度

③ 稍等片刻后，将弹出"（C:）的磁盘清理"对话框，在"要删除的文件"列表框中，选中需要删除的文件，如图 13-9 所示。

④ 单击"确定"按钮，弹出相应的提示信息框，提示确认删除操作的信息（如图 13-10 所示），单击"删除文件"按钮，即可清理磁盘。

图 13-9 选中相应的复选框

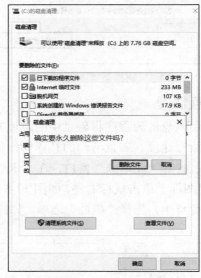

图 13-10 显示提示信息

3．整理磁盘碎片

在使用电脑过程中，经常会对磁盘进行读写或删除等操作，从而产生了大量的磁盘碎片，造成系统磁盘运行的速度减慢，并占用大量的磁盘空间，此时用户可以对磁盘碎片进行整理，以保证磁盘的正常运行。整理磁盘碎片的具体操作步骤如下：

① 右击要清理的磁盘，在弹出的快捷菜单中选择"属性"命令，打开属性对话框，切换"工具"选项卡，如图 13-11 所示。

② 在该对话框中单击"优化"按钮，打开"优化驱动器"窗口，通过该窗口可以对磁盘进行优化和碎片整理，如图 13-12 所示。

图 13-11 选择需要清理的磁盘

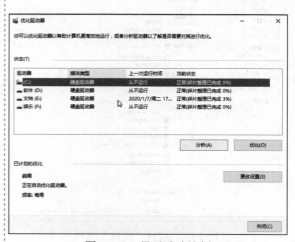

图 13-12 显示碎片比例

3. 运用磁盘碎片整理程序清理驱动器要花费大量时间，所以最好在整理驱动器之前进行一下设置，操作方法是：在该窗口的列表框中选择要分析的驱动器，单击"分析"按钮，磁盘碎片整理程序即开始对选中的驱动器进行分析。分析完后，显示分析结果，并给出是否需要进行磁盘整理的建议，如图 13-13 所示。

图 13-13　显示整理进度

4. 单击"更改设置"按钮，打开"优化驱动器"对话框，如图 13-14 所示。可对磁盘进行优化计划设置。

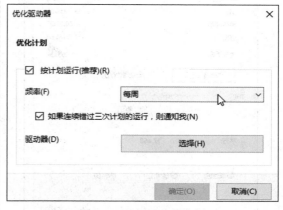

图 13-14　显示碎片比例

13.2　系统安全设置

随着科技的发展，电脑系统虽然在不断地完善，但恶意的伤害（如电脑病毒、黑客和木马等）仍然对电脑存在着巨大的威胁。因此，保证操作系统的安全是非常重要的。

扫码观看本节视频

13.2.1　禁用 NetBIOS

NetBIOS 在为用户提供文件和打印共享服务的同时，也面临着很多的攻击。如果用户不需要共享服务，或想避免针对 NetBIOS 的攻击，可以将 NetBIOS 关闭。禁用 NetBIOS 的具体操作步骤如下：

1. 进入 Windows 系统桌面，在"网络"图标上单击鼠标右键，如图 13-15 所示。

图 13-15　单击鼠标右键

2. 弹出快捷菜单，选择"属性"选项，打开"网络和共享中心"窗口，如图 13-16 所示。

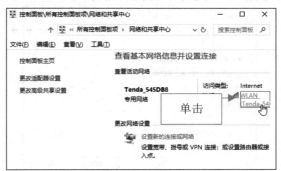

图 13-16　打开"网络和共享中心"窗口

3. 单击"WLAN"超链接，弹出"WLAN 状态"对话框，如图 13-17 所示。

图 13-17 "WLAN 状态"对话框

4. 单击"属性"按钮，弹出"WLAN 属性"对话框，如图 13-18 所示。

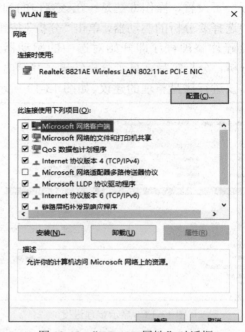

图 13-18 "WLAN 属性"对话框

5. 在 "此连接使用下列项目"列表框中，选择"Internet 协议版本 4（TCP/IPv4）"选项，单击"属性"按钮，弹出"Internet 协议版本 4（TCP/IP v4）属性"对话框，如图 13-19 所示。

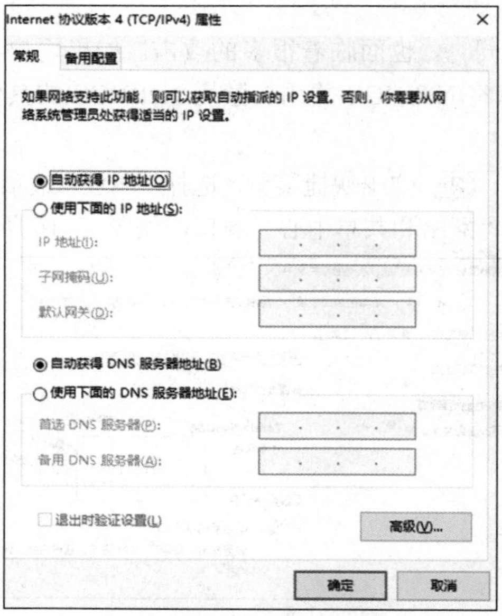

6. 单击"高级"按钮，在弹出的对话框中切换至 WINS 选项卡，选中"NetBIOS 设置"选项区中"禁用 TCP/IP 上的 NetBIOS"单选按钮（如图 13-20 所示），单击"确定"按钮即可。

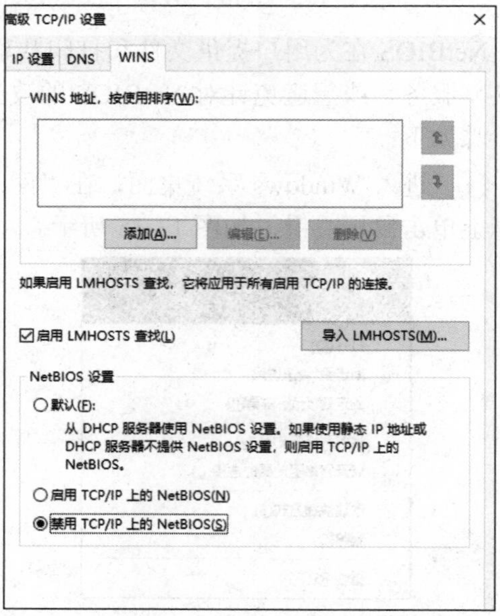

图 13-19 弹出相应对话框

图 13-20 选中相应的单选按钮

13.2.2　禁用文件和打印共享服务

文件和打印共享服务的端口主要有 137、138、139 和 445，为了保护电脑的安全，用户应该禁用共享服务。禁用文件和打印共享服务的具体操作步骤如下：

1 打开"网络和共享中心"窗口，单击"连接"超链接，弹出"WLAN 状态"对话框（如图 13-21 所示），单击"属性"按钮。

2 弹出"WLAN 属性"对话框，在"此连接使用下列项目"列表框中，取消勾选"Microsoft 网络的文件和打印机共享"复选框（如图 13-22 所示），单击"确定"按钮即可。

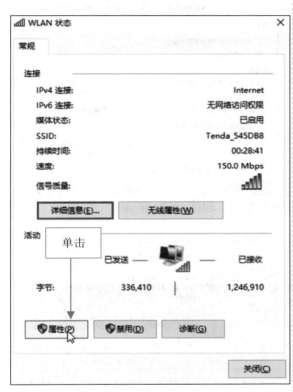

图 13-21　"WLAN 状态"对话框

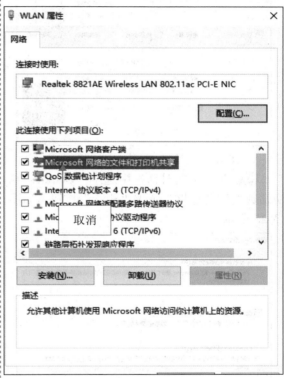

图 13-22　取消勾选相应的复选框

13.2.3　删除 IE 浏览记录

多人使用一台电脑上网时，个人信息如何保护一直是用户关心的问题。比如网吧里面龙蛇混杂，很多网友都有在网吧上网被窃密码、上网历史让隐私曝光的经历。在公共电脑或网吧进行有用户名、密码乃至银行账户信息的 Web 上网操作后，建议删除现有的所有 Cookie。

删除 IE 浏览记录的具体操作方法如下：

1 启动 IE，执行"工具"|"Internet 选项"命令，如图 13-23 所示。

图 13-23　选择"Internet 选项"选项

3 在弹出的对话框中选中"Cookies 和网站数据"复选框，单击"删除"按钮，如图 13-25 所示。

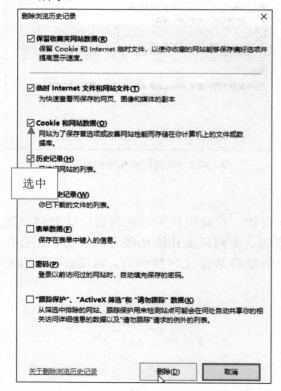

图 13-25　选中"Cookies 和网站数据"复选框

2 弹出"Internet 选项"对话框，单击"常规"选项卡下"浏览历史记录"选项区中的"删除"按钮，如图 13-24 所示。

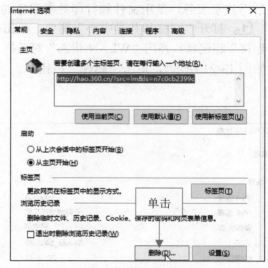

图 13-24　单击"删除"按钮

4 删除之后将会在浏览器底部出现删除完成提示，如图 13-26 所示。

图 13-26　删除浏览的历史记录

第十三章

专家提醒

　　如果提示禁止访问 C 盘或禁止修改包含 IE 浏览器在内的各种 Windows 系统的基本操作，可单击 IE 或收藏夹图标，右击任意收藏网页，选择"属性"选项，在"属性"对话框中将 URL 栏中内容删除，改为"C："（或其他盘符），单击"确定"保存退出，重新打开浏览器中刚修改过的该收藏夹，就可以进入"C：\Windows\Cookies"目录，删除 Cookie 信息。

13.2.4　禁用不必要的服务

　　Windows 10 所提供的系统服务是不可以删除的，但可以禁用一些不必要的服务，这不仅能保护系统安全，还可以提高运行速度，防止黑客入侵，保障主机的安全。禁用不必要服务的具体操作步骤如下：

1. 单击"开始"|"控制面板"命令，打开"控制面板"窗口，如图 13-27 所示。

2. 单击"管理工具"图标，打开"管理工具"窗口，双击"服务"快捷方式图标，如图 13-28 所示。

图 13-27　打开"控制面板"窗口

图 13-28　打开"管理工具"窗口

3. 弹出"服务"窗口，在其中选择需要禁用的服务，如图 13-29 所示。

4. 双击鼠标左键，弹出相应的对话框，单击"启动类型"右侧的下拉按钮，在弹出的下拉列表中选择"禁用"选项（如图 13-30 所示），单击"确定"按钮即可。

图 13-29　选择需要禁用的服务

图 13-30　选择"禁用"选项

13.2.5　及时更新系统与打补丁

及时对操作系统进行升级、安装系统补丁、修复系统中的漏洞，可以将病毒或木马对软件危害的概率降到最低。更新系统与打补丁的具体操作步骤如下：

1 单击"开始"菜单，选择"设置"按钮，在打开的"设置"窗口中，选择"更新和安全"图标按钮，打开"Windows 更新"选项窗口，如图 13-31 所示。

2 在该窗口中，可查看更新状态和已安装更新历史记录，在"更新设置"选项区中选择"更改使用时段"超链接，然后设置更新时间，单击"保存"按钮即可，如图 13-32 所示。

图 13-31　"Windows 更新"选项窗口

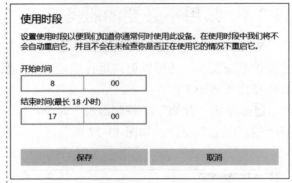

图 13-32　设置更新下载和安装的时间

13.2.6　Windows 防火墙

Windows 防火墙（Internet Connection Firewall，简称 ICF）是系统自带的一款用来限制连接的软件，设置防火墙可以更好地抵御恶意病毒或木马对软件的攻击，防火墙可以随时开启，有助于保护系统的安全。设置防火墙的具体操作步骤如下：

1 打开"控制面板"窗口，单击"Windows Defendeer 防火墙"图标，如图 13-33 所示。

2 打开"Windows Defendeer 防火墙"窗口，单击"更改通知设置"超链接，如图 13-34 所示。

图 13-33　单击"Windows Defender 防火墙"图标

图 13-34　单击"更改通知设置"超链接

③ 打开"自定义设置"窗口，分别在"专用网络设置"和"公用网络设置"选项区中选中"启用 Windows Defender 防火墙"单选按钮（如图 13-35 所示），单击"确定"按钮。

④ 返回到"Windows Defender 防火墙"窗口，展开"专用网络设置"和"公用网络设置"选项，可以看到已完成的设置，如图 13-36 所示。

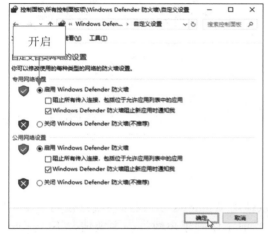

图 13-35　开启防火墙

图 13-36　设置后的效果

13.3　系统的备份与还原

当电脑受到病毒或木马攻击时，软件、硬件都有可能出现故障，并有可能导致整个硬盘的文件被替换或被删除，为了确保文件的安全，用户可以对重要文件进行备份。

13.3.1　创建还原点

Windows 系统自带备份和还原工具，用户可以直接使用该工具对文件进行备份和还原操作。在还原系统之前，需要创建一个还原点，这样可以在系统出现问题时，将系统恢复到以前的某个状态。创建还原点的方法有两种：一种是自动创建还原点，另一种是手动创建还原点。下面以手动创建还原点为例，介绍创建还原点的方法，其具体操作步骤如下：

① 右击桌面"此电脑"图标，在弹出的快捷菜单中选择"属性"选项，打开"系统"窗口，单击"系统保护"选项，如图 13-37 所示。

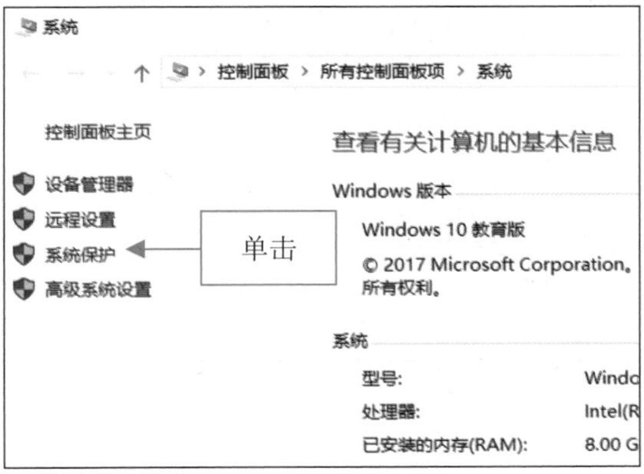

② 打开"系统属性"对话框，单击"系统保护"选项卡下的"创建"按钮，如图 13-38 所示。

图 13-37　单击"系统保护"超链接

图 13-38　单击"创建"按钮

③ 弹出"系统保护"对话框，在文本框中输入还原点描述，单击"创建"按钮（如图13-39所示），即可创建还原点。

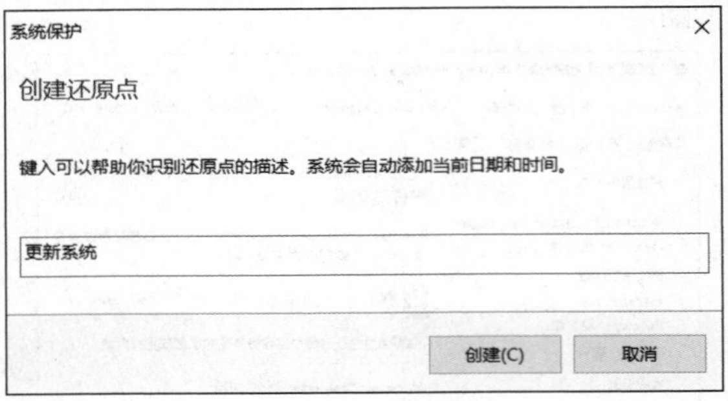

系统保护

创建还原点

键入可以帮助你识别还原点的描述。系统会自动添加当前日期和时间。

| 更新系统 |

创建(C)　　取消

图 13-39　显示相关信息

专家提醒

在对电脑系统进行修改之前，例如修改服务、注册表、安装软件等。应当先创建一个还原点，以便当系统出现问题时可以随时将其还原到未修改之前的状态。

另外，当对系统进行修改时，Windows 10 也会自动创建还原点。

13.3.2　还原系统

创建还原点后，如果电脑出现故障，用户可以使用 Windows 10 操作系统自带的系统还原功能，将系统还原到之前的设置，而且不会丢失当前工作的用户数据，多数情况下，还原系统的操作是可逆的。还原系统的具体操作步骤如下：

① 单击"系统属性"|"系统还原"选项卡中，单击"系统还原"按钮，弹出"系统还原"对话框，单击"下一步"按钮，如图13-40 所示。

② 在接下来的对话框中选择先前创建的还原点，然后单击"下一步"按钮，如图13-41 所示。

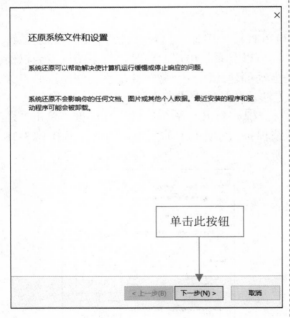

还原系统文件和设置

系统还原可以帮助解决使计算机运行缓慢或停止响应的问题。

系统还原不会影响你的任何文档、图片或其他个人数据。最近安装的程序和驱动程序可能会被卸载。

单击此按钮

< 上一步(B)　　下一步(N) >　　取消

图 13-40　单击"下一步"按钮

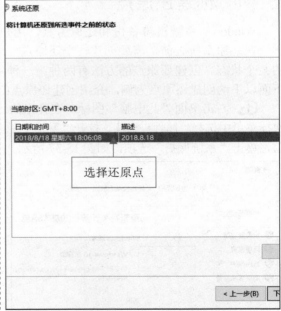

系统还原

将计算机还原到所选事件之前的状态

当前时区：GMT+8:00

日期和时间	描述
2018/8/18 星期六 18:06:08	2018.8.18

选择还原点

< 上一步(B)　　下

图 13-41　选择还原点

第十三章

3. 进入"确认还原点"界面，确认还原点，并仔细阅读其中的提示信息（如图 13-42 所示），单击"完成"按钮。

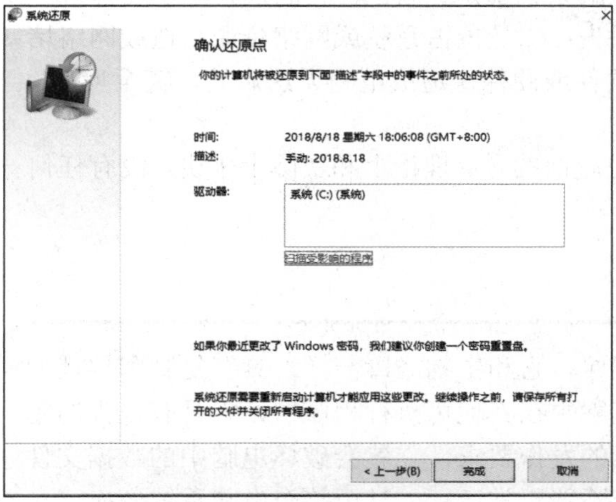

4. 弹出提示信息框，单击"是"按钮（如图 13-43 所示），系统在还原过程中会重启电脑，重启电脑后，将弹出如图 13-44 所示的提示信息框，单击"关闭"按钮即可。

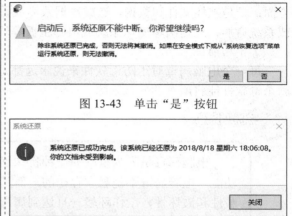

图 13-42　阅读提示信息

图 13-43　单击"是"按钮

图 13-44　提示恢复完成信息

13.4　电脑网络安全的维护

随着电脑技术的飞速发展，电脑在为生活和工作带来方便的同时，也面临着病毒的威胁。一旦遭到病毒的攻击，电脑系统中的资料将会受到不同程度的破坏，并且硬件和软件也会受到影响。维护电脑在网络中的安全，防范电脑病毒的恶意破坏不容忽视。

13.4.1　了解病毒的特点与分类

随着电脑的普及和网络技术的日益发展，电脑病毒的威胁给许多企业和个人造成了不同程度的损失，防范电脑病毒的侵害已是每一个电脑用户必须有的意识。下面将分别介绍病毒的特点与分类。

1. 病毒的特点

电脑病毒从广义上讲是一种能够通过自身复制并传染而引起电脑故障、破坏电脑数据的程序。电脑病毒的种类很多，但从它们的表现特点来讲存在着许多的共同点，主要表现在以下几个方面：

⚙ 隐蔽性

电脑病毒的隐蔽性非常强，当病毒侵入、传染并对数据造成破坏时不一定会被电脑操作人员知晓。它一般是在某个特定的时间发作，而其他时间是不会发作的。

⚙ 寄生性

电脑病毒通常依附在其他文件上。

⚙ 潜伏性

从被电脑病毒感染到电脑病毒开始运行，一般需要经过一段时间。当满足一个特定的环境条件时，病毒程序才开始活动。

❀ 诱惑性

电脑病毒为了更好地传播和复制，一般都会使用带诱惑性的名称。因此在浏览网页时，不要轻易地点击自动跳出来或极具诱惑性的超链接。

❀ 危害性

病毒的危害性是很显然的，每一个病毒对电脑系统都是有害的。它的危害性主要体现三个方面：一是破坏文件和数据，造成数据毁坏或丢失；二是抢占系统或网络资源，造成网络堵塞或系统瘫痪；三是破坏操作系统或电脑主板等软件或硬件，造成电脑无法启动，甚至瘫痪。

❀ 超前性

每一个电脑病毒对于防毒软件来说永远都是超前的。从理论上和实际上来讲，没有任何一款杀毒软件能将所有的病毒杀除。

 知识链接

> 电脑病毒是人为编制的一种特殊程序，它和生物病毒一样，具有复制和传播的功能。电脑病毒不是独立存在的，而是寄生在其他可执行程序中，它具有很强的隐蔽性和破坏性，工作环境一旦达到病毒的发作要求，它就会破坏电脑中的数据文件或占用大量的系统资源，最终导致电脑不能正常运行，甚至整个电脑系统瘫痪。

2. 病毒的分类

电脑病毒程序通常按其造成的后果严重程度分为"良性"和"恶性"两类，良性病毒不会对系统构成致命的威胁，而恶性病毒的主要任务就是破坏系统的重要数据，严重影响着电脑系统的安全。要真正识别病毒并及时查杀，用户必须对病毒进行详细的了解。按病毒的传染对象来分，可以分为以下几类：

❀ 引导型病毒

这种病毒通常隐藏在硬盘或软盘的引导区中，一旦电脑从感染了病毒的硬盘或软盘引导区中启动，或从硬盘或软盘中读取数据，该病毒就会发作。

❀ 文件型病毒

这种病毒通常寄生在文件中，因而它攻击的对象就是文件，一旦运行感染了该病毒的文件，病毒就会被激发并执行大量的操作，进行自我复制并传染到其他程序中。

❀ 网络型病毒

网络型病毒所攻击的对象不只局限于单一的模块或可执行的文件中，而是更加综合，更加隐蔽。此种病毒能够感染所有的 Office 文件。

❀ 复合型病毒

复合型病毒就是将引导型病毒和文件型病毒结合在一起，从而既能感染引导区，又能感染文件。

13.4.2　使用杀毒软件查杀病毒

"电脑管家"软件是一款免费的云安全杀毒软件。"电脑管家"软件具有查杀率高、资源占用少、升级迅速等优点。同时，"电脑管家"软件可以与其他杀毒软件共存，是一个理想杀毒备选方案。本节将介绍使用"电脑管家"查杀电脑病毒的方法。

1．闪电杀毒

在"闪电杀毒"模式下，"电脑管家"软件只扫描系统中的关键位置，一般情况下，如果电脑染上病毒，使用"闪电杀毒"就能检测出来。使用"电脑管家"软件快速扫描电脑关键位置的具体操作步骤如下：

1 单击"开始"|"电脑管家"命令，如图 13-45 所示。

2 打开"电脑管家"窗口，单击"病毒查杀"按钮，单击"闪电杀毒"命令，如图 13-46 所示。

图 13-45　单击"电脑管家"命令

图 13-46　单击"闪电杀毒"命令

3 执行操作后，开始扫描系统关键位置，如图 13-47 所示。

4 扫描完成后，将会在窗口列表中列出扫描到的所有威胁，如图 13-48 所示。

图 13-47　开始扫描关键位置

图 13-48　扫描结果

5 选择需要处理的项，单击"立即处理"按钮，即可将威胁清除。

2．指定位置扫描

用户可以对指定的磁盘或文件夹进行扫描，例如使用下载工具下载的文件的存放路径、新插入到电脑的移动存储设备等。对指定位置进行扫描的具体操作步骤如下：

1. 打开"电脑管家"窗口，单击"病毒查杀"按钮，单击"闪电杀毒"右侧的下拉按钮，在弹出的下拉列表中单击"指定位置杀毒"按钮，如图 13-49 所示。

2. 弹出"选择你要查杀的位置"对话框，选择需扫描的文件夹，单击"开始杀毒"按钮，如图 13-50 所示。

图 13-49　单击"指定位置杀毒"按钮

图 13-50　单击"开始杀毒"按钮

3. 执行操作后，系统开始扫描指定位置的文件，并且在窗口列表中列出扫描到的所有威胁，如图 13-51 所示。

4. 杀毒完成后，点击"好的"命令，完成本次杀毒，如图 13-52 所示。

图 13-51　开始扫描指定位置

图 13-52　扫描完成

新书推荐

新书发布，推荐学习。阅读有益好书，能让压力减轻，能让烦恼止步，能让勇创有路，能让追求顺利，能让精神丰富，能让事业成功。快来读书吧！

（本系列丛书在各地新华书店、书城及淘宝、天猫、京东商城均有销售）

精品图书 推荐阅读

　　"善于工作讲方法，提高效率有捷径。"办公教程可以帮助人们提高工作效率，节约学习时间，提高自己的竞争力。

　　以下图书内容全面，功能完备，案例丰富，帮助读者步步精通，读者学习后可以融会贯通、举一反三，致力于让读者在最短时间内掌握最有用的技能，成为办公方面的行家！

（本系列丛书在各地新华书店、书城及淘宝、天猫、京东商城均有销售）